LAS SOMBRAS DEL PODER EN 35 MM

LAS SOMBRAS DEL PODER EN 35 MM

CONSPIRACIONES Y PARANOIAS EN EL CINE DE LOS 70
Y SU VIGENCIA EN LOS DÍAS DE LAS 'FAKE NEWS'

Javier Márquez Sánchez

C/ Cochabamba, 24. 4º E. 28016 Madrid
info@muddywatersbooks.es

Diseño: Victoria de Diego
Corrección y edición: Benito Garrido

ISBN: 978-84-125552-5-7
Depósito legal: M-22093-2025

Impreso en Imprenta Kadmos

www.muddywatersbooks.es
@MuddyWatersB
@muddywatersbooks

Impreso en España - *Printed in Spain*

Para todos aquellos que ponen
en duda cualquier certeza.

Y para mi hija Alba,
porque si hay una certeza indudable
es cuánto la quiero.

“¿Que quién mató al presidente? ¿Quién mató a Kennedy?
¡Joder, tío! ¡Es un misterio!
Un misterio envuelto en un acertijo dentro de un enigma.
¡No lo saben ni los propios tiradores!”

David Ferri (Joe Pesci) en *JFK. Caso abierto*, de Oliver Stone

“Estados Unidos no tiene amigos permanentes
ni enemigos permanentes. Solo intereses permanentes”.

Henry Kissinger,
Consejero de Seguridad Nacional (1969-1975)
Secretario de Estado de los Estados Unidos (1973-1977)

Presidente: “Dos jueces del Tribunal Supremo han sido asesinados
y la protección de ambos estaba encomendada al FBI.
Bob, quiero que me contestes sin tapujos: ¿están implicados de
algún modo en estas muertes la CIA o cualquier agencia,
grupo o lo que sea del gobierno de los Estados Unidos?”

Director de la CIA: “Me escandaliza que lo haya pensado,
señor presidente”.

Presidente: “Bob, quiero que lo compruebes, ¿de acuerdo?”

Diálogo entre Robert Culp y William Atherton
en *El informe Pelícano*, de Alan J. Pakula

ÍNDICE

Pliego de descargo

No deja de tener un punto irónico que una editorial cuyo nacimiento estuvo decisivamente marcado por el COVID —nuestro primer libro iba a lanzarse en marzo de 2020 y tuvo que ser retrasado hasta finales de aquel año— afronte ahora la edición de un libro como el que tienen ustedes entre manos. Sin duda aquella pandemia, de momento parece que controlada (al menos si hablamos de los aspectos médicos), ha sido uno de los grandes hitos recientes para los amantes de las *fake news* y las teorías conspiranoicas, gasolina de primera para sus desvaríos.

Más allá del hartazgo que nos provoca que la conversación sobre (literalmente) cualquier cuestión diaria esté hoy dominada por ese 'ruido' fruto de la presencia de unos cuantos miles de iluminados en redes sociales, *podcasts* e incluso teóricos medios de comunicación serios, la verdad es que tampoco entendemos cómo hoy en día las únicas alternativas que parecen presentarse ante nosotros sean pasar por el aro de la línea oficial o, por el contrario, alinearse con estas corrientes 'magufas'.

Mirando al pasado en busca de respuestas, algo que no podemos evitar hacer de manera habitual en esta editorial, un día observamos con envidia cómo en los años 70 las películas *made in Hollywood* eran capaces de poner en solfa el relato oficial sin por ello abrazar el delirio antisistema. No, no queremos caer en ese odioso "todo tiempo pasado fue mejor", ni mucho menos... pero hay excepciones que confirman la regla, y nos parece que esta es una de ellas.

¿Alguien puede imaginarse en la actualidad una película sobre el COVID o el asalto al Capitolio que pueda compararse, a nivel cinematográfico y popular, con obras del calibre de *Todos los hombres del presidente* o *Los tres días del cóndor*? A nosotros, desde luego, nos parece una utopía pensar en ello, nacerían heridas de muerte más allá de sus valores cinematográficos, presas de ese discurso polarizado que todo lo domina. Y es una pena, porque sin duda esta ausencia de referentes no podrá ser achacada a la falta de temáticas interesantes: Inteligencia Artificial, bloques ideológicos que han sobrevivido de algún modo a la caída del Telón de Acero, villanos que la imaginación de un guionista no se atrevería a imaginar... Y sí, abundan las ficciones en forma de series —clónicas— de Netflix o películas sobre el último agente de la CIA capaz de salvar el planeta de una bomba nuclear, pero la inmensa mayoría de ellas parecen más diseñadas para tranquilizar nuestras conciencias que para agitarlas.

Por si fuera poco, y para que no se diga que este no es un libro que habla sobre cine (que lo es, y muy bueno), el aspecto formal de las producciones nacidas en los 70 resulta profundamente impactante al ser revisado medio siglo después. Las soluciones estéticas y narrativas de muchas de estas películas dejan en evidencia el saturado panorama audiovisual que nos rodea (de nuevo, menos es más). En este sentido, ha sido un lujo poder revisar aquellos títulos incluidos en este tomo, y hacerlo acompañado de la guía de Javier Márquez Sánchez. *El último testigo*, *La conversación*, *Network*... son obras de una radicalidad formal que atestigua el talento que hizo posible aquel cine, delante y detrás de la cámara. Desde la figura del antihéroe hasta el uso de la elipsis o el innovador uso del sonido como elemento protagonista, todas estas películas revolucionaron el lenguaje cinematográfico para complementar el mensaje que trataban de hacer llegar a los espectadores.

Pese a todo, y aunque sea difícil, muy difícil, no debemos perder la esperanza. Nos negamos a ello. La vida, y el arte, son ciclos, y estamos convencidos de que en algún momento resurgirá el pensamiento crítico y la necesidad de ver más allá de nuestras creencias (aunque sea para reafirmarlas). Quién sabe, puede que este libro ponga su pequeño grano de arena en este sentido, tal vez alguien decida darles una oportunidad a estas películas y se plantee que otro mundo —cinematográfico, al menos— es posible. Si es así, ya podemos darnos por satisfechos. Y sí, puede que seamos unos ingenuos, pero evidentemente se trata de un rasgo intrínseco a nuestra personalidad si, en plena pandemia mundial, decidimos montar una editorial como esta y pensar que podríamos hacerla viable.

Los editores

Una luz oscura sobre nuestra época

Por Ignacio Peyró

La mejor argucia del diablo —algo así escribió C. S. Lewis— consiste en hacer creer al mundo que no existe. Con las conspiraciones ocurre algo parecido: tenemos un prejuicio ilustrado contra ellas, en la suposición, seguramente, de que el mundo no necesita grandes narrativas ni constructos para funcionar mal. Es tan arraigado ese prejuicio que incluso podemos darnos al conspiracionismo como un juego, pero la realidad más bien indica un sentimiento de vergüenza al diagnosticarnos lo que creemos no son más que paranoias. Sin duda, este mecanismo afianza nuestra cordura: esa cautela secreta de saber que, una vez creemos en una conspiración, es mucho más fácil creer en las siguientes, hasta que los mecanismos del mundo guardan un perfecto engranaje, efectivamente, conspirativo. Y, sin embargo, las conspiraciones —como el diablo, diría Lewis— existen: generaciones de europeos, por cierto, hemos amanecido a la edad adulta traduciendo nada menos que *La conjuración de Catilina*.

Uno de los méritos de este excelente libro de Javier Márquez Sánchez es iluminar nuestro presente con un pasado no tan distante. Y, lamentablemente, cabe decir que nuestro presente no queda demasiado bien. Baste pensar qué se hubiera hecho en otra época, de modo notable los setenta, con un mundo habitado por inteligencias artificiales, virus chinos, drones rusos y millonarios americanos que saben, vía móvil, hasta nuestros más recónditos deseos y costumbres. Hace apenas unos meses, el mundo vio, en la jura de Donald Trump, la mayor acumulación de poder y dinero que nunca ha habido bajo un mismo techo. Y, sin embargo, lo que está dejando nuestra época es el rastro crédulo, cuando no celebratorio, de series como *El ala oeste de la Casa Blanca*. Una parte de nuestro arte y nuestra crónica ya no es una crítica del poder, sino su aplauso.

También ocurre con un periodismo que busca más bien escoger bando —a favor o en contra— antes que fiscalizar el poder. Al leer sobre el Watergate o ver *Todos los hombres del presidente*, es normal que prendieran grandes vocaciones periodísticas, de igual modo que es normal que hoy el periodismo tenga menos prestigio y menos vocaciones. Para ver lo craso que ha llegado a ser el poder basta con preguntarse qué escándalo se necesita hoy para derribar a un gobierno: desde luego, más que un Watergate.

Estas "sombras del poder" de Márquez Sánchez son también un justo y más que oportuno homenaje a una cinematografía que a veces hemos mirado con injusta condescendencia. Era, sin embargo, un cine que supo recoger los males de su época seguramente mejor que nuestro cine recoge los de la nuestra, aun cuando aquellos males y estos no sean tan distintos: el final de la autoconfianza de la posguerra y el optimismo de la contracultura, por una parte y, por otra, la resaca de una historia que ni mucho menos ha terminado y un miedo nuevo a la tecnología. Pero, si de condescendencia hemos hablado, he ahí otra que nos tenemos que comer: la distancia del tiempo resalta cómo —con alguna excepción como Costa-Gavras— el teóricamente ambicioso cine europeo esquivó sus temas complicados, por ejemplo, los "años de plomo", mientras Estados Unidos ponía nombre a sus temores. Sí, a buen seguro es necesario vigilar esa tendencia nuestra a disfrutar de lo que sospechamos más que de lo que sabemos. Pero estas películas demuestran que, a veces, es mejor mirar dos veces para no llamar paranoia a lo que es lucidez.

INTRODUCCIÓN

True movies, fake news

En diciembre de 1975 llegaba a los cines *Los tres días del cóndor*, en octubre del 76 se estrenaba *Todos los hombres del presidente* y, un mes más tarde, lo hacía *Network, un mundo implacable*. Medio siglo después del estreno de estas películas, así como de un puñado que llegaron antes y otras que les siguieron, el mundo ha cambiado bastante. Y lo curioso es que lo ha hecho, en buena medida, tal como estas obras profetizaban. El poder en las sombras, ese que permanece inalterable más allá de mandatarios y directores ejecutivos, es hoy más peligroso que nunca, gracias a que ha conseguido convertir en cómplice silencioso a parte de la ciudadanía a través de su apatía sumisa.

¿Qué sentido tiene dedicar un libro entero a analizar *thrillers* políticos de los años 70 cuando la actualidad nos bombardea con noticias que parecen más inquietantes que cualquier ficción? La respuesta, en realidad, está contenida en las propias preguntas. Precisamente porque el presente se ha vuelto tan opaco, tan saturado de ruido, que se hace necesario mirar hacia atrás para recordar que hubo un tiempo en que el cine fue capaz de iluminar las sombras del poder.

Este libro no pretende ser un ejercicio de nostalgia cinéfila. No se trata de glorificar un pasado que nunca volverá, ni de elevar a los directores de los 70 a la categoría de héroes intocables. Lo que busca es reivindicar la vigencia política, estética y cultural de aquel cine (de

Hollywood en su mayor parte, cierto, pero la salud económica de los editores imploraba limitar la selección). Porque esas películas siguen hablándonos, quizá con más claridad que nunca, sobre el mundo en el que vivimos. Y porque, al revisarlas, recuperamos una herramienta crítica que la cultura contemporánea parece haber abandonado.

Parafraseando al filósofo George Santayana, las sociedades que olvidan su memoria crítica están condenadas a repetir sus errores. En los 70, el cine funcionó como un espejo colectivo que obligaba al espectador a enfrentarse a verdades incómodas. Hoy, cuando la mentira y la manipulación se han normalizado, necesitamos recuperar esa capacidad de incomodarnos. Revisitar *Network*, *Todos los hombres del presidente* o *Los tres días del cóndor*, entre otras, no es un ejercicio arqueológico: es un recordatorio de que el cine puede ser más que un producto de entretenimiento. Puede ser un campo de batalla simbólico en el que se disputan significados, valores y horizontes de futuro.

En un mundo dominado por plataformas que priorizan algoritmos y beneficios inmediatos, recordar el poder de este cine comprometido supone también reivindicar el arte como resistencia cultural. Aquellos directores se atrevieron a incomodar, y el público estuvo dispuesto a acompañarlos. Actualmente, la industria ha convertido la complacencia en norma, pero eso no significa que debamos resignarnos. Este libro tiene la humilde intención de erigirse como acto de resistencia: rescatar un corpus fílmico que demuestra que el cine puede interpelar, sacudir y despertar conciencias. Siempre y cuando haya conciencias dispuestas a valorar todos los puntos de vista.

El espectador contemporáneo, acostumbrado a consumir productos audiovisuales a toda velocidad, puede redescubrir en esas películas la experiencia de un relato que no busca adormecer, sino desestabilizar. Y quizá, al hacerlo, recupere también la capacidad de mirar críticamente su propio presente.

El análisis propuesto no es meramente histórico. No nos interesa solo explicar cómo se hicieron esas películas ni cuál fue su contexto de producción. Nos interesa, sobre todo, establecer un puente entre aquel pasado y nuestro presente. Porque, como podremos ver, muchas de las advertencias que lanzaron esos films se han cumplido: la manipulación mediática, la conspiración política, la degradación democrática, la indiferencia ciudadana...

La pregunta que guía este libro es sencilla y al mismo tiempo urgente: ¿qué valor tienen hoy aquellas películas? Y la respuesta que iremos desgranando es que su valor no reside únicamente en lo que cuentan sobre los días en que se desarrollan, sino en lo que revelan sobre nosotros. Al revisarlas, no solo entendemos mejor aquella década, sino que adquirimos herramientas para descifrar el presente. Por ello, estas páginas aspiran, ante todo, a cubrir tres objetivos esenciales: rescatar la genealogía de un cine incómodo, analizando las películas clave del periodo y situándolas en su contexto histórico; establecer un diálogo con el presente, mostrando hasta qué punto aquellas historias se han convertido en realidades cotidianas; y reivindicar la necesidad de un cine crítico, capaz de interpelar al espectador más allá del entretenimiento.

No se trata solo de hablar de películas, sino de reflexionar sobre la cultura y la política. Porque, en última instancia, el cine es un espejo de la sociedad que lo produce. Y si hoy vivimos en un mundo dominado por la indiferencia, la banalización y la mentira, volver a mirar atrás, hacia un cine que se atrevió a denunciar esas dinámicas, es un acto de higiene democrática.

El título de esta introducción, *True movies, fake news*, resume la paradoja que queremos explorar. Las "películas verdaderas" de los 70 supieron captar la esencia de una época de desconfianza y sospecha. Las "noticias falsas" de nuestro tiempo han convertido esa desconfianza en un negocio rentable. Entre ambos extremos, se juega nuestro presente.

Si algo nos enseñan esas películas es que el aborregamiento social no es un destino inevitable. En los 70, pese a la manipulación y el desencanto, hubo una ciudadanía dispuesta a escuchar, a indignarse, a reflexionar. Hoy, en cambio, el riesgo es que la saturación informativa y la manipulación digital nos condenen a una apatía sin salida. Este libro se propone, modestamente, como un antídoto contra esa apatía. No cambiará el mundo, pero puede ayudarnos a mirar con otros ojos las imágenes que consumimos y a recuperar la conciencia de que la cultura no es neutra, sino profundamente política.

A lo largo de las siguientes páginas recorreremos películas, contextos y anécdotas con el firme objetivo de reivindicar el valor del cine como herramienta de reflexión. Invitamos al lector a acompañarnos en este viaje, pero no como un mero espectador pasivo, sino como un interlocutor activo. Porque, en última instancia, el sentido de este libro no depende solo de lo que digamos nosotros, sino de lo que despierte en cada lector.

Quizá, al revisitar *Network*, alguien descubra que los telediarios de hoy no son tan distintos a los que profetizó Sidney Lumet. Puede que al analizar *Todos los hombres del presidente*, alguien se pregunte si aún es posible derribar a un presidente que ha traicionado la confianza del pueblo. Tal vez, al volver a ver *Los tres días del cóndor*, alguien aprecie en los algoritmos de las grandes tecnológicas una forma de control tan inquietante como la CIA de los 70.

Si logramos que esas cuestiones se enciendan y activen, aunque sea de forma fugaz, el libro habrá cumplido su función. Pero, cuidado, antes de comentar nada sobre él, comprueben que no hay micros bajo la mesa.

1

CONSPIRACIONES A 24 FOTOGRAMAS POR SEGUNDO

Consideraciones genéricas sobre el cine conspiranoico

ORÍGENES. LA SEMILLA ESTÁ PLANTADA

Antes de que la desconfianza en las instituciones norteamericanas se convirtiera en un género cinematográfico en sí mismo, el cine ya había experimentado con formas embrionarias de paranoia, manipulación mental y poder invisible. Lo hizo en los años 50 y 60, un periodo en el que la Guerra Fría había instaurado una atmósfera densa de sospecha y vigilancia, marcada por el miedo al comunismo, a la infiltración, al colapso nuclear. Pero incluso en esa etapa dominada por discursos anticomunistas y narrativas patrióticas, emergieron películas que no encajaban del todo en la retórica oficial. Películas que, bajo la superficie del *thriller* político o la sátira militar, plantaban la duda sobre la legitimidad del sistema, sus métodos y su moral.

La figura del enemigo exterior, tan útil para cohesionar el discurso político de la posguerra, empezaba a ceder terreno a otra amenaza más inquietante: la posibilidad de que el peligro estuviera dentro: en las instituciones, en los mandos militares, en los despachos del gobierno. Que la patria, tan celosamente protegida de los agentes rojos, albergara en realidad sus propias sombras. Ese giro de mirada —de fuera hacia dentro— es clave para entender el cine conspiranoico que nacerá más adelante. Pero su semilla ya estaba ahí, en obras que, sin pertenecer todavía al género, contenían sus precursores narrativos, formales y morales.

Una de las películas más importantes de esta prehistoria es *El mensajero del miedo* (*The Manchurian Candidate*, 1962), de John Frankenheimer, un *thriller* político envuelto en una atmósfera casi onírica, donde un soldado estadounidense es convertido en asesino involuntario, hipnotizado por una célula comunista. La película, adaptación de la novela de Richard Condon, desborda el simple alegato anticomunista para explorar un tema mucho más perturbador: la manipulación mental, la pérdida de voluntad y la fabricación de líderes y mártires por parte de intereses ocultos.

Frankenheimer, con una puesta en escena de gran virtuosismo, llena la película de espejos, reflejos y dobles, como si lo importante no fuera lo que se ve, sino lo que se oculta tras la imagen. Angela Lansbury compone aquí uno de los personajes más inquietantes del cine político: una madre de clase alta que encarna la frialdad instrumental del poder, dispuesta a sacrificarlo todo en nombre de un orden superior que nunca se verbaliza. Lawrence Harvey da vida a su hijo, ese militar ejemplar del que recela su colega, encarnado por Frank Sinatra, por sospechar de una turbia conspiración que apuntaría al lavado de cerebro sufrido por los soldados estadounidenses hechos prisioneros durante la guerra de Corea. La película fue retirada poco después de su estreno tras el asesinato de John F. Kennedy, y no volvió a exhibirse hasta finales de los años 80. Su rehabilitación, aunque tardía, tuvo una influencia inmediata y profunda.

Dos años más tarde, el mismo Frankenheimer dirigiría *Siete días de mayo* (*Seven Days in May*, 1964), también basada en una novela, en este caso de Fletcher Knebel y Charles W. Bailey II, y con guion de Rod Serling, creador de la serie *La dimensión desconocida* (*The Twilight Zone*). La historia proponía un golpe de Estado militar contra el presidente de los Estados Unidos, ejecutado por un general carismático que considera inaceptable la firma de un tratado de desarme con la URSS.

Burt Lancaster daría vida al militar golpista en un papel que resulta verdaderamente estremecedor.

De nuevo, la película plantea que la amenaza no viene de Moscú, sino que nace dentro del mismo Washington. El verdadero peligro no es el adversario declarado, sino los propios guardianes del sistema, aquellos que se consideran con derecho a derrocar el poder civil en nombre de un patriotismo abstracto. *Siete días de mayo* es una película contenida, sobria, sin aspavientos, pero el nervio que la recorre —esa tensión entre legalidad y autoridad, entre deber y obediencia— anticipa con nitidez el clima que dominará el cine de los años 70. El protagonista, interpretado por Kirk Douglas, no es un héroe clásico, sino un soldado leal que, al descubrir la conspiración, se ve obligado a elegir entre la jerarquía y la ética. La película entiende que el poder no necesita ser ilegal para ser peligroso: basta con que nadie lo cuestione.

Ese mismo año, 1964, Sidney Lumet estrenaba *Punto límite* (*Fail Safe*), una pesadilla nuclear protagonizada por Henry Fonda en el papel de un presidente estadounidense que debe decidir si sacrifica Nueva York para evitar una guerra total tras un error de protocolo militar. Basada en una novela de Eugene Burdick y Harvey Wheeler, y rodada también en riguroso blanco y negro, *Punto límite* explora la automatización de la destrucción, la lógica siniestra de la disuasión y la angustia de un poder que ya no controla sus propios mecanismos. Aquí no hay maldad, sino algo más temible: una cadena de decisiones lógicas que desembocan en el horror. En este sentido, la película dialoga de manera fascinante con *¿Teléfono rojo? Volamos hacia Moscú* (*Dr. Strangelove or: How I Learned to Stop Worrying and Love the Bomb*), brutal sátira dirigida por Stanley Kubrick y estrenada ese mismo año, donde el absurdo del poder militar y la pulsión autodestructiva del ser humano se presentan en clave cómica... y profundamente cínica.

Dos años antes, Otto Preminger había dirigido *Tempestad sobre Washington* (*Advise & Consent*, 1962), una crónica seca y despiadada sobre los juegos de poder en el Senado norteamericano. Aunque no trata una conspiración explícita, la película refleja con precisión las maniobras opacas, chantajes y alianzas invisibles que determinan el destino político del país. La transparencia democrática aparece aquí como una fachada, y la alta política como un campo de batalla entre egos, intereses y lealtades comprometidas.

Rodada con una sobriedad casi documental —y de nuevo en blanco y negro—, *Tempestad sobre Washington* se atreve incluso a tocar un tema tabú en la época, la homosexualidad de uno de los personajes clave, utilizado como arma política en un juego de destrucción personal. La película no necesita de un complot, le basta con mostrar cómo el sistema devora a sus propios servidores.

Todas estas obras, tan distintas entre sí, comparten sin embargo una intuición común: el poder moderno, más allá de su retórica democrática o legalista, opera en la sombra, toma decisiones que no pueden someterse al escrutinio público y actúa no solo contra enemigos, sino contra aquellos que dudan. El protagonista de estas películas suele ser alguien que no encaja del todo en su entorno: un soldado con escrúpulos, un presidente con conciencia, un asesor legal que se resiste a la lógica del chantaje, un científico con dudas morales... Son figuras solitarias que aún no tienen la forma del héroe paranoico de los años 70, pero que ya presentan los contornos de la sospecha.

El cine norteamericano, en este tránsito de los años 50 a los 60, empieza a mirar al Estado con una mezcla de fascinación y pánico. La idea de que el poder pudiera mentir, manipular, incluso asesinar, ya no parece tan inverosímil. Todavía no se ha perdido del todo la inocencia, pero algo se ha quebrado. Y esa grieta será el umbral por el que se colará una nueva forma de relato que ya no necesita héroes invulnerables ni enemigos claramente identificables, sino ambigüedad, angustia y una profunda sensación de incertidumbre. La semilla, en definitiva, está plantada. Y todo lo que vendrá después no hará más que hacerla crecer en espiral.

EL GIRO DE LOS 70: DEL ENEMIGO EXTERNO AL SISTEMA INTERNO

La década de los 70 no inaugura el cine conspiranoico, pero sí lo convierte en una categoría cultural reconocible, en un género con sus propios códigos, atmósferas y obsesiones. Lo que antes eran síntomas dispersos o presagios estilísticos, se convierte ahora en una corriente cohesionada por la sospecha. Una sospecha que ya no apunta hacia el comunismo, ni hacia potencias extranjeras, ni hacia traidores aislados. En estas películas, el enemigo ya no se infiltra, habita el sistema. No llega del exterior, sino que está incrustado en el corazón de las instituciones, operando desde dentro con una naturalidad escalofriante.

Este cambio de foco no es gratuito. Es el resultado directo de un proceso histórico traumático, que ha quebrado la fe del ciudadano en sus referentes tradicionales. La filtración, en 1971, de los denominados "Papeles del Pentágono" —estudio secreto del Departamento de Defensa en el que se revelaba que el gobierno estadounidense sabía que la guerra de Vietnam era difícil de ganar, pero la continuó de todos modos— ha demostrado que un gobierno puede sostener una mentira durante años a costa de miles de vidas. El escándalo Watergate ha revelado que incluso la más alta magistratura del país puede recurrir al espionaje, la obstrucción y la corrupción. La crisis del petróleo ha puesto en evidencia la dependencia de fuerzas económicas incontrolables. Y los asesinatos de líderes carismáticos (John y Robert Kennedy, Luther King, Malcolm X) han sembrado la convicción de que hay poderes que actúan más allá de toda legalidad.

El cine absorbe ese malestar, lo transforma en imágenes y lo organiza en relatos donde la verdad ya no es un destino, sino una amenaza. El protagonista que busca esa verdad no encuentra redención, sino aislamiento. La información no libera, condena.

En este contexto, aparecen películas que coquetean con la paranoia hasta convertirla en motor estructural de la narración. Algunas adoptan el tono de la investigación periodística; otras, del *thriller* político, del suspense psicológico o incluso de la ciencia ficción distópica. Pero todas comparten una misma premisa: el relato oficial es falso.

Una de las grandes piedras angulares es *El último testigo* (*The Parallax View*, 1974), de Alan J. Pakula, escrita por David Giler y Lorenzo Semple Jr. y protagonizada por Warren Beatty. La historia arranca con el asesinato de un senador progresista durante una recepción pública, a plena luz del día. Tres años más tarde, varios testigos empiezan a morir en circunstancias extrañas. El protagonista, un periodista tan insolente como escéptico, empieza a investigar y se encuentra con una organización (la misteriosa Parallax Corporation) que recluta y adiestra asesinos profesionales.

La película propone que los crímenes políticos son parte de un diseño sistemático, no anomalías. Su potencia no reside sólo en el argumento, está en su atmósfera. Pakula filma los espacios con frialdad geométrica, los diálogos son escasos, el sonido se atenúa... Todo conduce a una sensación de amenaza inminente e indefinible. La realidad se vuelve opaca, y el periodista, por más que avance en sus pesquisas, no descubre el centro de la conspiración. Lo que encuentra es un vacío.

Un año después, Sydney Pollack estrena *Los tres días del cóndor* (*Three Days of the Condor*, 1975), protagonizada por Robert Redford. Aquí el protagonista es un lector de novelas de espionaje para la CIA, que un día descubre que todos los miembros de su oficina han sido aniquilados. A partir de ahí, comienza una carrera de huida e investigación que lo enfrenta a una agencia secreta dentro de la propia agencia.

El gran hallazgo del film es mostrar que la conspiración, más que el caos, busca la estabilidad. El complot, más que a pasiones ideológicas, responde a razones estratégicas, económicas y geopolíticas. Todo está calculado, todo tiene sentido. Un sentido frío, eficiente y deshumanizado. Y esa lógica, precisamente por ser tan racional, es profundamente aterradora.

Al año siguiente, Alan J. Pakula vuelve a la carga con *Todos los hombres del presidente* (*All the President's Men*, 1976), basada en el libro de Bob Woodward y Carl Bernstein sobre la investigación del caso Watergate. Aquí la conspiración no es imaginada, sino documentada. El cine se pone al servicio de una historia real, pero la filma con los mismos recursos que un *thriller*: planos largos, silencios densos, encuentros nocturnos en garajes subterráneos.

Redford y Hoffman interpretan a dos periodistas que, enfrentados a una maraña de medias verdades, silencios y presiones, logran desentrañar el mecanismo de una corrupción que llega hasta la mismísima Casa Blanca. El mérito del film, más allá de su precisión documental, es construir una tensión narrativa sin recurrir a la ficción. Lo que se cuenta ocurrió. Pero, al narrarlo como una odisea de paranoia racional, Pakula convierte la realidad en una nueva forma de cine.

La trilogía de la paranoia de Pakula —integrada por *Klute*, *El último testigo* y *Todos los hombres del presidente*— se erige como uno de los grandes logros del cine político moderno. A través de ella, se construye una gramática visual del miedo institucional: edificios inmensos, personajes aislados, miradas que se cruzan sin certeza, grabaciones, cámaras ocultas, archivos. La verdad se esconde en microfilms, en pasillos vacíos, en portazos a medianoche.

En paralelo, otros cineastas desarrollan variantes del género. *Network, un mundo implacable* (*Network*, 1976), dirigida por Sidney Lumet y escrita por Paddy Chayefsky, convierte el mundo de la televisión en una distopía realista donde el *show* de un presentador al borde del colapso mental es instrumentalizado por las cadenas para subir la audiencia. Aquí la conspiración no es política, sino mediática y económica. La gran corporación multinacional que absorbe la cadena televisiva es presentada como una nueva forma de divinidad: abstracta, impersonal, infalible.

El monólogo de Ned Beatty ante el personaje interpretado por Peter Finch es uno de los grandes momentos del cine de los 70: "No existen los Estados Unidos ni la democracia. Solo existen IBM, ITT, AT&T, DuPont, Dow, Union Carbide y Exxon". La denuncia es explícita, frontal, y al mismo tiempo profundamente lúcida: el capitalismo ha dejado de ser un sistema económico para convertirse en una teología.

El cine de esta década también explora la vigilancia tecnológica como forma de control. *La conversación* (*The Conversation*, 1974), de Francis Ford Coppola, retrata a un especialista en escuchas (interpretado por Gene Hackman) que, tras grabar una conversación trivial, comienza a sospechar que lo que ha registrado es la antesala de un crimen. La película, seca, contenida, casi ascética, propone que la tecnología no sólo vigila, también aísla. El protagonista es un hombre solitario, atrapado entre cables, casetes y grabadoras, incapaz de interpretar lo que oye, ni de liberarse del peso de la duda. Es uno de los pocos *thrillers* donde el suspense no se basa en lo que va a pasar, sino en lo que ya ha pasado... y nadie ha entendido.

Otros títulos siguen ramificando el género hacia nuevas formas: *Capricornio Uno* (*Capricorn One*, 1977), de Peter Hyams, imagina un falso alunizaje organizado por el gobierno; *Acción ejecutiva* (*Executive Action*, 1973), de David Miller, propone una lectura alternativa del asesinato de JFK; y *Cuando el destino nos alcance* (*Soylent Green*, 1973), de Richard Fleischer, y *Rollerball* (1975), de Norman Jewison, proyectan los horrores del presente en clave distópica.

El cine de conspiración ya no necesita excusas plausibles, basta con el clima. La lógica conspirativa ha dejado de ser un giro de guion para convertirse en una atmósfera, un principio de narración, una emoción colectiva. No es casual que buena parte de estos films terminen sin resolución: los protagonistas mueren, fracasan o son silenciados. No hay victoria moral. La verdad, si se alcanza, no cambia nada.

Y ese es quizás el rasgo más distintivo del cine conspiranoico de los 70: no propone soluciones, sino que escenifica la impotencia. No es que dé respuestas, sino que revela la dimensión estructural de la sospecha. El relato oficial ha colapsado y, en su lugar, el cine ha construido una nueva forma de contar: el relato conspirativo como vía de comprensión emocional del presente.

LOS SOSPECHOSOS HABITUALES

No se puede entender la consolidación del cine conspiranoico en los años 70 sin detenerse en sus artífices. No como meros operarios de una maquinaria de producción, sino como creadores con una visión ética y estética profundamente marcada por los traumas de su tiempo. Si algo distingue a este grupo de cineastas, guionistas y actores es que no se acercaron al género porque se tratase de una moda, sino por convicción. Volvieron a él una y otra vez porque, para ellos no era un subgénero más, era una forma de mirar.

Entre los directores, Alan J. Pakula ocupa un lugar central. No solo por haber firmado la célebre y ya citada trilogía de la paranoia (*Klute*, *El *último testigo* y *Todos los hombres del presidente*), sino porque en cada una de ellas ensayó una forma distinta de escepticismo. En *Klute*, la amenaza se insinúa en el deseo, en la vigilancia erótica, en lo que no se dice. En *El último testigo*, la sospecha se vuelve geométrica, estética, casi abstracta. En *Todos los hombres del presidente*, se transforma en método periodístico, en persistencia, en firme fe en el dato.

Pakula no denuncia a gritos. Sus películas susurran. Y ese susurro contiene más angustia que cualquier proclama frontal. Su puesta en escena, sobria y cerebral, está llena de silencios, encuadres desequilibrados, figuras solitarias perdidas en espacios monumentales. El sistema no se muestra como un ente maligno, sino como una arquitectura inabarcable, donde la verdad es una anomalía.

Entre los directores imprescindibles también están Sidney Lumet —*Punto límite* (*Fail-Safe*, 1964), *El príncipe de la ciudad* (*Prince of the City*, 1981) o *Distrito 34: corrupción total* (*Q&A*, 1990), además de los títulos que se comentan en este libro— y el más lúdico John Frankenheimer —*Siete días de mayo* (*Seven Days in May*, 1964), *Domingo negro* (*Black Sunday*, 1977), *El pacto de Berlín* (*The Holcroft Covenant*, 1978)—. Otro nombre fundamental es el de Sydney Pollack, cuya aportación con *Los tres días del cóndor* marca un punto de inflexión. Pollack, director versátil y elegante, imprime a la historia un ritmo tenso pero humano, y logra que el espectador se identifique con un protagonista tan anodino como cualquier ciudadano. Su elección de Robert Redford como centro del relato no es casual: el rostro del galán liberal, del héroe americano que duda, que corre, que investiga, se convierte en el rostro de una nación herida. Pollack volvería a tratar los límites del poder en otras cintas como *La intérprete* (*The Interpreter*, 2005), pero el peso simbólico de *Condor* en su filmografía es insustituible.

Y hablando de Redford, resulta imposible no subrayar su papel como actor-referente del cine conspiranoico. Lo vemos en *Los tres días del cóndor*, en *Todos los hombres del presidente*, y más tarde en proyectos como *Quiz Show. El dilema* (*Quiz Show*, 1994), *Leones por corderos* (*Lions for Lambs*, 2007) o *Pacto de silencio* (*The Company You Keep*, 2012), ambas ya desde la dirección. Redford no solo prestó su imagen a este tipo de relatos, los impulsó, defendió y financió. Como productor, fundó Wildwood Enterprises, comprometida con películas de contenido político y social. Como activista, defendió causas medioambientales y anticorporativas, y fue uno de los primeros en dar visibilidad a los escándalos del sistema de *lobby* estadounidense. En pantalla, Redford representa una figura nueva: el héroe en crisis, elegante pero vulnerable, que no confía en nadie, pero aún conserva un resto de esperanza.

Otro rostro recurrente es Warren Beatty, protagonista absoluto de *El último testigo*, pero también productor convencido de que esa historia debía contarse pese a su tono incómodo y su estructura elíptica. Beatty, que venía de interpretar *Bonnie and Clyde* —película de 1967, dirigida por de Arthur Penn, que ya contenía una relevante carga antisistema—, se interesó siempre por relatos que cuestionaban la mitología oficial del poder. Más tarde, reafirmando su compromiso con una narrativa crítica y frontal, dirigiría *Rojos* (*Reds*, 1981), sobre el periodista comunista John Reed.

A la sombra de estos directores y actores operaban guionistas igualmente fundamentales, como Paddy Chayefsky, autor del libreto de *Network, un mundo implacable*. Chayefsky venía del teatro, de la sátira, del análisis incisivo del lenguaje, y transformó esa herencia en una escritura abrasiva, sarcástica, demoledora. *Network* es, ante todo, una película escrita. Casi cada frase es una declaración de principios. Y su crítica a la conversión de la televisión en religión, del presentador en gurú, del espectador en rebaño, anticipa el papel profético del discurso conspiranoico en la era de los medios.

Del otro lado del espectro, Francis Ford Coppola, que venía de ganar el Oscar por *El Padrino* (*The Godfather*, 1972), se atreve con *La conversación*, un film radical en su contención y su ambigüedad. Gene Hackman, en uno de los papeles más inquietantes de su carrera, encarna a un hombre destruido por su propio oficio: grabar conversaciones ajenas. Coppola plantea que la tecnología no solo espía, también transforma al que espía. El cine se convierte aquí en una maquinaria de escucha, y lo que debería ser claridad se vuelve confusión, ruido, paranoia. El propio Coppola reconoció que la película estaba influida por la grabación ilegal de conversaciones durante el Watergate, aunque su guion estaba escrito antes de que estallara el escándalo. Lo que demuestra que el cine conspiranoico no solo reacciona al presente, lo anticipa.

También destaca John Schlesinger, que en *Marathon Man* (1976) propone un *thriller* en el que fantasmas del nazismo, corrupción política e intereses farmacéuticos confluyen en una historia brutal y claustrofóbica. La escena del dentista (Laurence Olivier) torturando al personaje de Dustin Hoffman es ya legendaria, pero más allá del sadismo hay una idea central: la violencia del poder es física, pero sobre todo simbólica. Y el cuerpo, ya sea el de un ciudadano, un periodista o un estudiante, es el campo de batalla.

Los guionistas, en muchos casos, fueron los verdaderos visionarios. David Giler, Lorenzo Semple Jr., Waldo Salt, Alan J. Pakula en labores de escritura o supervisión, o el propio Robert Towne —guionista de *Chinatown* (Roman Polanski, 1974)—, que, aunque no se adscribe plenamente al género conspiranoico, sí comparte con él la misma concepción del poder como herida fundacional. En *Chinatown*, la corrupción no se esconde en los pasillos del Congreso, sino en el origen de Los Ángeles, en el agua, la tierra, la propiedad. Y el detective, como tantos otros protagonistas de estos relatos, descubre que investigar no sirve para cambiar nada. Sólo para saber lo que uno ya temía.

Este conjunto de nombres conforma una constelación. Algunos volverán al género con otros matices, otros quedarán marcados por sus incursiones en él. Pero lo esencial es que nunca se trató de cine escapista.

Las películas conspiranoicas, más que vender entradas con giros argumentales, pretendían organizar el desconcierto. Y quienes las crearon entendieron que, más allá del éxito, lo que estaba en juego era un modo de compromiso, no partidista ni panfletario, pero sí profundamente moral: la certeza de que el poder debe ser observado con desconfianza, incluso cuando se presenta con rostro democrático. No era una moda. Era una necesidad.

EL RELATO CONSPIRANOICO: CLAVES ESTÉTICAS Y NARRATIVAS

En el corazón del cine conspiranoico de los 70 late una convicción perturbadora: la realidad está manipulada. Pero no se trata de una manipulación vulgar, visible o grotesca, sino de una reconfiguración sutil del mundo, un desplazamiento casi imperceptible de la verdad hacia la sospecha. El relato no inventa el complot, lo detecta en las grietas del relato oficial... Lo transforma en atmósfera, en ritmo, en forma visual. Lo convierte, en definitiva, en una estética.

A diferencia de otros géneros cinematográficos con códigos más convencionales, el conspiranoico no se define por su argumento, sino por su manera de contar. No es el "qué" sucede lo que lo convierte en conspiranoico, sino el "cómo" se nos hace dudar de todo. Un mismo punto de partida (una investigación, una muerte sospechosa, un documento perdido) podría derivar en *thriller*, drama o incluso comedia. Pero en estas películas, la maquinaria narrativa se pone al servicio de una duda estructural. La sospecha no aparece al final como giro sorpresa, sino que está presente desde el primer plano. En ese sentido, se pueden señalar algunos rasgos estilísticos comunes.

1. Espacios: la arquitectura de la desconfianza

Una de las claves formales de este cine es la gestión del espacio. Los personajes parecen pequeños, aislados, tragados por edificios desproporcionados, pasillos infinitos, oficinas que se repiten como un patrón industrial. Los planos generales no embellecen, amenazan. La arquitectura deja de ser un decorado y se convierte en metáfora del poder.

En *Todos los hombres del presidente*, la redacción del *Washington Post* es una caja de luz que contrasta con los sótanos donde se gesta la conspiración. En *El último testigo*, las oficinas de la corporación parecen diseñadas para desorientar. En *La conversación*, el apartamento de Harry Caul es una fortaleza paranoica, hermética y, sin embargo, vulnerable.

Esta obsesión con el espacio no es casual. El poder, en estas películas, más que rostro, tiene sede. No muestran villanos clásicos, sino estructuras anónimas, corporativas e impersonales. El antagonista no es un personaje, sino una atmósfera.

2. El protagonista: víctima, no héroe

El relato conspiranoico subvierte uno de los elementos más clásicos del cine narrativo, la figura del héroe. Aquí, el protagonista es alguien común: un periodista, un analista, un técnico, un funcionario... que no busca salvar el mundo, a menudo, solo quiere entender qué ha pasado.

Pero esa búsqueda es peligrosa. La información, lejos de empoderarlo, lo aísla, lo marca. Cuanto más sabe, más se aleja de todo: de su entorno, de sus aliados, incluso de su propia percepción. El héroe es, en el fondo, un testigo incómodo. A menudo termina silenciado, muerto, desacreditado o simplemente desaparecido. No gana, ni triunfa y tampoco se redime. *El Padrino* muestra cómo se llega al poder; el cine conspiranoico, cómo se sobrevive al margen de él.

3. Sonido: lo que se oye... y lo que no

Pocas estéticas cinematográficas han hecho un uso más expresivo del sonido que el cine conspiranoico de los 70. En muchas de estas películas, el micrófono es más importante que la pistola.

En ese sentido, *La conversación* eleva el sonido a elemento narrativo central: toda la trama gira en torno a una grabación que no puede ser interpretada con certeza. ¿Qué significan esas palabras, esos silencios, ese susurro? Por su parte, en *Todos los hombres del presidente*, el famoso Garganta Profunda habla en susurros, en un aparcamiento oscuro, donde cada ruido tiene peso narrativo. En *Los tres días del cóndor*, las llamadas telefónicas, las grabaciones o las claves numéricas tienen más fuerza que cualquier escena de acción.

El cine conspiranoico propone así una nueva poética del sonido: escuchar es tan peligroso como hablar. Y el silencio, cuando se impone, no es paz, sino amenaza.

4. Ritmo: la tensión como dilación

A diferencia del *thriller* clásico, que busca la aceleración constante, el cine conspiranoico se permite la pausa, la espera, el vagabundeo. No corre hacia la verdad, la rodea, la sospecha y la resiste. Hay escenas largas en las que no sucede nada aparente, pero donde se construye una tensión sorda: un sobre que no se abre, un encuentro que no se produce, una mirada que se prolonga demasiado...

Este ritmo pausado responde a una lógica: la verdad no estalla, se filtra. No hay clímax de catarsis, sino un descenso progresivo hacia la desolación. El espectador, como el protagonista, termina atrapado en un bucle de preguntas sin respuesta.

5. Finales abiertos: la frustración como forma de verdad

Pocas películas conspiranoicas terminan con el alivio del deber cumplido. Lo habitual es que el protagonista fracase, que se imponga el silencio, que la revelación llegue tarde o sea inútil.

En *El último testigo*, el periodista es asesinado antes de poder publicar su historia. En *La conversación*, Harry Caul destroza su propio apartamento buscando micrófonos que quizá no existan. En *Network*, el personaje que ha vislumbrado el sistema es sacrificado por el propio espectáculo. En *Capricornio Uno*, incluso cuando la verdad se impone, ya no hay nadie que la escuche.

Estos finales frustrantes no son un error narrativo, son la coherencia última del género. Este tipo de cine no ofrece resolución porque no cree en la posibilidad de una resolución justa. Su lógica es otra: la de la sospecha perpetua, la del sistema que sobrevive a toda denuncia, la del relato que confirma una intuición, pero no cambia nada.

En última instancia, lo que define al género no es el complot que denuncia, sino el tipo de mirada que propone. Una mirada que desconfía de las certezas, que explora los márgenes y que no confía en la superficie. Una mirada que, sin abandonar la belleza del encuadre o la precisión del guion, hace del desconcierto una poética.

El cine, como cualquier otra forma de arte, puede ofrecer consuelo, evasión, épica. Pero el cine conspiranoico elige otra tarea más ingrata y valiente: enseñar a desconfiar. Y en esa desconfianza, encontrar una forma nueva de lucidez.

LA CONSPIRACIÓN COMO ESTRUCTURA EMOCIONAL

El cine conspiranoico de los 70 no nace solo de un cúmulo de acontecimientos históricos, ni de un contexto político especialmente convulso, aunque ambos factores resulten indispensables para su aparición. Este cine, como todo gran movimiento cultural, responde a una necesidad emocional colectiva. No se limita a señalar culpables, ni a mostrar una corrupción puntual. Su mayor logro, y quizá su gran legado, es haber sabido traducir al lenguaje cinematográfico el desconcierto moral y existencial de una sociedad que ya no sabía en qué creer.

En ese sentido, estas películas no son simplemente historias sobre conspiraciones. Lo que realmente representan es una forma de vivir la sospecha, de estar en el mundo cuando se ha perdido la confianza en las instituciones, en el discurso oficial, en las grandes narrativas del progreso... Sin llegar a inventar la conspiración, sí se podría decir que el cine conspiranoico la convierte en estructura narrativa y, más aún, en estructura emocional.

Durante décadas, el cine de Hollywood había ofrecido certezas: la justicia se abría camino; el crimen se resolvía; el amor vencía al miedo; y el espectador podía salir del cine con la sensación de que el orden del mundo, pese a las turbulencias, se mantenía intacto. El género conspiranoico rompe con esa lógica: no tranquiliza, inquieta; no cierra tramas, las abre; no ofrece soluciones, plantea preguntas.

Esta transformación coincide con un momento histórico particular: la de los 70 es la década en la que los norteamericanos descubren que su propio gobierno puede mentirles, espiarlos, manipularlos o incluso hacerles daño. Pero lo que hace el cine no es repetir esa constatación política, la incorpora al modo de mirar. A partir de entonces, el espectador ya no observa las imágenes con ingenuidad, las examina y las interroga.

La conspiración, así entendida, no es solo un tema, es un estado del alma, una desconfianza arraigada no solo hacia los poderosos, sino hacia los signos. Una conversación en apariencia inocente puede esconder un mensaje. Un gesto, una mirada o hasta un lacónico silencio pueden llegar a ser verdaderamente significativos. El mundo ya no se presenta transparente, sino codificado. Y el espectador, como el protagonista de estas películas, aprende a leer entre líneas.

En este punto, la narrativa conspiranoica se convierte en una pedagogía de la sospecha. Nos enseña a no conformarnos con lo evidente, a asumir que la verdad quizá no está en lo que se dice, sino en lo que se omite. A desconfiar tanto del poder como del lenguaje con el que ese poder se presenta. Y, paradójicamente, esa sospecha no produce caos, sino un nuevo tipo de orden. Un orden incómodo, pero honesto: el orden del que ha dejado de creer ciegamente, pero no ha dejado de pensar.

Es por eso que estas películas no son solamente productos de su tiempo, sino dispositivos que siguen funcionando. Cuando se proyecta hoy *El último testigo*, *La conversación* o *Todos los hombres del presidente*, el espectador actual no las mira con distancia arqueológica. Las reconoce, las comprende y las siente actuales. Porque el tipo de desconfianza que narran —la institucional, la tecnológica, la mediática— no ha desaparecido, se ha transformado. Podemos afirmar, entonces, que el cine conspiranoico inaugura un nuevo vínculo emocional entre espectador y relato. Ya no se trata de acompañar al protagonista en su aventura, sino de compartir con él una angustia, una intuición, una soledad.

El espectador ya no busca el confort de la resolución, sino la confirmación de su propia sospecha. Lo que quiere, más que le resuelvan el enigma, es que le digan que no está solo a la hora de percibir que algo no encaja. Ese es el mayor triunfo de este cine: haber convertido la paranoia en una gramática; haber hecho de la sospecha no una patología, sino un estilo; haber asumido que no hay relato que pueda abarcar el mundo, pero que sí hay formas de narrar la inquietud que ese mundo provoca. Así, la conspiración, más que un recurso argumental, se vuelve una emoción cultural, una forma de mirar, de contar, de sentir. Y lo que estas películas nos enseñan es que, en medio de ese desconcierto, el relato puede ser una brújula. No para encontrar el norte, sino para entender por qué lo hemos perdido.

2

EL PAÍS QUE DEJÓ DE CREER
Clima político, histórico y emocional en los Estados Unidos de los 70

LA BALA INVISIBLE

Nadie lo vio venir. O eso dijeron. Una caravana presidencial en una mañana soleada, un coche descapotable, una mano alzada en señal de saludo. Una ciudad del sur, Dallas, aún dividida por heridas invisibles, pero con sus aceras llenas de curiosos y familias. Un presidente joven, bien peinado, sonriente, saludando como si aquel 22 de noviembre de 1963 fuera solo otro día para confirmar que el futuro era suyo.

Pero entonces, en ese instante que la historia ha convertido en una secuencia de imágenes congeladas, su cuerpo se sacude hacia atrás. Su esposa se abalanza sobre el maletero. Un agente corre. Alguien grita. Y una cámara casera lo registra todo. Un disparo. Otro. Otro. Y la vida de John Fitzgerald Kennedy se esfuma en un charco de sangre, confeti y hueso.

Aquella bala no mató solo a un presidente. Lo que se desangró en el asiento trasero de aquel Lincoln negro fue algo más íntimo, más profundo: la fe de un país en su propio relato; la idea de que Estados Unidos era el director de su propia película, el héroe invulnerable, el guardián del orden mundial; la historia con final feliz... Ese día, el guion se rompió y lo que entró por la grieta fue algo nuevo: la duda.

Porque la versión oficial —un tirador solitario, un comunista desencantado con buena puntería y mala fortuna— fue repetida por todos los canales, pero aceptada por muy pocos. El informe de la Comisión Warren, publicado en 1964, tenía más de 800 páginas, pero no convencía. No por falta de datos, sino por exceso de confianza. Porque lo que proponía era cerrar un caso que la conciencia colectiva apenas empezaba a abrir.

Las imágenes del asesinato, repetidas hasta el hartazgo, no aportaban claridad. Más bien lo contrario: alimentaban la sospecha. El famoso plano de Abraham Zapruder, con su temblor de 8 mm y su encuadre imperfecto, mostraba una escena en la que todo podía ser interpretado al revés. ¿Un disparo desde atrás? ¿Desde el lateral? ¿Desde el célebre "montículo de hierba" (*grassy knoll*)? La pregunta dejó de ser forense para convertirse en existencial: ¿de dónde venía esa bala? Y más importante aún: ¿quién estaba realmente en el otro extremo del cañón?

Con el tiempo, surgieron teorías, libros, documentales, confesiones apócrifas, revelaciones a medias, testigos contradictorios, pistas perdidas y una obsesión nacional que acabó por cristalizar en una verdad incómoda: nadie sabe quién mató a Kennedy, pero todos están seguros de que no fue solo Oswald.

El país no fue el mismo después de ese día. No por el crimen, sino por la imposibilidad de digerirlo con tranquilidad. Porque si el presidente puede morir a plena luz del día, rodeado de protección, en un país que se proclama libre y justo... entonces algo, en algún lugar, no está funcionando como nos dijeron. Y si lo que falla no es un individuo, sino el propio sistema, entonces la sospecha ya no es paranoia, es una forma de lucidez. Por eso, cuando Oliver Stone estrenó *JFK: caso abierto* (*JFK*) en 1991, casi treinta años después del asesinato, lo que conmoverá no será la hipótesis concreta, sino la acumulación de preguntas que el film convierte en arte.

Pero en realidad, esa herida llevaba abierta desde los días posteriores al atentado. Desde que las primeras voces comenzaron a murmurar que las respuestas no estaban donde nos decían. Que la verdad —si es que existía una— no iba a encontrarse en la superficie. El asesinato de John F. Kennedy se convirtió en la piedra fundacional de la cultura conspiranoica contemporánea, el punto de partida donde el ciudadano estadounidense medio, por primera vez, empezó a mirar a su gobierno con recelo. Y no desde el odio político o la ideología radical, sino desde una intuición de lo roto, de lo incompleto, de lo mal contado.

Desde entonces, toda versión oficial se volvió sospechosa. Toda secuencia de hechos fue susceptible de tener un montaje alternativo. Todo relato institucional se leyó como una narrativa con intereses detrás. El poder dejó de ser una estructura y pasó a ser una trama. Y lo que había empezado como una tragedia histórica terminó convertido en un lenguaje. Un lenguaje hecho de silencios, de sobreentendidos, de nombres omitidos... Un lenguaje cinematográfico. Porque el cine fue, desde el principio, el espacio donde esa duda pudo expresarse sin pedir permiso. El lugar donde el espectador podía ver —aunque solo fuera durante dos horas— lo que no se atrevía a decir en voz alta. Y si el cine nació como espectáculo, en los años 70 se convirtió en espejo. Un espejo roto, sí. Pero reflejo al fin.

El disparo en Dallas no solo mató a Kennedy, también la idea de que el relato era confiable. Lo que nació ese día no fue el cinismo, fue la sospecha como necesidad narrativa. A partir de ahí, el cine dejó de preguntarse qué había pasado, y empezó a preguntarse: ¿qué nos están ocultando?

LOS "AÑOS DE PLOMO" SUAVE. ESTADOS UNIDOS SE ROMPE POR DENTRO

Había sido un país joven, seguro, convencido de que el futuro le pertenecía por derecho. Había ganado la guerra, había inventado el suburbio —tanto el "chungo", de viviendas protegidas y crimen organizado, como el "ideal", de jardines perfectos y vallas blancas—, había llenado sus autopistas de coches brillantes y sus casas de electrodomésticos. Durante dos décadas, Estados Unidos había vivido la euforia del triunfo, el vértigo del crecimiento, el espejismo de la perfección. Pero hacia mediados de los años 60, algo comenzó a torcerse. Primero en los márgenes, en los barrios invisibles, en las voces incómodas. Y luego en las calles, en los noticiarios, en las universidades. Como si bajo el barniz del sueño americano estuviera latente una grieta estructural, un malestar larvado que empezaba a reclamar protagonismo. La fractura entre la promesa y la realidad se hizo demasiado visible. Y demasiado sangrienta.

1963 fue el primer disparo. La muerte de Kennedy inauguró no solo una década violenta, sino una sensación de vulnerabilidad moral, de que el orden podía ser alterado por una bala. Pero lo que vino después no fue una restauración del equilibrio, sino una cadena de rupturas que dejaron al país irreconocible. Cada año parecía más difícil creer en el relato de la unidad nacional.

En 1965, Malcolm X caía abatido a tiros en pleno discurso. En 1968, Martin Luther King era asesinado en Memphis la misma noche en que había proclamado que había visto la Tierra Prometida. Apenas dos meses más tarde, Robert Kennedy (hermano del presidente muerto y voz nueva de la esperanza demócrata) era asesinado en Los Ángeles tras ganar las primarias de California. Cuatro muertes en un mismo país, en menos de cinco años, todas ellas con un mismo mensaje implícito: la reforma desde dentro no es posible. Quien sueña con cambiar el sistema termina con la cabeza reventada.

La América de los años 60 no solo mataba a sus líderes, también reprimía a quienes intentaban denunciar sus contradicciones. El movimiento por los derechos civiles, que había comenzado como una exigencia moral, se fue endureciendo a medida que el poder respondía con gases, porras y balas. Las imágenes de policías apaleando a estudiantes, de perros mordiendo a manifestantes o de tanques cruzando barrios negros, pasaron a formar parte del paisaje cotidiano. La democracia, que se había proclamado como el régimen de la igualdad, mostraba un rostro cada vez más autoritario.

De forma paralela, surgían figuras incómodas que no encajaban en el relato oficial. Los Panteras Negras patrullaban armados las calles, no para delinquir, sino para vigilar a la policía. Su programa político hablaba de alimentación, salud, educación y autodefensa. Pero para el FBI de J. Edgar Hoover no eran activistas: eran enemigos del Estado. El programa COINTELPRO, diseñado para "neutralizar" amenazas internas, se convirtió en una red de espionaje y sabotaje contra ciudadanos estadounidenses. Las escuchas ilegales, las filtraciones falsas, la infiltración en organizaciones, el acoso sistemático: todo formaba parte de un aparato que no se reconocía como totalitario, pero actuaba como tal

Mientras tanto, las universidades se convertían en laboratorios de protesta. La juventud no quería heredar el mundo de sus padres. Quería entender por qué ese mundo estaba construido sobre la mentira, la desigualdad y la violencia. Las manifestaciones contra la guerra de Vietnam —que pronto derivaron en críticas estructurales al sistema— fueron tratadas como actos subversivos. Las cargas policiales e incluso militares en el campus de Berkeley o en la Universidad Estatal de Kent —donde cuatro estudiantes murieron a tiros en 1970— confirmaron que el Estado no dudaba en reprimir con fuego a su propia juventud.

No eran años revolucionarios. No al menos en el sentido clásico. Lo que bullía no era un proyecto nuevo, sino una sensación de que el viejo ya no servía... Una angustia de fondo, una desconfianza. Un país que antes gritaba su identidad ahora susurraba su derrota. Los himnos sonaban huecos. Las banderas se usaban para envolver cadáveres. Las noticias ya no traían certezas, sino pruebas de que nadie sabía realmente quién mandaba ni por qué.

La violencia se volvió cotidiana, casi doméstica. Las calles se militarizaron. La televisión transmitía, noche tras noche, imágenes de un país que parecía haber entrado en una guerra civil difusa, sin frentes, sin declaración formal, pero con muertos, muchos muertos. Una guerra sin enemigo claro, sin objetivo, solo con miedo. Y el miedo es el caldo de cultivo perfecto para la narrativa conspirativa. Porque cuando todo parece fuera de lugar, el ser humano necesita una explicación. Y si no se la da el poder, la construirá él mismo. En esos años, millones de ciudadanos comenzaron a mirar al sistema no como una estructura de protección, sino como una máquina autónoma que ya no respondía a nadie.

La idea de que alguien manejaba los hilos en la sombra no era aún *mainstream*, pero empezaba a asomar como intuición colectiva, como una forma de explicar por qué los buenos siempre morían jóvenes, por qué la policía parecía odiar a sus propios vecinos, por qué el gobierno insistía en una guerra que nadie entendía, y por qué las personas que hablaban de paz o de justicia terminaban silenciadas. No era todavía una teoría de la conspiración. Era una sensación de orfandad narrativa.

Ese clima, de violencia difusa, represión interna y desgaste emocional sostenido, fue bautizado en otros contextos como "los años de plomo". En Italia, Alemania, Argentina, Chile o, por supuesto, España, el plomo era real: balas, bombas, dictaduras. En Estados Unidos fue, durante un tiempo, más sutil, más disfrazado. Pero igualmente devastador. Por eso aquí podemos hablar —casi con ironía— de años de "plomo suave". Sin tanques en las calles de Washington, pero con la sensación de que algo muy profundo se estaba descomponiendo bajo el traje impecable de la democracia.

De esa podredumbre contenida, de esa tristeza histórica que no podía canalizarse políticamente, surgiría el cine de los años 70. Y no como catarsis, sino como diagnóstico. Porque los protagonistas de aquel cine no son héroes, ni rebeldes con causa, ni profetas... Son hombres solos, destrozados. Hombres que han dejado de creer. Justo como su país.

VIETNAM: EL HORROR EN EL SALÓN DE CASA

Ninguna guerra se había vivido así. Ni siquiera la Segunda Guerra Mundial, que había contado con noticiarios, propaganda y discursos grandilocuentes. Lo de Vietnam fue distinto. Fue una guerra que entró cada noche en los salones norteamericanos, como una visita indeseada que se sentaba en el sofá, al lado del padre de familia, mientras cenaba viendo las noticias.

La televisión no narraba la guerra, la mostraba. Con imágenes crudas, secuencias en directo, cadáveres reales, niños heridos, soldados que lloraban frente a la cámara. Por primera vez, el relato oficial del gobierno podía ser cuestionado no por ideología, sino por evidencia visual. No se trataba ya de confiar o no en el presidente, bastaba con mirar la pantalla. Lo que allí aparecía era inapelable, y lo que sugería era tan simple como devastador: nos están mintiendo.

Cuando en 1965 Lyndon B. Johnson ordenó la escalada militar y bombardeó Vietnam del Norte, lo hizo apelando a la seguridad nacional y al miedo al comunismo. Pero a medida que los meses pasaban, los informes oficiales chocaban con lo que los periodistas traían desde el terreno. La versión heroica del soldado americano como liberador quedaba desmontada por las imágenes de aldeas arrasadas, prisioneros torturados, napalm sobre niños.

¿Qué hacía Estados Unidos en Vietnam? ¿Qué defendía? ¿A quién liberaba? ¿Por qué seguían muriendo miles de jóvenes cada año? Preguntas simples, pero sin respuesta clara. La narrativa gubernamental hablaba de domino comunista, de honor nacional, de estabilidad geopolítica. Pero en los barrios obreros morían los hijos, y en las pantallas se veía el infierno. La distancia entre lo que el país decía ser y lo que hacía se volvió insostenible.

Fue la guerra del miedo. Miedo a morir, miedo a fracasar, miedo a rendirse, miedo a parecer débil. Estados Unidos, que se había forjado como potencia con la certeza de que su destino era liderar el mundo, se encontró atrapado en una guerra sin victoria posible. Cada batalla se medía en número de bajas, no en conquistas. Cada cuerpo devuelto a casa era una grieta más en el relato nacional.

Y, sin embargo, el gobierno seguía mintiendo. Seguía inflando cifras, ocultando derrotas, prometiendo una victoria que nunca llegaba. Hasta que, en 1968, todo estalló. La ofensiva del Tet, lanzada por el Vietcong, sorprendió a las fuerzas estadounidenses y mostró al mundo —y sobre todo al pueblo americano— que el enemigo no estaba vencido, ni cerca de estarlo. La guerra no se estaba ganando, se estaba empantanando.

Ese año, el célebre periodista Walter Cronkite, símbolo de la moderación televisiva, regresó de Vietnam y pronunció una frase que atravesó como un rayo la conciencia nacional: "Ahora parece más seguro que nunca que la sangrienta experiencia de Vietnam acabará en un punto muerto". Cuentan que el presidente Johnson, al oírlo, musitó: "Si he perdido a Cronkite, he perdido al estadounidense medio".

Y tenía razón. Lo que se rompió no fue la estrategia militar. Fue la narrativa del país. El centro político, cultural y emocional de Estados Unidos

—el ciudadano medio que veía las noticias mientras cenaba— dejó de creer en su propio gobierno. Las protestas se multiplicaron. Los jóvenes se negaban a ser reclutados. Los veteranos regresaban rotos, no solo física, también espiritualmente. Vietnam no fue solo una derrota militar: fue una demolición emocional. El mito del soldado virtuoso, del país que luchaba por el bien, del ejército que liberaba pueblos, todo eso se volvió sospechoso. Y al volverse sospechoso, se hizo narrativamente fértil. Porque donde antes había épica, ahora había trauma; donde antes había gloria, ahora había culpa; y donde antes había unidad, ahora solo había silencio, rabia y cinismo.

El cine no tardó en recoger esa energía oscura. Pero no lo hizo a través de películas bélicas en el sentido tradicional. Lo hizo mediante *thrillers* psicológicos, dramas urbanos, historias de traición, de vigilancia, de paranoia. Porque lo que se había perdido en Vietnam no se recuperaba con banderas ni himnos. Solo con relatos que aceptaran la verdad: que habíamos matado, mentido, y perdido.

Cuando en *Los tres días del cóndor*, Robert Redford sospecha de su propia agencia; cuando en *El cazador* (Michael Cimino, 1978) los amigos regresan de la guerra convertidos en extraños; cuando en *Apocalypse Now* (Francis Ford Coppola, 1979) el horror es una espiral sin salida... En todos esos casos no solo se trata del argumento de esas películas, se está hablando de Vietnam como trauma fundacional del nuevo cine americano. Porque Vietnam fue eso: una herida, una mancha, un espejo roto. Y cuando un país se ve reflejado en los pedazos rotos de su propia mentira, solo puede hacer una cosa: contar la historia de su fracaso. Una y otra vez. Hasta que deje de doler. O hasta que alguien, en la penumbra, vuelva a apagar la televisión.

EL CASO WATERGATE, O EL ESPIONAJE EN TERRITORIO PROPIO

Todo lo que parecía exagerado, fantasioso, imposible, acabó siendo verdad. No hacía falta leer entre líneas, ni rebuscar en los márgenes, ni imaginar hilos invisibles entre el poder y la corrupción. Bastaba con abrir el periódico. Concretamente, el *Washington Post*, y seguir cada mañana los artículos firmados por Bob Woodward y Carl Bernstein, dos periodistas que, desde la más gris rutina del reporterismo judicial, comenzaron a desentrañar el escándalo político más grave de la historia de Estados Unidos.

Watergate es, en cierto modo, el clímax del derrumbe narrativo que arrastraba el país desde la muerte de Kennedy. Una historia que comienza con cinco hombres asaltando de noche una oficina del Comité Nacional Demócrata —en el edificio Watergate, en Washington— y termina, dos años más tarde, con la dimisión del presidente Richard Nixon, la imagen de un helicóptero alejándose del jardín de la Casa Blanca, y un país que, por primera vez, tenía pruebas sólidas de que su presidente les había mentido, espiado y manipulado.

Lo que se reveló durante esos meses fue, además de un entramado de espionaje político, una maquinaria de encubrimiento, presión y sabotaje construida desde el propio corazón del poder. Nixon, obsesionado con sus enemigos —reales o imaginarios—, había permitido la creación de un grupo clandestino de operaciones sucias, los llamados "fontaneros", que se dedicaban a tareas tan nobles como robar historiales médicos, instalar micrófonos ocultos, infiltrar campañas rivales y destruir reputaciones.

El cinismo no era nuevo, pero sí fue su visibilidad. Por primera vez, el poder no podía esconderse. Los micrófonos estaban también en la Casa Blanca. Nixon, que había ordenado grabar sistemáticamente todas sus conversaciones en el Despacho Oval, dejó sin querer el rastro perfecto de su propia caída. Las cintas, reclamadas judicialmente, mostraban sin ambages su implicación directa en el encubrimiento del caso. La cinta del "smoking gun" (arma humeante), con su famosa conversación del 23 de junio de 1972, resultó ser la bala definitiva. Así fue como el congresista Barber Conable denominó a la conversación registrada entre Nixon y H. R. Haldeman, su jefe de gabinete, demostrando que el presidente había estado involucrado en el encubrimiento desde el principio (el término "smoking gun" hace referencia a una evidencia irrefutable). Acorralado, Richard Nixon dimitió el 9 de agosto de 1974.

Aquel día, Estados Unidos se despertó con una certeza escalofriante: la conspiración no era una hipótesis. Era la realidad. El presidente había mentido. El aparato estatal había operado al margen de la ley. Las instituciones habían mirado hacia otro lado. El monstruo era real, y vivía en casa.

La caída de Nixon fue, además de una crisis política, una quiebra simbólica. Durante décadas, el presidente había sido, para muchos, una figura casi paternal, símbolo de estabilidad y decoro, incluso cuando se le odiaba políticamente. Lo que Watergate rompió no fue solo la legitimidad de Nixon, fue la noción misma de respeto hacia el poder. Si el presidente es capaz de espiar a sus rivales, chantajear a periodistas, destruir pruebas y burlarse del pueblo... entonces ya no hay inocencia posible. La sospecha se vuelve sistema.

Y el cine, una vez más, recogió esa atmósfera. Porque lo que antes era solo el terreno de la ficción —el agente traicionado, el funcionario que descubre la red secreta, el periodista que se enfrenta al gigante— ahora tenía un correlato real, documentado, filmado, judicializado. Las películas no tenían que inventar nada, solo tenían que observar. *Todos los hombres del presidente* no es solo una obra maestra del *thriller* político, es un monumento al fracaso del relato oficial. El film sigue a Woodward y Bernstein en su investigación, mostrando cómo el poder se protege a sí mismo, cómo la verdad es frágil, cómo la prensa puede ser heroica, sí... pero también vulnerable. La película, filmada en tonos sombríos, sin apenas música, con oficinas vacías y planos largos de pasillos infinitos, transmite un clima de amenaza constante. La tensión no viene de la acción, sino del ambiente: todo puede estar siendo vigilado. Todo puede ser manipulado.

El caso Watergate convirtió a millones de estadounidenses en ciudadanos paranoicos, pero lúcidos. Por fin entendían que la paranoia era, más que debilidad mental, una forma legítima de leer la realidad. La idea de que los gobiernos mintieran ya no era una sospecha de radicales o locos. Era la conclusión inevitable.

Y aquí está uno de los grandes giros culturales de la década: la conspiración dejó de ser una subtrama para convertirse en el tema central. Los héroes dejan de ser soldados o cowboys, son periodistas, burócratas, informáticos, analistas de inteligencia. Tipos normales que descubren que nada es como parece. El enemigo no está fuera, sino dentro. No hay una guerra clara, sino una nebulosa de intereses, mentiras, manipulaciones. La historia deja de ser lineal y se vuelve laberíntica.

Watergate no creó el cine conspiranoico, pero lo legitimó, lo volvió urgente, lo dotó de verdad histórica. Después de Nixon, ninguna teoría parecía del todo descabellada. Ningún guion era "demasiado exagerado". La ficción tenía permiso para sospechar. Porque la realidad ya había confesado. Y aún lo haría más, porque a partir de entonces comenzarían a conocerse datos de operaciones encubiertas y programas destacados de la CIA y el gobierno estadounidense que habrían de cortar el aliento a más de uno mientras leía el periódico durante el desayuno. Veamos alguno de esos casos:

OPERATION PAPERCLIP
Fecha: 1945-1959
Descripción: programa secreto para reclutar a científicos nazis (incluidos miembros del partido y de la SS) tras la Segunda Guerra Mundial, especialmente expertos en cohetes y armas químicas, para trabajar en Estados Unidos evitando que cayeran en manos soviéticas.

OPERATION NORTHWOODS
Fecha: 1962
Descripción: plan propuesto por el Estado Mayor Conjunto para realizar ataques de falsa bandera en suelo estadounidense y culpar a Cuba, con el fin de justificar una invasión. Fue rechazado por Kennedy.

OPERATION MONGOOSE
Fecha: 1961-1963
Descripción: programa secreto de la CIA para desestabilizar e intentar derrocar al gobierno de Fidel Castro en Cuba. Incluyó sabotajes, campañas de propaganda y planes de asesinato.

MK-ULTRA
Fecha: 1953-1973
Descripción: programa clandestino de la CIA que investigó el control mental y la manipulación psicológica mediante drogas (como el LSD), hipnosis y tortura. Se realizaron experimentos sin consentimiento en ciudadanos estadounidenses y extranjeros.

PHOENIX PROGRAM

Fecha: 1967-1972

Descripción: campaña de contrainsurgencia durante la guerra de Vietnam. El objetivo era identificar y neutralizar a los miembros del Vietcong mediante detenciones, tortura y asesinatos. Se estima que más de 20.000 personas murieron.

COINTELPRO

Fecha: 1956-1971

Descripción: programa del FBI para infiltrar, desacreditar y desmantelar movimientos políticos considerados subversivos como los Panteras Negras, activistas por los derechos civiles o movimientos de izquierda.

OPERATION CHAOS

Fecha: 1967-1974

Descripción: proyecto secreto de la CIA para espiar ilegalmente a ciudadanos estadounidenses que se oponían a la guerra de Vietnam o participaban en movimientos de protesta.

IRAN-CONTRA AFFAIR

Fecha: 1985-1987

Descripción: escándalo político por la venta secreta de armas a Irán (entonces bajo embargo) para financiar a la "Contra" en Nicaragua —los insurgentes financiados por Estados Unidos que intentaron acabar con el gobierno (1979-1990) del Frente Sandinista de Liberación Nacional—, contraviniendo una prohibición explícita del Congreso. Implicó a altos funcionarios del gobierno de Reagan.

OPERATION CYCLONE

Fecha: 1979-1989

Descripción: apoyo encubierto de la CIA a los muyahidines afganos que luchaban contra la invasión soviética, financiando y armando a grupos que luego darían origen a facciones como los talibanes y al-Qaeda.

PROJECT STARGATE
Fecha: 1978-1995
Descripción: programa de la CIA y el ejército para investigar fenómenos psíquicos como la visión remota con fines de espionaje militar. Aunque los resultados fueron poco concluyentes, el proyecto existió durante más de una década.

EXTRAORDINARY RENDITION PROGRAM
Fecha: desde 2001
Descripción: tras el 11-S, Estados Unidos implementó este programa para capturar y trasladar a sospechosos de terrorismo a países donde eran interrogados (a menudo con tortura), evitando así los límites legales estadounidenses.

LA CRISIS DEL PETRÓLEO Y LA AMENAZA INVISIBLE

Había una época en la que el enemigo tenía nombre: Khrushchev, Ho Chi Minh, Castro, Nixon. Uno podía mirar a los ojos al adversario y odiarlo, temerlo, combatirlo. Pero eso cambió en los años 70. Lo que entonces comenzó a dibujarse fue un nuevo tipo de poder, uno que no aparecía en las fotos, que no daba discursos, que no necesitaba ganar elecciones. Un poder que operaba desde los despachos, los consejos de administración, las salas de juntas. Silencioso, abstracto, pero determinante.

Ese poder sin rostro se hizo tangible, por primera vez, durante la crisis del petróleo de 1973. Hasta ese momento, la mayoría de los estadounidenses vivía bajo la certeza de que la energía fluía como el agua: natural, barata, eterna. La gasolina era tan parte del paisaje como las hamburguesas o los moteles. Los coches crecían en tamaño y potencia como si la energía fuera una extensión de la libertad. Pero todo cambió cuando los países árabes miembros de la OPEP decidieron cerrar el grifo.

La decisión fue una represalia directa por el apoyo de Estados Unidos a Israel durante la guerra del Yom Kipur, pero sus efectos trascendieron la geopolítica de Oriente Medio. Lo que siguió fue una parálisis energética: los precios del petróleo se dispararon, la inflación se desbocó, los surtidores se vaciaron. En las gasolineras se formaban colas kilométricas. Las familias se vieron obligadas a racionar la calefacción. Los vuelos comerciales se redujeron. La economía comenzó a tambalearse.

Por primera vez, los estadounidenses sintieron que su estilo de vida estaba condicionado por decisiones tomadas en otro lugar. Y no solo en otros países, también en otros niveles del poder, más inaccesibles e intangibles, donde los intereses económicos, diplomáticos y estratégicos se entrelazaban en una maraña imposible de desenredar. ¿Quién decidía cuánto costaba la gasolina? ¿Quién ganaba con la escasez? ¿Quién estaba detrás de las grandes decisiones que afectaban a millones de ciudadanos? La respuesta era inquietante: no lo sabíamos.

El petróleo no es solo energía. Es estructura, una red de acuerdos, contratos, intereses cruzados y pactos no escritos. En los 70, esa estructura comenzó a revelarse como una nueva forma de poder total. Ya no era el ejército quien ganaba o perdía guerras, ni el Congreso quien dictaba las normas. Eran las corporaciones, los *lobbies* energéticos, los gigantes financieros. Actores que no rendían cuentas, pero marcaban el paso.

Esa transformación se coló en el cine como una amenaza invisible, pero omnipresente. La conspiración ya no era solo política, también era económica. Y mucho más difícil de desmontar. En *Los tres días del cóndor*, por ejemplo, el personaje de Cliff Robertson confiesa que el plan de la CIA era infiltrarse en gobiernos de Oriente Medio para garantizar el suministro de petróleo. No por ideología, sino por necesidad estratégica. No para hacer el bien, sino para asegurar el consumo.

Es un momento clave, porque se da un giro al marco narrativo. El enemigo ya no es alguien que quiere destruir América. Es América queriendo asegurar su futuro, cueste lo que cueste. Ya no se justifican la guerra, la violencia y la manipulación con discursos morales, sino con la lógica de los recursos. El sistema se protege a sí mismo. No por odio, ni por codicia, sino porque así funciona.

Este tipo de antagonista —el poder impersonal, estructural, sistémico— comenzó a poblar el cine conspiranoico. Las grandes corporaciones se convirtieron en villanos plausibles. En *Network*, el ya citado discurso final del personaje interpretado por Ned Beatty revela que la televisión no sirve para informar, ni siquiera para manipular: sirve para mantener a la audiencia dentro del sistema. Un sistema que no responde a ideologías, sino a flujos de capital.

La idea de que todo está interconectado —política, energía, medios, consumo— se volvió central. Las películas ya no necesitaban inventar tramas rebuscadas. Bastaba con mostrar cómo el mundo real funcionaba bajo esa lógica aplastante, deshumanizada, que convierte a las personas en engranajes y a los gobiernos en oficinas satélite de las grandes corporaciones.

La crisis del petróleo fue un trauma económico, sí. Pero sobre todo fue una revelación cultural, una caída de máscara. Nos enseñó que los Estados no mandan tanto como creemos, que la democracia tiene techos invisibles y que las decisiones que afectan a nuestras vidas se toman muchas veces lejos, en otro idioma, por personas que no votamos ni veremos jamás. Y eso no genera indignación, sino miedo. Y el miedo, como ya sabemos, es el lenguaje perfecto para una buena historia.

EL MUNDO COMO TABLERO: GUERRA FRÍA Y LABERINTO GEOPOLÍTICO

Durante casi medio siglo, más que un mapa, el mundo fue un tablero. Y cada país, cada conflicto y cada decisión, una pieza movida por manos invisibles. En el ajedrez global de la Guerra Fría, lo importante no era el movimiento en sí, sino quién lo hacía y por qué. No importaba que Vietnam fuera una selva o Afganistán un desierto, que Angola estuviera en África o Nicaragua en Centroamérica. Todos los lugares eran susceptibles de convertirse en teatros de guerra encubierta, trampas para el rival, esferas de influencia disfrazadas de causas nobles.

La lógica bipolar que dividía al planeta en dos bloques enfrentados —Estados Unidos y la URSS— transformó la política internacional en una especie de *thriller* permanente. La desconfianza se convirtió en doctrina. La ambigüedad, en arma. No saber era, muchas veces, la única certeza.

Y en ese clima, la verdad dejó de importar. Porque lo esencial era el relato. La versión que se ofrecía al mundo y, sobre todo, a la ciudadanía. Una invasión podía llamarse "liberación". Un golpe de Estado podía justificarse como "protección de la democracia". La censura era "control de daños". La vigilancia masiva, "seguridad nacional". Las palabras se volvían elásticas, y detrás de cada declaración oficial comenzaba a latir otra historia. El ciudadano medio, con toda la razón, comenzaba a plantearse ciertas preguntas: ¿a quién sirve realmente el poder?, ¿quién decide lo que sabemos?, ¿qué se oculta tras las buenas intenciones?

La Guerra Fría, además de tensión diplomática y acumulación de armas, generó, sobre todo, una cosmovisión paranoica, un modo de pensar basado en la sospecha, en la lectura entre líneas, en la convicción de que detrás de cada evento visible había otra trama más compleja, más peligrosa, más inconfesable. Y esa forma de mirar, claro, fue abono para el cine. Porque si el mundo era un tablero y los gobiernos jugadores sin escrúpulos, ¿qué mejor materia prima para una historia? La Guerra Fría convirtió a los espías en protagonistas, a los documentos secretos en objetos de deseo, a las embajadas en fortalezas hostiles y a los aliados en traidores potenciales. Nadie confiaba en nadie. Y eso es cine puro.

El *thriller* político y el cine de espionaje se nutrieron de esta lógica. Pero el giro de los años 70 fue romper con el *glamour bondiano* del espía como dandi con licencia para matar. Lo que emergió entonces fue un nuevo tipo de espía: el burócrata gris, el analista, el tipo anodino atrapado en una maquinaria de la que ni siquiera conoce los fines. Hombres y mujeres cuya única posibilidad de supervivencia era entender el sistema antes de que este los devorase.

El espía que surgió del frío (*The Spy Who Came In from the Cold*, 1965), dirigida por Martin Ritt y basada en la novela de John le Carré, ya había anticipado esta estética, pero los años 70 la convirtieron en norma. *Los tres días del cóndor*, *El último testigo*, *La conversación* o incluso *El candidato* (*The candidate*, 1972), de Michael Ritchie, ofrecían relatos donde la ambigüedad moral lo contaminaba todo. Nadie era del todo bueno ni del todo malo. Todo era estrategia, camuflaje, intercambio. Como en la política exterior real.

La doctrina de la contención, ese eufemismo diplomático que justificaba apoyar dictaduras con tal de frenar al comunismo, se tradujo en decisiones que hipotecaron la ética. En nombre de un supuesto bien mayor, se pisotearon derechos, se derrocaron gobiernos, se entrenaron escuadrones de la muerte. Y todo, con la frialdad de quien mueve una ficha más en el tablero.

El ciudadano, mientras tanto, vivía en un doble mundo. Uno, el visible: la bandera, el discurso, la seguridad. Otro, el soterrado: las escuchas, los golpes de Estado, las alianzas con criminales. ¿Cómo confiar en alguien, cuando los enemigos de ayer eran los aliados de hoy y podían volver a ser enemigos mañana?

En ese caldo de cultivo, el cine conspiranoico se convirtió en el espejo de una desconfianza global. No hablaba solo del poder nacional, sino del sistema internacional. Mostraba cómo las decisiones no se tomaban en el Parlamento, sino en pasillos sin nombre, cómo las guerras empezaban en mesas de negociación cerradas, cómo los ideales eran apenas barnices para intereses mucho más oscuros.

El cine no inventaba nada. Solo traducía esa incomodidad del ciudadano moderno, esa sensación de que el mundo ya no se rige por principios, sino por equilibrios. Y que, en esos equilibrios, el individuo cuenta poco. Apenas como peón. A veces como daño colateral. Casi nunca como protagonista. El mundo se había convertido en un gran tablero. Y el cine conspiranoico, en el arte de leer entre las jugadas.

MANO NEGRA EN EL PATIO TRASERO

Durante la Guerra Fría, Latinoamérica no fue un mero escenario secundario del conflicto ideológico global. Fue un laboratorio político, un tablero de ensayo, un campo de batalla sin declaración oficial. Estados Unidos, consciente de la proximidad geográfica, la debilidad institucional de muchas repúblicas y la ebullición social derivada de las desigualdades históricas, decidió que no podía permitirse perder ni una ficha en su patio trasero. Y para mantener el orden que le convenía, estuvo dispuesto a romper el ajedrez.

La figura que encarna como ninguna otra esa lógica geoestratégica es la de Henry Kissinger, asesor de seguridad nacional y luego secretario de Estado durante las presidencias de Richard Nixon y Gerald Ford. Para Kissinger, el mundo no se dividía en dictaduras y democracias, sino entre gobiernos funcionales y problemáticos. Y estos últimos, siguiendo su propio lenguaje, eran aquellos que no garantizaban los intereses de Washington: aquellos que pretendían nacionalizar sectores estratégicos, reducir la dependencia de Estados Unidos, redistribuir la riqueza o, simplemente, buscar una vía de desarrollo autónoma.

Suya es la célebre y siniestra frase atribuida en referencia al Chile de Salvador Allende: "No veo por qué debemos permitir que un país se haga marxista debido a la irresponsabilidad de su pueblo". Allende había llegado al poder por la vía democrática, con un programa de corte socialista, legítimo y mayoritario. Pero su política económica, su reforma agraria, su nacionalización del cobre (en manos de empresas norteamericanas) y sus lazos con Cuba encendieron todas las alarmas en Washington. A juicio de Kissinger y del equipo de Nixon, América Latina no podía permitirse un experimento socialista exitoso, aunque fuera pacífico.

Lo que siguió fue una de las operaciones de desestabilización más documentadas de la Guerra Fría: presiones económicas, bloqueo financiero, apoyo a la oposición empresarial y mediática, financiamiento de grupos paramilitares, preparación del ejército... Todo con un objetivo: crear el clima para un golpe militar. El 11 de septiembre de 1973, ese objetivo se cumplió: Allende fue derrocado por el general Augusto Pinochet. Y con él, la democracia chilena (temática que abordaría de manera dolorosa y magistral Costa-Gavras en *Missing*, con un Jack Lemmon colosal).

Kissinger no solo conocía la operación: la avaló, la impulsó y la celebró. En sus reuniones posteriores con Pinochet y con otros dictadores de la región, defendió el "orden" como prioridad política.

En Argentina, Brasil, Uruguay, Paraguay y Bolivia, la historia se repitió con variaciones: gobiernos militares, represión sistemática, desapariciones, tortura... Todo bajo el paraguas de la lucha contra el comunismo, aunque muchas veces las víctimas no eran guerrilleros ni revolucionarios, sino estudiantes, sindicalistas, periodistas, campesinos o intelectuales.

Estados Unidos no necesitaba poner soldados sobre el terreno. Le bastaba con iniciativas como la tristemente célebre *Escuela de las Américas* (donde, entre otras lindezas, se adiestraba a militares latinoamericanos en técnicas de tortura), financiar campañas, proporcionar armamento y, sobre todo, mirar hacia otro lado cuando las dictaduras cometían crímenes de lesa humanidad. En algunos casos, intervenía directamente, como en la invasión de República Dominicana en 1965 o en el respaldo al golpe contra Jacobo Árbenz en Guatemala (1954), promovido por intereses corporativos como los de la United Fruit Company.

La doctrina era clara: mejor un dictador amigo que un socialista legítimo. La democracia era bienvenida, siempre que no interfiriera con los negocios, el control regional y la lógica del mercado. Lo que se protegía no era la libertad, sino la estabilidad entendida como obediencia. El poder se distribuía verticalmente y la ciudadanía, en muchos casos, solo era una estadística prescindible.

Ese contexto dio forma a una de las paranoias más potentes del cine conspiranoico: la sensación de que el poder real no reside en las urnas ni en los parlamentos, sino en los despachos donde se decide el destino de los pueblos sin su consentimiento. Que los principios democráticos pueden sacrificarse con una frialdad quirúrgica si así lo exige la geopolítica. Y que la justicia, si se cruza con los intereses estratégicos, es sencillamente descartada.

El cine no necesitó mirar directamente a Chile o a Argentina para sentir el eco de lo que allí ocurría. Bastaba con reconocer la lógica de fondo: una democracia incómoda, una agencia del poder que actúa en la sombra, una población engañada o desinformada y una verdad que, cuando emerge, puede costarte la vida.

CORPORACIONES, FARMACÉUTICAS Y EL NUEVO ENEMIGO SIN ROSTRO

Durante la década de los 70, la ciudadanía norteamericana vivió una mutación en la forma de percibir el poder. Si en décadas anteriores el miedo se proyectaba hacia enemigos exteriores (el comunismo, la URSS, los espías infiltrados), ahora ese miedo empezaba a mirar hacia arriba... y hacia adentro. No hacia el presidente, sino hacia el CEO. No al político, sino al directivo. No al militar, sino al tecnócrata.

Las grandes corporaciones (petroleras, farmacéuticas, bancarias, alimentarias, tecnológicas, mediáticas) emergieron como el nuevo vértice de un poder difuso, tecnificado, incuestionable. El ciudadano medio, al abrir un periódico o una botella de leche, empezaba a preguntarse sobre quién decidía realmente lo que consumía, lo que creaba, lo que temía.

Los años 70 coincidieron con una sucesión de escándalos que minaron la confianza pública en esos gigantes privados. Informes filtrados demostraban que las tabacaleras sabían desde hacía décadas que el cigarrillo era adictivo y cancerígeno. Las farmacéuticas ocultaban efectos secundarios devastadores, como sucedió con la talidomida en Europa. Las eléctricas y nucleares manipulaban inspecciones y silenciaban fallos de seguridad. Las empresas de medios de comunicación empezaban a fusionarse y a concentrar el control de la información. La sensación era cada vez más clara: el enemigo no quiere destruirte... Quiere que consumas.

Esa transformación se filtró al cine como un virus narrativo. La figura del empresario sin rostro, del comité directivo inabarcable, del logo omnipresente, comenzó a sustituir al antagonista clásico. Ya no era necesario un villano maquiavélico con un plan. La amenaza era el propio sistema.

En *El síndrome de China* (*The China Syndrome*, 1979), de James Bridges, el miedo se concentra en un fallo encubierto en una central nuclear, ocultado para evitar pérdidas económicas. En *Network* el poder mediático moldea la realidad y convierte la desesperación humana en espectáculo rentable. En *Rollerball* se imagina un futuro en el que no hay gobiernos, solo corporaciones que se reparten el mundo y entretienen a las masas con violencia reglada. Y en *El último testigo* el asesino a sueldo no es un espía ni un militar, sino un empleado de una fundación empresarial, adiestrado para eliminar obstáculos con una eficiencia escalofriante.

Más adelante, *El dilema* (*The insider*, 1999), dirigida por Michael Mann, sería heredera directa de este clima setentero, abordando la historia real del bioquímico Jeffrey Wigand, quien denunció las prácticas criminales de una tabacalera... y fue perseguido, desacreditado y silenciado. Pero el germen de su historia ya estaba contenido en los relatos de esta década. El cine anticipaba lo que la realidad confirmaría años después: que el poder más peligroso no es el que se impone con armas, sino el que se filtra en lo cotidiano.

La conspiración empresarial se convirtió de este modo en una categoría narrativa. El espectador, cada vez más consciente de que no puede identificar a su enemigo, necesitaba un relato que le diera forma a su ansiedad. Si el Estado ya no protegía, si la prensa ya no informaba, si las medicinas enfermaban, si la energía contaminaba, si los alimentos eran sospechosos...

Lo verdaderamente inquietante del cine conspiranoico de los 70 no es que revele grandes tramas ocultas, sino que normaliza la sospecha hasta convertirla en parte del día a día. La banaliza y "estetiza". Y lo hace con una conclusión tácita: el sistema no ha sido corrompido... Siempre funcionó así. Y nosotros, espectadores, estábamos dentro.

3

LA GENERACIÓN DEL DESENCANTO
Los rebeldes de Hollywood toman el control

EL OCASO DEL VIEJO SISTEMA

Durante más de tres décadas, Hollywood había sido una maquinaria perfecta. Los grandes estudios (MGM, Warner, Paramount, Fox, RKO, Columbia y Universal) controlaban todo, desde la producción y distribución hasta la exhibición. Era la era del *star system*, del código Hays, de los musicales, de los *westerns* con moraleja, de las comedias blancas y los finales felices. El cine no reflejaba la realidad, sino que la endulzaba, la embellecía, la disfrazaba de espectáculo; ofrecía una vida alternativa. Y durante años, eso funcionó.

Pero a finales de los años 50 y comienzos de los 60, la máquina empezó a fallar. Las salas perdían público a manos de la televisión. Los jóvenes, cada vez más politizados y rebeldes, no se veían reflejados en el cine de sus padres. Y los estudios, aferrados a un modelo de producción grandilocuente y conservador, respondieron con más de lo mismo: superproducciones mastodónticas, vestuarios fastuosos o historias épicas, que no interesaban a nadie.

El golpe de gracia fue una serie de fracasos colosales que costaron millones y pusieron a los estudios contra las cuerdas. *Cleopatra* (1963), con Elizabeth Taylor y Richard Burton, es el símbolo perfecto del despropósito: cuatro horas de metraje, escándalos en el rodaje, un presupuesto desorbitado y un retorno decepcionante. Otras películas como *El extravagante doctor Dolittle* (*Doctor Dolittle*, 1967), de Richard Fleischer, *Hello, Dolly!* (1969), Gene Kelly, o *La leyenda de la ciudad sin nombre* (*Paint Your Wagon*, 1969), de Joshua Logan, intentaron replicar el viejo esplendor y solo demostraron que ese mundo ya no existía.

Al mismo tiempo, la sociedad estadounidense estaba atravesando su propio terremoto cultural: la guerra de Vietnam; el movimiento por los derechos civiles; los asesinatos de JFK, Malcolm X, Martin Luther King y Robert Kennedy; el auge de las drogas; el feminismo; la contracultura; la música rock... Todo estaba cambiando. Pero el cine de estudio parecía no enterarse. Seguía hablando de chicas con tutú, *cowboys* justicieros y romances previsibles.

El público joven, en cambio, buscaba otra cosa. Quería verdad, crudeza, conflicto, personajes reales. Y comenzó a encontrarlo en el cine europeo: en Godard, Truffaut, Fellini, Antonioni, Bergman. Directores que no temían romper las reglas, jugar con la forma, explorar lo oscuro y lo ambiguo. Hollywood, anclado en el Technicolor y el decorado de cartón piedra, parecía de pronto un dinosaurio.

En ese contexto, los estudios empezaron a perder no solo dinero, sino también legitimidad cultural. Ya no eran el centro de la conversación, y eso los empujó, por desesperación más que por convicción, a abrir la puerta a una nueva generación de cineastas jóvenes, formados en la calle, en la universidad, en la televisión, en la publicidad... Y con muchas ganas de decir cosas, de abordar los conflictos de su tiempo. Había llegado el momento de los rebeldes. Pero aún nadie sabía el tamaño del seísmo que estaban a punto de provocar.

UNA NUEVA GENERACIÓN, UN NUEVO LENGUAJE

A finales de los 60, con los estudios heridos y desorientados, una grieta se abrió en el sistema por la que se colaron una serie de cineastas que venían de lugares distintos —las escuelas de cine, la televisión, la publicidad, el documental—, pero que compartían algo esencial, la necesidad de romper con el cine que habían heredado.

Francis Ford Coppola, Martin Scorsese, Peter Bogdanovich, William Friedkin, Hal Ashby, George Lucas, Brian De Palma, John Cassavetes, Michael Cimino, Robert Altman, Bob Rafelson... La lista es larga y gloriosa. A ellos se suman directores con una trayectoria más consolidada, pero con espíritu igualmente combativo: Sidney Lumet, Alan J. Pakula, Arthur Penn, y el joven Spielberg, que pronto demostraría que el riesgo también podía ser rentable.

Estos nuevos directores eran más cinéfilos que sus predecesores. Habían estudiado cine, no aprendido en el plató. Conocían a Renoir, Godard, Kurosawa. Habían visto a Antonioni, Visconti, Resnais. Sabían lo que era un plano-secuencia, un montaje discontinuo, una cámara subjetiva. Y más importante aún: sabían que el lenguaje del cine era también un lenguaje político.

Se impuso, así, una nueva gramática audiovisual. La cámara dejó de ser invisible. El montaje ya no tenía por qué ser transparente. El tiempo narrativo se estiraba, se contraía, se detenía. La voz en *off*, el uso del fuera de campo, el sonido ambiente, las localizaciones reales... Todo servía para reforzar la mirada subjetiva, imperfecta, desconfiada, ambigua. Se acabaron los buenos y los malos. Ahora había personajes que dudaban, que caían, que no sabían si lo que hacían era lo correcto.

En cuanto a los rostros, la revolución también fue clara. Los nuevos protagonistas no eran Clark Gable ni Cary Grant. Eran Al Pacino, Gene Hackman, Dustin Hoffman, Jack Nicholson, Robert De Niro... Tipos con pinta de gente real, con ojeras, con neurosis, con contradicciones. Gente que no nacía para el encuadre, pero lo llenaba de verdad.

Los citados directores impusieron, además, una nueva forma de narrar el malestar. Ya no hacía falta un gran villano. Bastaba con un sistema que funcionara mal, una institución que ocultara más de lo que mostraba, un entorno donde ser honesto te volvía sospechoso. La desconfianza se convirtió en motor narrativo, la paranoia, en atmósfera, y la frustración, en punto de partida.

Y en ese lenguaje renovado, el cine conspiranoico encontró su casa natural. Porque necesitaba directores dispuestos a mirar donde nadie quería mirar. A filmar lo gris, lo sórdido, lo oculto. A narrar sin certezas, sin consuelo, sin redención. Gente que no le tuviera miedo al silencio ni al final sin resolución, que entendiera que el enemigo, muchas veces, no tiene rostro.

Estos cineastas no querían solo entretener. Querían incomodar, cuestionar, dejar una cicatriz. Y para ello, sabían con certeza que necesitaban un lenguaje nuevo, que estuviera a la altura del mundo que intentaban retratar. Y ese mundo, a principios de los 70, estaba herido, sucio, desconfiado... y listo para que alguien lo filmara sin maquillaje.

LIBERTAD CREATIVA POR NECESIDAD INDUSTRIAL

La historia de cómo la generación del Nuevo Hollywood consiguió hacer cine con libertad no es la de una revolución armada, sino la de una rendición por agotamiento. A finales de los años 60, los estudios estaban en crisis. Las grandes superproducciones ya no funcionaban. El público joven no iba al cine. Y las películas que más les interesaban —europeas, independientes, sucias, baratas— llegaban de fuera del sistema.

Buscando mi destino (*Easy Rider*, 1969), de Dennis Hopper, fue el aldabonazo. Una película rodada con cuatro duros, con actores semidesconocidos, que hablaba de drogas, libertad, muerte, la América profunda... y que arrasó en taquilla. Costó menos de 400.000 dólares y recaudó más de 60 millones. De pronto, los estudios entendieron algo esencial: no sabían cómo conectar con los jóvenes..., pero había quien sí.

Fue entonces cuando, en un movimiento inédito, y más por necesidad que por fe artística, cedieron el control creativo a directores jóvenes. Si estos tipos sabían hacer cine barato que funcionara, había que dejarlos trabajar. Y así fue como cineastas como Coppola, Scorsese, Friedkin, Altman, Bogdanovich, Ashby o Pakula obtuvieron algo insólito: carta blanca para filmar lo que quisieran, con su equipo, con su estilo, con su mirada. Para saber más sobre esta generación, por cierto, se hace imprescindible y muy recomendable la lectura de *Moteros tranquilos, toros salvajes*, de Peter Biskind.

Se instauró una nueva lógica de producción: presupuestos contenidos más libertad autoral. Los estudios ponían el dinero, pero no se entrometían. A cambio, esperaban que alguno de aquellos proyectos "personales" se convirtiera en un pelotazo. Y muchos lo fueron. *La última película* (*The Last Picture Show*, 1971), de Peter Bogdanovich; El *exorcista* (*The exorcist*, 1973), de William Friedkin; *Tarde de perros* (*Dog Day Afternoon*, 1975), de Sydney Lumet; *Taxi Driver* (1976), de Martin Scorsese; *Nashville* (1975), de Robert Altman; *El Padrino*, *Chinatown*, *Todos los hombres del presidente*, *El cazador*... Todas estas películas fueron posibles porque, durante unos años, los ejecutivos se apartaron.

En ese vacío de control, el cine se volvió adulto, político, ambiguo, provocador. Ya no se trataba de gustar a todo el mundo. Era cuestión de contar algo que valiera la pena, aunque incomodara. Y durante un tiempo, esa ecuación funcionó, el riesgo artístico coincidió con el éxito comercial.

La libertad también se extendió a los guionistas, a los actores, a los montadores. Se rompieron las fórmulas. Se acabaron los guiones encorsetados con tres actos y los finales felices obligatorios. Las películas podían acabar mal. De hecho, podían no acabar. Podían dejar preguntas abiertas. Podían enfadar al espectador. Y, aun así, llenar las salas.

Era una anomalía. O más bien, una puerta abierta a un pacto entre artistas ansiosos por hablar de su país, y a ejecutivos desesperados por salvar sus cuentas. Y de ese pacto surgieron obras que, cincuenta años después, siguen marcando el canon de lo que entendemos por cine valiente, cine adulto, cine verdadero.

Lo más asombroso es que nadie lo planeó. Se trató de un accidente industrial. Y por eso fue tan puro. Durante unos años, lo que era bueno para el arte fue bueno para el negocio. Y viceversa. Hasta que los números cambiaron... y la puerta volvió a cerrarse. Al fin y al cabo, el sistema funciona porque es capaz de aguantar todo... y luego absorberlo. En el fondo, algo muy parecido a lo que cuentan estas películas.

Pero mientras esa puerta estuvo abierta, permitió la entrada de una generación dispuesta a contar lo que el viejo Hollywood nunca se atrevió a mirar de frente: el lado oscuro de la autoridad, el fracaso del sueño americano, la soledad del individuo... y la certeza de que, a veces, el enemigo lleva placa, corbata o bandera.

LA MIRADA POLÍTICA Y EL DESENCANTO GENERACIONAL

Lo que define al Nuevo Hollywood no es solo su libertad formal o sus decisiones estéticas, sino una forma de mirar. Y esa mirada, en los 70, era escéptica, crítica, a veces incluso desesperanzada. Estos nuevos directores no querían contar historias de éxito, sino de desengaño. Porque crecieron con el Sueño Americano... y lo vieron resquebrajarse ante sus ojos.

Habían vivido la guerra de Vietnam y los asesinatos de Kennedy, Malcolm X, Martin Luther King y Bobby Kennedy. Habían visto cómo la policía apaleaba a estudiantes, el gobierno mentía, los soldados volvían rotos del frente y cómo las instituciones ya no eran sagradas. No podían creer en un final feliz... porque ya no creían en los héroes.

Por eso, muchas de sus películas no muestran villanos claros, ni redenciones, ni moralejas. Más bien, tienen hombres rotos, mujeres desconfiadas, ciudades sucias y sistemas opacos. El protagonista no salva el día. A veces, ni siquiera sobrevive. Y si lo hace, es a sabiendas de que el poder seguirá ahí, intacto e impune.

Esta desconfianza política se traduce en un cine profundamente moral, que no moralista. No hay lecciones, ni sermones, ni "buenos ciudadanos". Hay elecciones difíciles, zonas grises, tensiones éticas. El protagonista, que muchas veces no tiene claro si está haciendo lo correcto, solo sabe que no puede seguir haciendo lo que hace todo el mundo.

Los géneros clásicos —*thriller*, drama judicial, cine negro, policíaco— fueron reciclados por esta generación de cineastas como instrumentos de análisis del presente. La conspiración dejó de ser una excepción narrativa para convertirse en el marco natural del relato. El ciudadano ya no podía confiar en el sistema. Y el espectador lo entendía perfectamente, porque sentía lo mismo cada vez que encendía la televisión.

La influencia del cine europeo también se dejó notar: los planos largos de Antonioni, el montaje roto de Godard, el existencialismo de Bergman, la disidencia política de Costa-Gavras... El cine ya no tenía que ser transparente. Podía mostrar su artificio, su incomodidad, su ambigüedad. Y esa libertad formal reflejaba la libertad —y el desamparo— de una generación sin brújula.

Se trataba, más que de ofrecer respuestas, de formular bien las preguntas. ¿Quién manda? ¿Quién vigila al vigilante? ¿Qué se esconde tras el poder? ¿Qué precio tiene decir la verdad? Y qué ocurre cuando descubrir la verdad ya no sirve de nada, porque nadie está dispuesto a escucharla.

El cine conspiranoico no habría existido sin esta atmósfera. Porque necesita, para funcionar, un público que ya no confíe, un clima en el que la sospecha no sea un delirio, sino una forma razonable de mirar el mundo. Eso fue lo que esta generación captó mejor que nadie. Tal vez la actual indiferencia generalizada —quizás pueda ser adormecimiento— sea la razón de que hoy no se haga este tipo de cine.

Por eso, cuando Lumet, Pakula, Coppola o Scorsese filmaban un despacho oscuro, un micrófono escondido, un documento secreto o una conversación vigilada, no estaban imaginando algo extravagante, sino que estaban filmando lo que muchos ya intuían: que el poder había dejado de responder ante la verdad. Y que, en ese nuevo orden, el héroe ya no era el que vencía... sino el que no se dejaba domesticar.

PAKULA, LUMET Y LA ESTÉTICA DE LA SOSPECHA

Si hay dos cineastas que encarnan el espíritu del cine conspiranoico de los años 70 mejor que nadie, estos son Alan J. Pakula y Sidney Lumet.

No fueron los más mediáticos de su generación, ni los que salían en las portadas de las revistas, pero sí los que mejor entendieron el malestar de su época. Y, más importante aún, supieron traducirlo al lenguaje cinematográfico, captar la estética de la sospecha, de la incomodidad, de la vigilancia.

Pakula es el director de *Klute*, *El último testigo* y *Todos los hombres del presidente*, tres películas que, sin estar relacionadas, comparten un universo de desconfianza institucional, en el que los protagonistas (una prostituta vigilada, un periodista perseguido y otros dos testarudos) intentan descifrar un sistema que se les escapa, que los rodea, que los silencia. Trabajaba con una puesta en escena calculada al milímetro: los planos abiertos, los techos altos, los espacios vacíos, las oficinas frías, los pasillos infinitos. Todo transmite fragilidad, vulnerabilidad e insignificancia. Sus personajes están solos, pequeños en el encuadre, devorados por un entorno burocrático e inhumano. La cámara no los protege, más bien los observa. Y eso, sin necesidad de mostrar la violencia, genera una atmósfera de constante amenaza.

A nivel narrativo, sus tramas nunca se cierran del todo. La verdad, si se descubre, no garantiza justicia. El poder nunca cae. Lo máximo que se logra es un artículo publicado, una conversación grabada, una voz que se atreve a decir algo... antes de ser sustituida por el ruido del mundo. Esa renuncia a la catarsis convierte su cine en algo profundamente moderno. Más que consolar al espectador, lo que busca es confrontarlo.

Sidney Lumet, por su parte, venía del teatro y de la televisión. Su cine es menos estilizado, pero igual de riguroso. Su fuerza está en el control del tono, la dirección de actores y la puesta en escena austera pero cargada de sentido. Lumet filma la corrupción desde dentro, sin adornos, sin subrayados. *Network*, *Serpico*, *Tarde de perros*, *Veredicto final*... Todas tienen en común la batalla del individuo contra una estructura que lo aplasta.

En Lumet, el poder no es oscuro y clandestino. Es transparente, legal, profesional. Está en el banquillo del juzgado, en la redacción del telediario, en la comisaría de barrio... Sus personajes —como Serpico o Frank Galvin— no luchan contra un villano de novela, sino contra una red de costumbres, normas, miedos y lealtades que hacen que decir la verdad sea una forma de suicidio social.

Visualmente, Lumet usa el encuadre cerrado, el plano sostenido, el silencio incómodo. No necesita música para generar tensión. Le basta con una habitación mal iluminada y un rostro que duda. Su cine no busca el espectáculo. Busca el escalofrío moral. Esa sensación de que estamos viendo algo que no deberíamos ver, pero que ya no podemos ignorar.

Ambos, Pakula y Lumet, supieron narrar la pérdida de confianza como una experiencia íntima y colectiva. Filmaban instituciones (la prensa, la policía, la justicia, el Congreso) no como símbolos abstractos, sino como espacios concretos donde se decide el destino del ciudadano. Y lo hacían con un respeto absoluto por la inteligencia del espectador.

Su legado está en cada plano de este libro. En cada micrófono oculto, cada conversación interrumpida, cada plano general donde el protagonista parece un punto dentro del engranaje. Porque ellos nos mostraron que la conspiración no necesita monstruos, basta con una oficina, un formulario, una orden administrativa. Y que el verdadero *thriller* político no es el que tiene tiroteos o persecuciones, sino el que filma lo que pasa cuando nadie hace nada.

EL GIRO COMERCIAL Y LA DOMESTICACIÓN DEL RIESGO

Todo ciclo tiene su final y el del Nuevo Hollywood llegó no por fracaso, sino por éxito. Porque mientras directores como Pakula o Lumet filmaban dudas morales, otros (más jóvenes, visuales y hábiles con el ritmo) estaban aprendiendo a convertir el cine en un fenómeno de masas. Sus nombres: Steven Spielberg y George Lucas.

En 1975, *Tiburón* (*Jaws*), de Steven Spielberg, lo cambió todo. Por primera vez, una película estrenada en verano, con una gran campaña publicitaria y cientos de copias, se convertía en un evento nacional. Dos años después, *La guerra de las galaxias* (*Star Wars*), de George Lucas, hizo lo mismo, pero más a lo grande. Ambas inauguraron el modelo del *blockbuster* moderno: películas de alto presupuesto, con *marketing* agresivo, destinadas a audiencias globales y al consumo repetido.

Los estudios entendieron el mensaje: el negocio no estaba en la ambigüedad, sino en el espectáculo. No en el silencio, sino en el rugido. No en el poder oculto, sino en el láser, el tiburón, el dinosaurio, el superhéroe. Y así, poco a poco, el espacio sutil, sombrío e inquietante que había llegado a ocupar el cine conspiranoico fue arrinconado.

No es que el cine político desapareciera de golpe, pero sí que perdió trascendencia. Perdió inversión y visibilidad. Los nuevos guionistas ya no querían escribir como Alan J. Pakula, ansiaban ser el próximo Spielberg. Los estudios no buscaban otro *Todos los hombres del presidente*, sino el siguiente *Indiana Jones*.

El lenguaje también cambió. Las películas se hicieron más limpias, más rápidas, más claras. Los personajes volvieron a ser héroes, los conflictos se resolvían, el mal tenía rostro y vencía el bien. El cine se volvió más maniqueo; volvían los buenos y malos. Cuanto más accesible, más rentable. Y en esa transición, el riesgo dejó de ser una virtud y volvió a ser un problema.

Algunos de los cineastas del Nuevo Hollywood se adaptaron y otros fueron apartados. Altman pasó al cine independiente. Pakula perdió influencia. Ashby se hundió. Bogdanovich desapareció. Lumet resistió unos años más, pero fuera del foco. Solo Coppola y Scorsese lograron mantenerse, aunque a costa de altibajos, compromisos y batallas personales.

La revolución se había institucionalizado. Y como tantas veces ocurre, lo que empezó como una respuesta al malestar, acabó absorbido por el sistema. El cine que dudaba fue sustituido por el cine que afirmaba. El que inquietaba, por el que divertía. El que preguntaba, por el que respondía. El espectador ya no quería sospechar del poder. Quería desconectar.

Y, sin embargo, las películas de los 70 siguieron ahí. No como reliquias, sino como advertencias. Como fósiles radiactivos. Cada vez que un periodista investiga, que un personaje duda, que una institución miente, el eco de ese cine vuelve. Porque, aunque la industria haya girado, el mundo sigue necesitando historias que cuestionen, que incomoden, que rompan el espejo. Ese fue el legado. Una estela, una forma de filmar la verdad, aunque duela.

LEGADO: LA HUELLA IMBORRABLE DE UNA DÉCADA DE RIESGO

El cine conspiranoico de los años 70 no duró mucho. Fue una ráfaga, una fisura, un momento frágil y luminoso en el que los autores tomaron el control, el público respondió y los estudios les dieron vía libre. Pero su brevedad no impidió que dejara una marca profunda. Todo lo contrario: esa fugacidad le dio fuerza de mito.

Lo que nació como una anomalía se convirtió en canon. *Los tres días del cóndor*, *La conversación*, *Todos los hombres del presidente*, *El síndrome de China*, *Network*, *Serpico*, *Z*, *Acción ejecutiva*, *Capricornio Uno*, *Veredicto final*... no son solo títulos de una época. Son manuales éticos, modelos estéticos, huellas culturales que aún hoy siguen irradiando verdad.

Directores como Michael Mann, Oliver Stone, Steven Soderbergh, Paul Thomas Anderson, Todd Haynes o David Fincher han reconocido abiertamente su deuda con aquellos años. Y películas más recientes como *La cortina de humo* (*Wag the Dog*, Berry Levinson, 1997), *Spotlight* (Tom McCarthy, 2015), *Los archivos del Pentágono* (*The Post*, Steven Spielberg, 2017) *Michael Clayton*, *El dilema* o series como *Homeland* (2011), *The Newsroom* (2012), *House of Cards* (2013), *Mr. Robot* (2015) o *Día Cero* (*Zero day*, 2025) recuperan las claves del *thriller* conspiranoico setentero con respeto y gratitud.

Porque más allá del estilo, como ya se ha comentado, lo que ese cine legó fue una forma de mirar. Una convicción: que el poder no debe darse por sentado; que la verdad siempre está en disputa; que el héroe no siempre lleva capa, ni gana, ni sobrevive. Y que el espectador merece ser tratado como un adulto capaz de hacerse preguntas.

El legado también es relevante a nivel técnico. Se impuso un lenguaje realista, sobrio, antiespectacular. La cámara se convirtió en testigo, no en guía. La música dejó de decirnos qué sentir. Los silencios pesaban.

Los espacios importaban. Y el tiempo —ese tiempo narrativo dilatado, paciente, incómodo— se volvió un aliado de la sospecha. Pero, sobre todo, ese cine nos dejó algo más raro y valioso: una ética. No una moral impuesta, sino una posición frente al mundo. Un cineasta no solo debía entretener, también debía observar, incomodar y resistir. Y si podía hacer las tres cosas a la vez, entonces merecía contar su historia.

Hoy, en un mundo hipervisual, saturado de ruido y polarización, ese cine parece casi marciano. Pero, al mismo tiempo, más necesario que nunca. Porque la desconfianza no ha desaparecido. Se ha sofisticado. La información se multiplica, pero la verdad se diluye. Las instituciones se maquillan, pero siguen operando con lógicas de poder opaco. Y el espectador, como en los 70, sigue preguntándose si todo lo que le cuentan es verdad.

Por eso volvemos a estas películas. No solo porque son buenas, sino porque nos siguen hablando. Nos recuerdan que una cámara puede ser una lupa, que un plano puede ser un alegato, que un personaje solo contra el sistema puede ser el más poderoso de los manifiestos. Y porque en cada encuadre, en cada silencio, en cada mirada que no baja los ojos, nos dicen algo muy simple y peligroso: que aún podemos no tragarnos el cuento.

12 RAZONES
PARA DARSE AL PROZAC
Películas clave del cine conspiranoico

Z (1969), de Costa-Gavras

El régimen militar prohibió el pelo largo, las minifaldas, a Sófocles, Tolstoi, Eurípides, los brindis al estilo ruso, las huelgas, Aristófanes, Ionesco, Sartre, Albee, Pinter, la libertad de prensa, la sociología, Beckett, Dostoyevsky, la música moderna, la música pop, las nuevas matemáticas y la letra Z, que significa "Él vive" en griego antiguo.

Voz en *off* final

Contexto político e histórico

Cuando Z se estrenó en 1969, Europa ya no era el continente del equilibrio ni del progreso. Bajo la fachada de la posguerra, el llamado "milagro económico" y las democracias parlamentarias, latía un nerviosismo ideológico cada vez más agudo. El mundo vivía aún bajo el zumbido de la Guerra Fría, pero los enemigos ya no solo estaban al otro lado del Telón de Acero, también estaban dentro. En las calles, en los sindicatos, en los periódicos, en los parlamentos. La juventud tomaba las plazas, los intelectuales denunciaban la represión disfrazada de orden, y los gobiernos, mientras prometían reformas, cultivaban una íntima relación con los aparatos de represión. Era una época en que la democracia se conjugaba con gases lacrimógenos, la ley se aplicaba con porras y el poder político empezaba a entender que la censura ya no era útil si podía sustituirse por la saturación o el asesinato selectivo.

Z surge de ese mundo convulso. Inspirada directamente en el asesinato del político griego Grigoris Lambrakis, miembro del parlamento y activista pacifista, la película pone en escena con apenas velos el atentado cometido en 1963 por extremistas de ultraderecha, con la complicidad —o al menos el consentimiento tácito— del Estado y de sus cuerpos de seguridad. Aquel crimen, disfrazado de accidente callejero, provocó un escándalo que reveló la podredumbre del aparato gubernamental griego y que anticipó el clima represivo que, pocos años después, desembocaría en la dictadura de los coroneles (1967-1974). Costa-Gavras, griego exiliado en Francia, rodó la película lejos de su país natal, consciente de que jamás habría podido hacerlo allí. La historia que contaba era demasiado reconocible. Demasiado exacta.

Y, sin embargo, lo que convierte a Z en una obra universal no es su anclaje griego, sino su capacidad para representar una forma de poder que, con variaciones, se repite en muchos rincones del mundo. La película es una radiografía del Estado cuando deja de ser democrático en la práctica, aunque siga aparentándolo en la forma. Muestra cómo el autoritarismo se infiltra en las costuras legales, cómo la represión se terceriza en manos de "ciudadanos patriotas" y cómo los jueces, los militares y los medios pueden coordinarse para fabricar versiones oficiales que desactiven cualquier intento de denuncia. El mensaje es claro: no hace falta declarar una dictadura para ejercerla.

1969 fue un año fértil para este tipo de revelaciones. En Estados Unidos, el movimiento por los derechos civiles había sido diezmado por los asesinatos de Malcolm X, Martin Luther King y Robert Kennedy. En Latinoamérica, la Doctrina de la Seguridad Nacional estadounidense empezaba a justificar golpes de Estado y desapariciones forzadas en nombre del anticomunismo. En España, el franquismo seguía reprimiendo, mientras en Italia comenzaban los "años de plomo". Z se insertaba en ese clima con una contundencia escalofriante: mostraba lo que ocurre cuando el poder decide que sus propios crímenes deben quedar impunes y que todo aquel que intente contarlo será, por definición, un traidor.

La elección del título —Z, que en griego quiere decir "Él vive"— no es un capricho. Es una afirmación política, una proclama. Porque Z no sólo reconstruye un asesinato, sino que denuncia su continuidad. La muerte del diputado no acaba con su influencia, ni borra su mensaje. Y por eso el sistema necesita algo más que matarlo: necesita deslegitimarlo, ensuciarlo, reducirlo a anécdota. El asesinato físico es solo el primer paso. Lo que sigue es el asesinato simbólico. Y eso, Costa-Gavras lo muestra con una lucidez dolorosa.

Estrenada en medio de una Europa que despertaba a los límites de su propia libertad, la película fue un fenómeno internacional. Ganó el Premio del Jurado en Cannes, el Oscar a mejor película extranjera y el respeto de cineastas, activistas y políticos. Pero más allá de los premios, lo importante fue su función: poner en imágenes una verdad que muchos conocían pero que pocos habían osado decir con tanta precisión. Z no inventa una historia, la reconstruye con furia, ironía, inteligencia, rabia y rigor. Y por eso sigue viva. Como su protagonista. Como la letra que da título a la película. Como el mensaje que los poderosos aún hoy querrían borrar de las paredes: Él vive.

Inspiración real / Base documental

Pocas veces una película ha estado tan anclada en la realidad como Z. No se limita a inspirarse en hechos verídicos, se construye sobre ellos con una fidelidad que roza la recreación documental. Y, sin embargo, gracias a la inteligencia narrativa de Costa-Gavras y al guion quirúrgico del madrileño Jorge Semprún, consigue transfigurar esa fidelidad en una obra de arte política. No es un reportaje. Es una denuncia con forma de ficción, una parábola realista donde la historia no solo se cuenta, sino que se interpreta, se digiere, se lanza como piedra contra un muro de silencio.

La base de la película es el asesinato del parlamentario griego Grigoris Lambrakis, el 22 de mayo de 1963. Médico, atleta olímpico, activista por la paz y figura destacada de la izquierda griega, Lambrakis fue agredido en Salónica, en plena calle, por un grupo de ultraderechistas ligados a los cuerpos parapoliciales del Estado. Murió días después en el hospital. El crimen, inicialmente disfrazado como un altercado entre civiles, fue desvelado gracias a la investigación incansable de un joven juez de instrucción, Christos Sartzetakis, que se convirtió en el modelo real para el personaje del magistrado interpretado en el film por Jean-Louis Trintignant.

Ese juez se enfrentó no solo a los agresores, sino al aparato completo del Estado, desde policías que falsificaban informes y mandos militares que obstruían la justicia, hasta políticos que ordenaban borrar pruebas. Aun así, logró identificar la implicación directa de altos cargos policiales y militares en el asesinato. Fue un gesto heroico dentro de una maquinaria podrida. Pero además, como muestra la película con crudeza, su esfuerzo no bastó: a los pocos años, en 1967, los militares dieron un golpe de Estado y establecieron la dictadura de los coroneles. Varios de los implicados fueron liberados. El mensaje estaba claro: en Grecia, como en tantos otros lugares, la justicia era un paréntesis que el poder podía cerrar cuando le convenía.

Costa-Gavras conocía estos hechos de primera mano. Griego exiliado en Francia, hijo de un padre perseguido por sus ideas políticas, había seguido con atención la degradación del sistema democrático griego. Y cuando leyó la novela Z, de Vassilis Vassilikos, inspirada en el asesinato de Lambrakis, comprendió que tenía entre manos algo más que un buen material; algo así como una bomba de relojería. La adaptación cinematográfica, sin embargo, exigía valentía. Grecia estaba bajo una dictadura. La película tendría que rodarse fuera. Los nombres debían cambiarse. Pero el público griego —y cualquier espectador atento— sabría perfectamente de qué se estaba hablando.

La fidelidad de Costa-Gavras a los hechos no se limita a la cronología. Está en los gestos, en los ambientes, en la jerga judicial, en los métodos de represión, en las máscaras de respetabilidad que adopta la violencia de Estado. El personaje del fiscal es una construcción minuciosa del juez Sartzetakis: metódico, austero, con una fe absoluta en la ley y, precisamente por eso, considerado peligroso por el régimen. Los responsables del crimen son retratados tal como eran en la realidad: matones fascistas al servicio de una causa patriótica, protegidos por comisarios que hablan de orden mientras siembran el caos.

Y, sin embargo, Z va más allá de lo documental. No se conforma con reconstruir. La escritura de Semprún introduce un ritmo implacable, una tensión que convierte cada interrogatorio en un duelo, cada documento en una pieza de ajedrez. El montaje, vivo, vibrante, con inserciones casi de reportaje, transforma los hechos reales en una ficción emocionalmente arrolladora. La historia no se explica, se siente. La indignación no se enuncia, se contagia.

Lo que Z pone en evidencia es la existencia de un Estado dual: el que opera de cara al público, con sus instituciones, discurso legalista e imagen democrática, y el que actúa en las sombras, con redes de violencia, chantaje y manipulación. El crimen de Lambrakis fue posible no porque unos locos lo planearan, sino porque el Estado profundo griego necesitaba silenciar una voz incómoda. Y cuando esa lógica se revela, la película abandona cualquier pretensión de equidistancia. El fiscal, lejos de ser imparcial, se convierte en un símbolo de resistencia ética. No contra una ideología, sino contra un sistema que ha dejado de respetar sus propias leyes.

Z es también, en ese sentido, una película sobre el valor del testimonio. Cada personaje que habla, que recuerda o que señala a alguien se convierte en una grieta en el muro del silencio. Y por eso, cuando el poder reacciona —encarcelando al fiscal, clausurando medios, prohibiendo huelgas, censurando libros—, lo que se muestra no es la victoria del autoritarismo, sino su miedo. El miedo a la memoria, al archivo, al juicio. A la letra "Z" que reaparece pintada en los muros como un conjuro: "Él vive".

Así, Z se eleva más allá del caso Lambrakis. Lo utiliza como ejemplo, como espejo, como advertencia. Porque lo que cuenta pudo pasar —y pasó— en otros países: en España (donde la película no se estrenaría hasta 1977), en Argentina, en Chile, en Brasil... En todos esos lugares donde el poder se disfraza de legalidad mientras ejecuta desde la sombra. Costa-Gavras y Semprún lo sabían. Por eso hicieron de esta historia un modelo. Porque sabían que los nombres pueden cambiar, pero los mecanismos son los mismos. Y que contar la verdad, incluso desde la ficción, es una forma de resistir.

Argumento y estructura narrativa

Z arranca con una advertencia seca, sarcástica y brutal: "Cualquier semejanza con personas o situaciones reales no es casual. Es intencionada".

Con esa frase, Costa-Gavras pone al espectador en guardia. No está a punto de ver una ficción libre, sino un relato con nombres cambiados pero hechos intactos. La historia que sigue, la de un asesinato político maquillado como accidente y desvelado paso a paso por un juez obstinado, se desarrolla con la tensión narrativa de un *thriller* y la furia moral de una denuncia.

La estructura del film es extraordinariamente precisa. No se entrega al efectismo, sino a la claridad. Su modo de activar el suspense no pasa por ocultar información al espectador, sino por ir revelándola al ritmo de una investigación rigurosa, que va dejando al descubierto un sistema podrido. El argumento se construye como una espiral que parte del crimen, gira en torno al encubrimiento y desemboca en la constatación de que la verdad, aunque salga a la luz, no siempre triunfa.

El punto de arranque es seco y directo: un político carismático, pacifista, de izquierdas y bajo una amenaza constante, al que nunca se nombra pero que es fácilmente reconocible como Lambrakis (interpretado por Yves Montand), ofrece un mitin; en su camino al coche, es golpeado por dos hombres a bordo de una furgoneta... La policía reduce el hecho a una pelea entre civiles, un altercado sin mayor importancia. El hospital confirma la gravedad de las heridas, pero se niega a declarar una agresión. Las autoridades intentan cerrar el caso con rapidez, mientras los testigos empiezan a morir, desaparecer o desdecirse. Todo indica que el asunto quedará enterrado.

Pero entonces aparece un personaje inesperado: el juez instructor. Interpretado por un Jean-Louis Trintignant sobrio y feroz, este fiscal sin nombre (de nuevo, como en toda la película) toma el caso en sus manos y comienza una investigación que, sin aspavientos ni grandes discursos, va desmontando el relato oficial. El ritmo del film cambia con él. Cada interrogatorio es una pieza del rompecabezas. Cada contradicción, una fisura en la versión del poder. El juez no es un cruzado de la verdad, sino un profesional que hace su trabajo con un rigor que, en el contexto de impunidad generalizada, se convierte en un acto revolucionario.

La narrativa, entonces, oscila entre tres niveles: el político (los intentos por silenciar el caso), el periodístico (con el periodista anónimo que investiga en paralelo, casi en modo guerrillero) y el judicial (el corazón del relato). Esta estructura permite que el espectador no sólo siga los hechos, sino que entienda cómo se manipulan, se gestionan y se distorsionan. La película no sólo cuenta una conspiración, sino que la explica, la demuestra y la destripa.

El guion de Costa-Gavras y Semprún encuentra un equilibrio perfecto entre información y emoción. No hay subrayados sentimentales. La rabia se filtra a través del montaje, de las elipsis, de los cortes secos. La escena en la que un testigo se quiebra en pleno interrogatorio es más conmovedora que cualquier discurso. La fuerza narrativa está en lo que se deduce, no en lo que se declama. Y la tensión, en lo que se oculta a los personajes, no al espectador, que sabe desde el principio quién mató al diputado. El misterio no es el crimen, sino el aparato que lo hizo posible y que ahora quiere que no lo parezca.

Uno de los grandes logros de la película es que no se detiene en la resolución del caso. Cuando el juez consigue pruebas suficientes para inculpar a los responsables —incluidos oficiales de policía y altos mandos militares—, no hay redención. No hay victoria. Lo que hay es un último acto devastador: el anuncio, en *off*, de todo lo que ha ocurrido después. El juez ha sido apartado. El periodista, silenciado. La viuda del diputado, vigilada. Se han prohibido libros, canciones, huelgas, palabras. Y, sin embargo, alguien —no se sabe quién— ha escrito una letra "Z" en la pared. Una letra que en griego antiguo significaba "Él vive". Esa última escena, silenciosa, con música de Mikis Theodorakis, es uno de los golpes más secos y hermosos del cine político. No hay aplauso. No hay victoria. Sólo una afirmación obstinada: la verdad puede ser arrasada, pero no olvidada.

Z no busca generar esperanza. Busca generar conciencia. No entrega una historia con moraleja, sino un mecanismo narrativo que obliga al espectador a seguir los hechos con atención, a entender las conexiones, a asumir que lo que ha visto no es excepcional, sino sistémico. El poder no se equivoca. El poder ejecuta, maquilla, neutraliza. Y el deber del cine —cuando se atreve— es señalarlo con precisión quirúrgica.

Z es la historia de un crimen que iba a quedar impune... y que, gracias a un puñado de personas, no lo fue del todo. Pero también es la historia de cómo el sistema se recompone, se blinda y se venga.

No hay héroes. Hay testigos. Y la película los convierte en verdaderos protagonistas: los que vieron, los que hablaron, los que no se dejaron comprar ni callar. Incluso si perdieron.

Protagonistas frente al poder

En Z, los protagonistas no levantan la voz. No disparan, no huyen, no llevan pancartas. No tienen poder real, ni aliados institucionales, ni siquiera la certeza de que sus actos cambiarán algo. Pero precisamente por eso se vuelven peligrosos para el sistema. Porque encarnan lo que el poder teme: la resistencia individual, la honestidad insobornable, la fe obstinada en la legalidad. Costa-Gavras los retrata sin grandilocuencia, como figuras solitarias, vulnerables, muchas veces invisibles, cuya fuerza reside en el hecho de que no aceptan participar del engranaje.

El juez instructor (interpretado con hieratismo seco por Jean-Louis Trintignant) es el centro moral de la película. Su función es técnica: investigar. Pero en un sistema donde todo está diseñado para que no se investigue nada, ejercer ese deber con rigor se convierte en una amenaza. No es un rebelde, no levanta banderas ni da discursos, pero al no cerrar el caso rápidamente, al hacer preguntas, al sospechar incluso de quienes tienen uniforme, se convierte, sin quererlo, en un obstáculo. Su entereza no está en la ideología, sino en la fe jurídica. Cree en la ley. Y ese acto, aparentemente neutral, se vuelve subversivo.

El poder, primero, intenta seducirlo. Luego lo presiona. Después lo amenaza. Y cuando todo eso falla, lo descarta. Pero en ese tiempo que el juez permanece activo, la película se transforma. De la confusión inicial del crimen, pasamos al método. La cámara sigue sus pasos con precisión: cómo interroga, cómo registra, cómo detecta incongruencias. La frialdad con la que actúa contrasta con la podredumbre del entorno. En un país donde todos tienen una agenda oculta, él es el único que parece tener solo una: descubrir qué pasó. Esa pureza (extraña, casi anacrónica) lo vuelve magnético y, por eso mismo, insoportable para quienes manejan los hilos.

Frente a él, en un plano más sucio y flexible, está el periodista. Nunca se nos dice su nombre. Se mueve entre despachos, cafés, hospitales, pasillos de tribunales. Habla poco, graba mucho. No busca grandes titulares, sino verdades pequeñas que nadie más quiere contar. Es una figura casi documental: Costa-Gavras lo filma como si fuera un testigo más, una sombra que anota, que fotografía, que archiva. Pero esa mirada, silenciosa y constante, es también una forma de resistencia. Porque registra lo que el poder intenta borrar. Y en una época sin internet, ni cámara en cada móvil, ni redes sociales, esa tarea era literalmente vital.

El periodista no transforma la historia, pero sí evita que desaparezca. Y lo hace sin romanticismo. Sabe que está en peligro, que lo vigilan, que las fuentes que tiene pueden volverse en su contra. Pero sigue. Porque entiende que su oficio, si no sirve para eso, no sirve para nada. En esa figura, Costa-Gavras parece rendir homenaje al periodismo comprometido que, en los años 60, se enfrentó a dictaduras, guerras sucias y crímenes de Estado. No es el protagonista de la historia. Pero sin él, no habría historia que contar.

Y luego está ella, la viuda del diputado asesinado. Una figura que podría haber sido tratada como víctima decorativa, pero que aquí adquiere una presencia moral incontestable. No grita, ni llora en público. No exige justicia con pancartas. Simplemente no se rinde. Acompaña, escucha, observa. Y cuando habla, lo hace con una dignidad serena que desarma. Su duelo no se convierte en espectáculo. Su dolor no busca la simpatía del espectador. Está ahí, firme y de pie, como recordatorio de que el crimen fue real, de que alguien amaba al muerto, de que la política también mata cuerpos, no solo ideas.

Estos tres personajes —el juez, el periodista, la viuda— forman un triángulo de resistencia silenciosa. No se coordinan. No planean nada juntos. Pero entre los tres sostienen aquello que el sistema quiere destruir, la memoria. Son figuras modestas, incluso secundarias en el relato habitual del poder. Pero Costa-Gavras los pone en el centro. Porque entiende que, en un mundo dominado por la impunidad, la heroicidad no está en ganar, sino en decir no. No a la mentira. No al encubrimiento. No al olvido.

Z no necesita mostrar a los protagonistas venciendo. Basta con que no se plieguen, con que actúen, con que sigan. Y si al final todo parece perdido —el juez apartado, el periodista silenciado, la viuda vigilada—, hay algo que se mantiene: la letra "Z" pintada en la pared. Como una afirmación obstinada, colectiva, anónima, que brota allí donde alguien decide que la verdad no va a desaparecer tan fácilmente.

Los protagonistas de Z no son héroes en el sentido clásico. Son otra cosa. Son ciudadanos que se niegan a aceptar que el crimen quede sin nombre, que la historia se borre. Y su ejemplo, lejos de la épica, es la semilla de una memoria que persiste, incluso bajo el ruido del poder.

El enemigo invisible (o no tanto)

En Z, el enemigo no lleva capucha. Tampoco actúa entre sombras, ni necesita esconderse. Tiene nombre, cargo, despacho y chófer. Aparece en actos públicos, da ruedas de prensa, habla de orden y de patria. Ahí radica precisamente su fuerza, en su capacidad para operar a plena luz del día, sin que nadie lo llame por lo que es. El mal en Z, más que una excepción, se presenta como norma. Y Costa-Gavras lo retrata con una lucidez escalofriante.

El asesinato del diputado no es obra de un loco, ni de un fanático aislado, ni siquiera de un grupo extremista fuera de control. Es el resultado de una estructura que delega la violencia en terceros, mientras mantiene las manos limpias. Los agresores son los llamados "ciudadanos patriotas", militantes ultraderechistas vinculados con los cuerpos de seguridad del Estado, que actúan bajo la protección tácita (y a veces explícita) de altos mandos policiales y militares. Ellos son los ejecutores, pero no los autores intelectuales. Son piezas fungibles de un engranaje mayor.

El aparato que los respalda (y al que nunca se nombra con claridad) está integrado por oficiales, comisarios, fiscales, ministros, médicos complacientes, periodistas afines. Nadie da la orden directa. Nadie firma el crimen. Pero todos contribuyen a su encubrimiento. Se retocan informes, se manipulan pruebas, se presiona a testigos, se vigila a los periodistas y se filtran noticias falsas. El sistema no se limita a silenciar, sino que produce versiones alternativas, narrativas oficiales, realidades de Estado.

Lo más inquietante de este enemigo es que actúa con normalidad. No hay gestos histéricos ni reuniones secretas en sótanos. El comisario que desvía la investigación lo hace desde su oficina, con una sonrisa, hablando de legalidad. Los militares que conspiran lo hacen en salones alfombrados, tomando café, mientras hablan de "la amenaza comunista". No necesitan violencia visible. Su arma es la estructura. El crimen es funcional, burocrático, casi administrativo. Como si el asesinato del diputado fuera sólo un trámite más en la defensa del orden.

Costa-Gavras muestra con claridad que este poder no es simplemente autoritario. Es profundamente hipócrita. No actúa como dictadura, sino como democracia vigilada. Se esconde detrás de leyes, de reglamentos, de jueces parciales. Su estrategia no es el miedo explícito, sino la deslegitimación del adversario: convertir al pacifista en extremista, al testigo en sospechoso, al periodista en agitador, al juez en político. Todo lo que no se ajusta a la narrativa oficial es atacado más que con armas, con descrédito.

El enemigo en Z es invisible solo para quien no quiere mirar. Está en los muros del poder, en los pasillos del tribunal, en la redacción del periódico. No aparece como un posible "otro" que se infiltra, sino como una parte inherente del Estado. Un Estado paralelo que se alimenta del oficial, que usa sus recursos, que se ampara en su legalidad, pero que responde a otros fines: la conservación del orden establecido, la represión de toda disidencia y el borrado sistemático de la verdad.

El gran hallazgo de la película es mostrar cómo esa estructura no necesita imponerse con violencia continua. Le basta con actuar cuando lo considera necesario. Es un poder de intervención quirúrgica: mata lo justo, encubre lo imprescindible, impone lo mínimo. Su verdadero control no está en el miedo, sino en el relato. Cuando la prensa difunde que el diputado murió en una pelea callejera, ya no hace falta convencer, basta con repetirlo. Cuando el médico forense miente en su informe, la verdad médica se convierte en cómplice. Y cuando el juez es apartado, no se necesita justificarlo. El sistema ya ha ganado.

En Z, el enemigo tiene una sonrisa amable, un uniforme planchado, un cargo público. No necesita ocultarse porque lo impune ya no se disimula. Costa-Gavras no busca mostrarnos una conspiración secreta, sino una lógica social: la de un poder que funciona como si fuera democrático, mientras ejerce el control de una dictadura blanda. Y lo más inquietante es que funciona. El crimen se comete. Se encubre. Y aunque la investigación lo destapa, la estructura sobrevive. Se adapta, reacciona y continúa.

Este poder no teme a la denuncia. Teme al recuerdo. Por eso, al final de la película, cuando se prohíben libros, canciones, sindicatos, incluso letras como la "Z", no se está borrando sólo una historia. Es mucho más, se está borrando la posibilidad misma de contarla.

Lenguaje visual, puesta en escena y música

Z no solo denuncia, también desarma. No se limita a contar un crimen político, lo convierte en una experiencia sensorial, emocional y física. La fuerza de su relato no reside únicamente en el contenido, también en su forma. En cómo está filmado, montado, musicalizado. Costa-Gavras, con ayuda del montador Françoise Bonnot y del compositor Mikis Theodorakis, logra algo muy poco habitual: un cine que respira urgencia sin perder precisión, que estremece sin caer en el efectismo, que informa sin sermonear. Cada plano, corte y nota están al servicio de una idea, que la verdad no necesita adornos, pero sí ritmo, tensión y presencia.

La puesta en escena de Z oscila entre el realismo casi documental y la estilización del *thriller*. La cámara se mueve con libertad, como si estuviera en medio de los hechos. Los planos se suceden sin retórica. No hay subrayados visuales ni solemnidad innecesaria. Las escenas callejeras, los pasillos de los hospitales, las oficinas judiciales, las reuniones políticas: todo se filma con una austeridad férrea que potencia la credibilidad de lo que estamos viendo. Nada parece decorado ni se siente impostado. La cámara está ahí, como un testigo más. Y eso multiplica el efecto de realidad.

Pero esa sobriedad no implica frialdad. Todo lo contrario. La tensión se construye desde la edición. El montaje de Françoise Bonnot, premiado con el Oscar, es uno de los grandes logros del cine político. Cada secuencia está estructurada como una pieza de ajedrez. La información se dosifica. La revelación se cocina lentamente. Los *flashbacks*, los testimonios, los documentos, las conversaciones... Todo se intercala con una fluidez que convierte la investigación judicial en una sinfonía de sospechas, deducciones y confirmaciones. A cada paso, el espectador siente que se acerca al corazón del crimen. Y ese avance es tan narrativo como físico.

Costa-Gavras renuncia a las grandes panorámicas o a los planos contemplativos. Prefiere el plano medio, el rostro en tensión, la cámara al hombro cuando la escena lo pide. El movimiento no busca el virtuosismo, sino la urgencia. La estética visual está en sintonía con el mensaje: aquí no se trata de mirar con distancia académica, sino de implicarse, de seguir el hilo como si uno mismo estuviera participando en la investigación.

Uno de los grandes aciertos de Z es su capacidad para convertir lo burocrático en emocionante. Un informe, un interrogatorio o una lista de nombres pueden parecer, en otras manos, elementos fríos o anodinos; aquí, son dinamita. La información se convierte en suspense. El dato, en evidencia. La verdad, cuando asoma, no es revelada con fanfarria, sino con un simple corte de plano, una mirada, un silencio. Esa economía expresiva —marca de estilo de Costa-Gavras— es más potente que cualquier subrayado.

Y en medio de todo esto, la música. La elección de Mikis Theodorakis como compositor, más que una decisión estética, fue política. Exiliado, perseguido por la dictadura griega, símbolo de la resistencia cultural, su presencia era en sí misma una declaración. Y su música actúa como un corazón palpitante bajo la piel de la película. Sus melodías, de raíz popular, pero con una fuerza épica contenida, acompañan las secuencias con una mezcla de belleza y amenaza. No adornan, denuncian. No suavizan, tensan.

El uso de la música no es constante, pero cuando aparece, marca. Hay secuencias enteras sin banda sonora, donde la tensión se construye solo con montaje y sonido directo. Y de pronto, una melodía de Theodorakis irrumpe como un latido colectivo, como un recuerdo de la voz del pueblo que el sistema quiere silenciar. En una película sobre represión política, la música funciona como resistencia estética.

Especialmente memorable es el modo en que se cierra el film. Tras el asesinato, la investigación, la denuncia... llega la reacción del poder: censuras, prohibiciones, detenciones. Y entonces, una última imagen: la letra "Z" escrita en la pared. Y con ella, la música. No hay palabras. No hacen falta. Esa combinación de símbolo gráfico y sonido emocional crea uno de los cierres más poderosos del cine político. No es un final de esperanza ingenua. Es una promesa de memoria. De que, incluso si todo lo demás se borra, la música y el recuerdo seguirán resonando.

En definitiva, el lenguaje visual y sonoro de Z, además de reforzar la historia, la convierte en toda una experiencia. No es una película para ver. Es una película para ser testigo, para implicarse, para salir del cine (o de casa) sabiendo que lo que se ha visto no es solo una buena ficción, sino un recordatorio de que el poder siempre trabaja también en la forma. Y que resistir también es contar bien las cosas.

Recepción y legado

La recepción de Z fue, desde el primer momento, explosiva. No solo por la fuerza de su historia o la contundencia de su lenguaje cinematográfico, sino porque fue una de esas escasas ocasiones en las que el cine llegó antes que los periódicos, que los informes, que los libros de historia. Z no se limitó a hablar de un crimen político: expuso con nombres cambiados lo que estaba ocurriendo en tiempo real en Grecia y en otras muchas "democracias vigiladas" del mundo. Era imposible ver la película y no entender que lo que se denunciaba no era un caso aislado, sino un mecanismo. Y que el cine, por una vez, no llegaba tarde.

El estreno tuvo lugar en 1969, apenas dos años después del golpe militar en Grecia. La dictadura de los coroneles ya había consolidado su poder, y la censura cultural era férrea. En ese contexto, Z fue un gesto de resistencia internacional. Rodada en Argelia, con financiación francesa, hablada en francés, y sin ninguna alusión directa a Grecia en los diálogos, la película consiguió (milagrosamente) sortear la censura sin perder un ápice de claridad. Cualquier espectador mínimamente informado reconocía los hechos reales. La represión, el asesinato de Lambrakis, la connivencia de los militares, el encubrimiento judicial... Todo estaba allí, bajo una capa mínima de ficción. La táctica funcionó. Y el cine se convirtió en juicio.

La crítica internacional fue unánime. En Cannes, Z ganó el Premio del Jurado. En los Oscar, hizo historia: fue nominada como Mejor Película —algo muy raro para una película no hablada en inglés—, y ganó en las categorías de Mejor Película Extranjera y Mejor Montaje. Jean-Louis Trintignant fue premiado en Cannes como mejor actor. La prensa aplaudió su valentía, su estilo narrativo, su ritmo casi de cine negro aplicado al drama político. Pero lo que más se celebró fue su capacidad de mostrar que el cine podía ser un arma precisa, contundente y urgente.

Pero el impacto de Z no fue solo crítico, también fue político. En muchos países, se convirtió en una herramienta pedagógica. Se proyectó en sindicatos, universidades, cineclubs, asociaciones de derechos humanos. En América Latina —donde en aquellos años se vivía una oleada de golpes militares e institucionalizada represión— la película circuló casi como un manual de resistencia. No había que hacer demasiado esfuerzo para ver en ella reflejados los métodos de la Doctrina de Seguridad Nacional. En España, aún bajo el franquismo, fue proyectada en condiciones semiclandestinas. En Francia, se convirtió en parte del imaginario posterior al Mayo del 68. Y en Estados Unidos, donde el asesinato de líderes como King o los Kennedy aún pesaba como trauma colectivo, fue recibida con una mezcla de admiración y vértigo.

Con el tiempo, Z se consolidó como piedra angular del cine político. Su influencia se percibe en películas posteriores de Costa-Gavras (*L'État de siège*, *Missing*), pero también en cineastas como Ken Loach, Oliver

Stone, Pablo Larraín o el primer Soderbergh. Su fusión de realismo, tensión narrativa y claridad ideológica se convirtió en modelo. Y su apuesta por un cine que no se limita a denunciar, sino que estructura la denuncia con ritmo de *thriller*, marcó una vía de acceso a públicos más amplios sin renunciar al rigor.

A nivel histórico, Z ayudó a mantener vivo el recuerdo del asesinato de Lambrakis durante los años más duros de la dictadura griega. Y tras la caída del régimen en 1974, se confirmó algo que la película ya había adelantado con precisión: que los implicados en el crimen eran, efectivamente, miembros del aparato estatal; que el encubrimiento fue real; y que la transición democrática tuvo que enfrentarse a esa verdad con incomodidad.

El juez en el que se inspira el personaje de Trintignant, Christos Sartzetakis, llegó a ser presidente de la República en la Grecia democrática. Otro eco de la justicia lenta pero persistente que la película simboliza.

Hoy, más de medio siglo después, Z no ha perdido ni un gramo de su potencia. Vista en retrospectiva, más que una película valiente, es un testimonio, una advertencia. Y también una obra de arte cinematográfica que ha envejecido mejor que muchas de sus imitadoras. En tiempos donde la posverdad, la represión sofisticada y el blanqueo institucional son moneda corriente, su mensaje sigue vibrando: la verdad puede ser atacada, enterrada, silenciada... pero no desaparece.

La letra "Z" se sigue pintando. En las paredes, en la memoria, en la historia.

Claves simbólicas y subtexto

Z es una película sobre un asesinato político, sí. Pero es, sobre todo, una película sobre lo que ocurre después. Sobre el modo en que el poder intenta borrar lo sucedido, reescribirlo, desacreditarlo, envolverlo en una maraña de mentiras, tecnicismos y olvidos. Y en ese intento por borrar, la película se convierte en lo contrario: en un acto de escritura. En una afirmación. En una letra que persiste: Z. "Él vive".

Esa letra, aparentemente simple, es el corazón simbólico del film. En el alfabeto griego antiguo, la letra zēta (Z) se usaba como abreviatura de la frase "*Zei*", que significa "Él vive". Tras la muerte de Lambrakis, los militantes por la democracia la pintaron en muros, en panfletos, en cuadernos y en pancartas. Era un modo de decir: no lo habéis matado del todo. Su pensamiento, su ejemplo y su denuncia sobreviven. Costa-Gavras hace de esa letra no sólo un símbolo político, sino una herramienta narrativa: es el punto de partida, el título, el eco que resuena cuando todo parece perdido.

En ese sentido, la película no se limita a contar una historia. Se convierte en una alegoría de cómo funciona el poder represivo moderno, que no se limita a matar, necesita borrar. Y no se conforma con eliminar al individuo, necesita destruir su significado., convertirlo en anécdota, en error, en daño colateral. De ahí que Z se concentre tanto en los mecanismos del encubrimiento: el lenguaje legal, la manipulación mediática, el expediente amañado, la narrativa del accidente. Lo simbólico aquí no es decorado, sino materia viva. La lucha se da tanto en los hechos como en los relatos.

La estructura misma de la película funciona como una metáfora del método crítico. El crimen es el punto de partida, pero no hay una voz omnisciente que lo explique. Hay fragmentos, testimonios, contradicciones. El juez arma su caso como un editor arma un reportaje: ordenando piezas, preguntando, descartando versiones. La película, en ese sentido, es también una lección de cómo mirar, de cómo distinguir entre lo que se dice y lo que se oculta, de cómo separar la verdad del montaje y de cómo resistirse a la comodidad de las versiones oficiales.

La figura del juez, imperturbable, casi sin expresividad, es el símbolo de la razón institucional puesta al límite. No es un revolucionario, pero su obstinación lo convierte en subversivo. En un mundo donde el cinismo es norma, la honestidad se vuelve radical. El periodista anónimo, con su grabadora y su cámara, representa otra forma de memoria, la del archivo popular, la del dato suelto que puede encender una mecha. Y la viuda, con su mirada firme, silenciosa, es la encarnación del duelo que no olvida, del amor convertido en resistencia.

La ciudad misma se convierte en símbolo. Sus calles abarrotadas, sus oficinas tristes, sus muros con pintadas, sus salas de espera judiciales: todo habla de un país en el que la verdad circula en voz baja. Donde el grito ha sido domesticado, pero el murmullo persiste. Z construye así una atmósfera de represión sin tanques, de dictadura sin declaración oficial, de democracia degenerada en espectáculo. Y lo más perturbador es que nada de eso suena anticuado. Al contrario, todos lo reconocemos.

La película también funciona como una advertencia sobre el relato como arma, algo a lo que, en la época de Twitter (perdón, X), ya estamos acostumbrados. El poder aquí, además de las instituciones, controla el lenguaje. Decide qué palabras se usan, qué titulares se publican, qué informes se archivan. De ahí que el cine (esa forma de narrar paralela, popular e independiente) tenga tanta fuerza en Z. La película no es solo una denuncia, es una disputa por la verdad. Y en ella, el arte demuestra que, mucho más que entretenimiento, puede ser memoria, conciencia y resistencia.

Porque lo que Z nos dice —más allá del caso Lambrakis, más allá de Grecia y de 1969— es que el crimen político no termina con el acto: empieza ahí. Lo importante es lo que se cuenta después, lo que se borra, lo que se impone como verdad. Y la película, al negarse a aceptar el silencio, al nombrar, mostrar y narrar con precisión, se convierte en un acto de justicia.

Z no resucita al asesinado, pero lo rescata. Lo sostiene. Lo inscribe. Y nos dice que, mientras se pueda contar la historia, el crimen no será del todo perfecto.

Porque él vive. Y la letra "Z", también.

Punishment Park (1971), de Peter Watkins

Miembro del Tribunal (Gladys Golden): ¡Es usted inmoral!

Acusado (Carmen Argenziano): ¡No soy inmoral! ¿Quiere que le diga qué es inmoral? ¡La guerra es inmoral! ¡La pobreza es inmoral! ¡El racismo es inmoral! ¡La brutalidad policial es inmoral! ¡La opresión es inmoral! ¡El genocidio es inmoral! ¡El imperialismo es inmoral! ¡Este país representa todas esas cosas!

Contexto político e histórico

Cuando *Punishment Park* se estrena en 1971, Estados Unidos arde en varios frentes. La Guerra de Vietnam ha fracturado al país entre patriotas conservadores y una juventud furiosa que ya no cree en el relato oficial. Nixon acaba de ser reelegido con una retórica de "ley y orden" que legitima la represión del activismo civil, mientras el FBI persigue a líderes del movimiento por los derechos civiles, vigila a músicos, escritores, profesores y cineastas. Las universidades son ocupadas por policías armados, los Panteras Negras son asesinados en operaciones encubiertas, y la contracultura empieza a pagar un precio muy alto por haber soñado demasiado alto.

En ese contexto, *Punishment Park* no es simplemente una película, es un acto de guerra simbólica. Peter Watkins, cineasta británico exiliado en Estados Unidos, utiliza una forma híbrida entre el *mockumentary* (producción de estética documental pero contenido ficticio), el cine de guerrilla y el ensayo político para proyectar una pesadilla plausible: un futuro inmediato en el que el gobierno, amparado en el Acta de Seguridad Interna, puede detener y condenar sin orden ni juicio a cualquier ciudadano considerado una amenaza para la estabilidad nacional. La represión se convierte así en una política de gestión del disenso, y el campo de castigo —un desierto californiano donde los prisioneros deben correr por sus vidas— es solo la versión literal de lo que ya ocurre en las calles, en los juzgados, en las redacciones.

Watkins no inventa nada que no esté ya ocurriendo. Solo lo muestra sin filtros. El realismo brutal del film no se debe tanto a su estética semidocumental como al hecho de que la película recoge, condensa y proyecta los mecanismos reales de la represión institucional. El comité que juzga a los detenidos recuerda al *Comité de Actividades Antiamericanas*; y las preguntas, insultos y perfiles de los acusados remiten a los jóvenes antimilitaristas, feministas, activistas negros y estudiantes reales que eran detenidos, fichados y marcados por sus ideas.

Punishment Park es la pesadilla de una América que prefiere eliminar el conflicto antes que escucharlo. Pero también es el retrato de una juventud que, frente al cinismo de las instituciones, responde con una mezcla de lucidez, rabia e impotencia. El choque generacional y político que recorre la película no es un fondo, es la trama misma. El juicio paralelo, con su retórica hueca, sus acusaciones ideológicas y su arrogancia moral, funciona como espejo de un sistema que no busca justicia, sino obediencia.

La película se inscribe así en la tradición de las distopías críticas, pero desde un lugar nuevo: no hay elementos de ciencia ficción, ni decorados futuristas, ni gobiernos tecnocráticos. Todo lo que vemos ocurre en los márgenes del presente. El terror no viene del futuro, viene del ahora. Watkins se limita a dar un pequeño salto lógico. ¿Qué pasaría si el poder dejara de fingir? ¿Qué pasaría si se dijera en voz alta lo que ya se piensa en privado? Que la Constitución es un problema, que los derechos civiles son negociables, que la disidencia es un lujo que ya no puede permitirse.

El estilo de la obra (nerviosa, sucia, documental) contribuye a esa sensación de urgencia. *Punishment Park* no se explica. No se justifica. No se decora. Es un artefacto de choque, una patada en la cara del espectador medio. Y eso, en 1971, fue demasiado. La película apenas se distribuyó. Fue silenciada por los propios canales independientes que supuestamente defendían la libertad de expresión. No hubo campañas de censura abiertas. Simplemente, no se emitió. No se proyectó. No se comentó. El silencio fue el castigo. El mismo que se aplica, en el film, a quienes no aceptan las reglas del juego.

Punishment Park cristaliza así el temor más profundo de su tiempo: que el Estado democrático se transforme en maquinaria de castigo preventivo; que el enemigo no sea externo, sino interno; que la justicia se convierta en trámite; y que el castigo deje de ser una consecuencia para convertirse en el núcleo mismo del sistema.

Inspiración real / Base documental

Punishment Park no se inspira en una novela. Tampoco en una crónica ni en un caso específico. Se inspira en un clima, en una atmósfera de represión difusa pero constante, en la sospecha sistemática hacia todo pensamiento crítico, en una lógica de poder que ya no necesita ocultarse. Para elaborar su fábula, Peter Watkins parte de los hechos, las leyes y las voces reales que ya estaban siendo silenciadas en los Estados Unidos de finales de los 60 y principios de los 70.

La película encuentra su base documental más directa en la Ley de Seguridad Interna de 1950, también conocida como *McCarran Internal Security Act*. Esta norma, aprobada en plena Guerra Fría, permitía al gobierno de los Estados Unidos detener a cualquier ciudadano considerado "una amenaza a la seguridad interna" y confinarlo en campos especiales sin juicio previo, en caso de que se declarara una situación de emergencia nacional. Aunque muchos la consideraban una ley simbólica, su mera existencia era una bomba jurídica pues legalizaba, de facto, la suspensión de derechos fundamentales para cualquier disidente político, especialmente aquellos asociados al comunismo, al pacifismo radical o a los movimientos de protesta.

Esa ley nunca llegó a aplicarse en los términos que describe la película, pero Watkins la tomó como base legal para imaginar un escenario en el que sí se ejecuta. Y para ello, se valió de personas reales, muchas de ellas no profesionales, elegidas precisamente por sus ideas, su edad o su perfil. No trabajó con actores que representaran personajes ficticios.

Eran jóvenes que estaban contra la guerra de Vietnam, activistas de derechos civiles, estudiantes que habían participado en protestas reales. De la misma manera eligió el otro lado: policías, reservistas y representantes de los comités de seguridad que defendían la intervención en Vietnam o la necesidad de proteger la nación. Watkins los enfrentó en el plató del juicio improvisado con mínimas instrucciones y los dejó hablar. De ahí sale la carga eléctrica del film: no es actuación, es tensión política real.

La película no tiene guion cerrado. Se construye a partir de una estructura abierta donde cada participante aporta sus ideas, sus argumentos, su ideología. Watkins articula el discurso, pero no lo impone, y eso la convierte en una cápsula del tiempo especialmente valiosa: *Punishment Park* funciona como un archivo de las voces silenciadas de 1971. No muestra lo que pasó en un sitio concreto, sino lo que podría haber pasado —y en muchos sentidos, ya pasaba— en cualquier ciudad, campus o corte de justicia estadounidense.

La escena del tribunal paralelo, con sus preguntas dirigidas, insultos encubiertos y falta total de garantías, remite directamente a las audiencias del Comité de Actividades Antiamericanas que se hicieron célebres durante los años del macartismo, pero también a los juicios sumarios contra los Panteras Negras, a los procesos contra líderes del *Students for a Democratic Society* o del movimiento *Weathermen* o a los interrogatorios en las universidades públicas contra profesores sospechosos de "adoctrinamiento". Todo eso estaba ocurriendo. Watkins simplemente lo acelera, lo concentra y lo expone sin anestesia.

El propio Watkins había sufrido el aislamiento por parte de la industria por sus trabajos anteriores, especialmente por *The War Game* (1965), un falso documental sobre un ataque nuclear que fue censurado por la BBC durante años. Para rodar *Punishment Park*, se exilia en Estados Unidos buscando mayor libertad creativa. Pero al llegar, se encuentra con un país en pleno estado de paranoia, donde los límites de lo decible se estrechaban cada día. Su decisión de hacer una película con estética de docudrama (cámara en mano, sonido directo, improvisación, montaje urgente) no fue sólo formal: fue ideológica. Rechazó el lenguaje del cine clásico porque entendía que era parte del problema. Demasiado bello. Demasiado cómodo.

Lo fascinante de *Punishment Park* es que no propone una distopía lejana, sino una extrapolación mínima. Si en 1984 el enemigo es abstracto y en *Fahrenheit 451* el peligro es el control del conocimiento, aquí el enemigo tiene rostro: es el comité, el juez, el policía, el espectador indiferente. Y el castigo, recorrer 100 kilómetros por el desierto sin agua mientras te persiguen guardias armados, es físico, literal y agotador. Una metáfora tan brutal como clara: en América, si alzas la voz, te harás polvo antes de llegar a concluir tu alegato.

Argumento y estructura narrativa

Punishment Park no cuenta una historia, la somete. No acompaña a un protagonista en su lucha contra el sistema como hacen otros títulos del cine conspiranoico, sino que nos obliga a presenciar, sin escapatoria, el funcionamiento cruel y absurdo de una estructura de represión legalizada. La película de Peter Watkins no tiene giros de guion, ni revelaciones finales, ni cierre redentor. Su estructura es un bucle, una repetición, un mecanismo que funciona como una trituradora moral y física. No hay lugar para el suspense clásico, solo para la certeza agobiante de que, al final, nadie saldrá indemne. Y casi nadie, vivo.

La película se articula a través de dos líneas narrativas que se entrecruzan de forma paralela y asfixiante. Por un lado, seguimos el desarrollo de un juicio político improvisado en una carpa militar, donde un comité de ciudadanos afines al gobierno interroga y condena sin garantías a un grupo de jóvenes activistas. Por otro, acompañamos a otro grupo ya condenado, que ha elegido someterse al "castigo" del *Punishment Park*: una marcha forzada a través del desierto bajo temperaturas extremas, sin apenas comida ni agua, perseguidos por miembros de la Guardia Nacional. Si logran llegar a un punto determinado (una bandera plantada al final del recorrido), obtendrán la libertad. Si no lo consiguen, volverán a prisión. Si son capturados, pueden ser detenidos, golpeados, o directamente ejecutados.

La clave narrativa de *Punishment Park* está en cómo estas dos líneas dialogan. Mientras el juicio avanza con su retórica cargada de desprecio, y los miembros del comité se indignan ante la "arrogancia" de los acusados, la cámara corta y pasa al desierto, donde otros jóvenes ya están pagando (literalmente) las consecuencias de ese discurso. La retórica se convierte en persecución. El debate, en polvo. La palabra, en bala. Y Watkins no permite que el espectador escape del contraste: cada escena en el tribunal reverbera con eco cruel cuando se ve la violencia que genera.

La tensión del film no reside en lo que va a pasar —intuimos desde el principio que no habrá justicia—, sino en cómo se administra la desesperación. En el tribunal, los jóvenes intentan defenderse con argumentos, con citas legales, con indignación. Pero todo está decidido de antemano. La cámara, a veces desde el punto de vista del supuesto "documentalista neutral" que registra la escena, capta el vacío de esos intentos. El juicio es una coreografía de legalidad sin sentido, una forma elegante de castigo preventivo. Mientras tanto, en el desierto, los cuerpos se quiebran. No hay música épica, ni montaje heroico. Solo calor, jadeo, caídas, gritos y disparos. Los soldados que persiguen a los condenados no son sádicos de caricatura, son funcionarios que cumplen órdenes. Expresan incluso cierta incomodidad, pero disparan igual. Al sistema le basta con hombres obedientes. No necesita monstruos.

El uso de la estructura paralela no es solo un recurso narrativo, es una afirmación política. Watkins nos muestra que lo que se dice en el tribunal —sobre la patria, el deber, el orden— no es abstracto. Tiene consecuencias físicas. Las ideas matan. Y el montaje, al poner en espejo el discurso y la violencia, se convierte en una forma de análisis político. No hay voz en *off* que nos lo explique, el montaje es el discurso.

Tampoco hay protagonista individual. Cada personaje representa una voz, una postura. Hay activistas blancos, negros, mujeres, estudiantes, pacifistas, radicales, músicos, profesores. Sus argumentos son distintos, sus actitudes también. Algunos gritan. Otros suplican. Otros intentan razonar. Pero la maquinaria judicial no distingue matices. Watkins se niega a construir un héroe clásico. Porque *Punishment Park* no va de la posibilidad de resistencia, sino de la evidencia del castigo.

El espectador se convierte así en testigo incómodo de un sistema cerrado. La tensión dramática no viene de la posibilidad de escapar, sino de la constatación de que todo está pensado para que nadie escape. Ni física, ni simbólicamente. Y lo más cruel es que, incluso cuando algunos alcanzan la bandera —esa línea imaginaria de libertad—, son recibidos con violencia. El juego estaba amañado. Siempre lo estuvo.

La película no tiene epílogo, no ofrece una conclusión. La imagen final es una sucesión de cuerpos derrumbados en el desierto, respirando con dificultad, mientras el juicio continúa en otra carpa... Otra lista de nombres, otro grupo, otro castigo. El sistema no se detiene. No aprende. Solo rueda. Y el espectador, como la cámara, solo puede observar.

Protagonistas frente al poder

En *Punishment Park*, no hay protagonistas al uso. No hay un personaje con arco heroico, ni una historia individual que nos guíe emocionalmente. En su lugar, Peter Watkins construye un coro, un colectivo, una multitud de rostros jóvenes, indignados, asustados, lúcidos, cansados. Y en esa decisión, profundamente política, reside una de las mayores cargas de profundidad del film: la negativa a personalizar el conflicto, la voluntad de mostrar que el castigo no es individual sino generacional, ideológico, social.

Los jóvenes acusados que desfilan ante el tribunal improvisado representan una radiografía casi enciclopédica de la disensión en Estados Unidos a finales de los años 60. Hay activistas del movimiento negro, feministas, pacifistas, comunistas, *hippies*, estudiantes, músicos, profesores. Cada uno encarna una postura, un matiz del conflicto político y cultural de su tiempo. Algunos intentan razonar con los miembros del comité. Otros simplemente se niegan a reconocer su legitimidad. Hay quienes gritan, quienes lloran, quienes se desploman. Y, sin embargo, todos comparten algo: están condenados de antemano.

El Estado que los juzga los reduce a etiquetas: traidores, alborotadores, amenazas. No los escucha. En ningún momento hay un esfuerzo real por comprenderlos. El tribunal funciona como una parodia de la justicia, donde las preguntas ya están formuladas para condenar, no para dialogar. Y así, cada intervención se convierte en un monólogo que rebota contra una pared de cinismo y obediencia institucional. El acusado no es escuchado. Es tolerado durante unos minutos, y luego silenciado con un gesto de hartazgo por parte de los miembros del comité, que no quieren argumentos. Quieren sumisión.

En ese sentido, los protagonistas de *Punishment Park* representan la encarnación más pura del "hombre corriente contra la maquinaria del Estado", con la diferencia de que aquí el "hombre corriente" no es alguien que descubre la conspiración desde dentro, como en *Los tres días del cóndor* o *El único testigo*, sino alguien que ya está en el exterior, que ha sido marcado, señalado, segregado por el sistema por lo que piensa, por lo que representa, por lo que simboliza. Y que, en lugar de desentrañar un secreto, solo puede confirmar que el poder ya no se oculta.

La relación entre estos personajes y el Estado es de absoluta asimetría. No hay interlocución posible. El comité es una farsa de representatividad, compuesto por personas mayores, blancas, conservadoras, que exhiben una mezcla de arrogancia moral y desprecio apenas disimulado. No hay debate, hay humillación protocolaria. No hay jurisprudencia, hay castigo encubierto de burocracia. El juicio no busca establecer la verdad, sino justificar la represión. Y lo hace con guantes legales, pero con puños cerrados.

Durante la marcha por el desierto, esta tensión simbólica se vuelve física... Los cuerpos se convierten en campo de batalla. El sufrimiento ya no es abstracto, ni retórico. Es sudor, es sed, es sangre... Los jóvenes perseguidos encarnan el castigo estatal convertido en política pública. Su única "culpa" es haber pensado diferente, haber protestado, haber creído que podían cambiar algo. Pero el sistema no busca ni necesita su redención, sino su obediencia. Y si no la obtiene, los quiebra.

La belleza del tratamiento que Watkins da a estos personajes está en su diversidad. No todos reaccionan igual. No todos se comportan de forma ejemplar. Algunos se fracturan, se contradicen, se rinden. Otros se radicalizan, se rebelan. Pero todos están atravesados por una conciencia común: la de saberse objeto de una maquinaria que no busca justicia, sino orden. Su lucha no es solo por sobrevivir, es por mantener la dignidad en medio del delirio, por seguir siendo alguien mientras todo les reduce a amenaza.

Uno de los momentos más intensos de este trabajo es cuando una joven negra, activista del movimiento de liberación, le explica al comité que todo lo que dice ya ha sido dicho, ya ha sido ignorado, y que su juicio es solo una representación más del dominio blanco. Lo dice sin alzar la voz, con una claridad política devastadora. Y frente a ella, los miembros del comité bajan la mirada, murmuran, intentan pasar página. No pueden refutarla, pero tampoco quieren escucharla.

En esa escena, como en muchas otras del film, se resume el conflicto central: los protagonistas luchan por el derecho a existir, sin ser asimilados ni castigados. No están en lucha por el poder. Y el poder, frente a esa negativa a someterse, responde con la única lógica que le queda: el castigo.

Aunque *Punishment Park* es una película sin héroes clásicos, está llena de gestos heroicos. En cada palabra dicha ante el tribunal, en cada paso dado en el desierto, en cada mirada que se niega a bajar los ojos. Porque frente a un sistema que solo sabe castigar, resistir con la verdad es, en sí mismo, una forma de insurrección.

El enemigo invisible (o no tanto)

En *Punishment Park*, el enemigo no lleva uniforme de ciencia ficción, ni se esconde tras un gran plan oculto. No necesita conspirar en la sombra. Actúa a plena luz del desierto, con el sol como testigo, con banderas ondeando al viento y comités que sesionan con voz engolada en nombre del orden y la Constitución. Watkins hace aquí un movimiento magistral: despoja al poder de toda mística. Lo representa como lo que es en su perfil más peligroso: un mecanismo administrativo, funcional, reglado. Un poder que no necesita ocultarse, porque se considera legítimo.

El enemigo en esta película no tiene un solo rostro. Tiene muchos, pero todos con un rasgo en común: están convencidos de que hacen lo correcto. Son los miembros del comité cívico, ciudadanos "preocupados" por el rumbo del país. Exmilitares, patriotas, funcionarios, académicos, incluso una mujer aparentemente progresista que participa como si pudiera aportar equilibrio..., pero no lo consigue. Todos ellos repiten, una y otra vez, que su labor es proteger a la nación, que el castigo que imponen no es castigo, sino defensa. Que no hay odio, solo necesidad.

Y ahí está el corazón del horror: en la frialdad con la que se ejerce la represión. Nadie grita. Nadie golpea en el tribunal. Nadie tortura. Solo se decide, con voz firme y cara neutra, que alguien ha cometido un "delito de pensamiento" y debe ser castigado. Es el rostro más banal del autoritarismo, el de quienes no reconocen que están ejerciendo violencia, porque han aprendido a llamarla "responsabilidad".

Watkins entiende que el poder más difícil de combatir no es el que oprime con fuerza bruta, sino el que se disfraza de procedimiento, el que convierte la ideología en reglamento. En *Punishment Park*, el sistema no necesita fuerza para validar sus decisiones, le basta con legalidad, con la firma de un comité, con la invocación constante de la seguridad nacional. El lenguaje mismo se convierte en instrumento de violencia. Cuando el enemigo repite una y otra vez que "los Estados Unidos están en guerra", lo hace como justificación para vaciar de contenido los derechos civiles. Como si la urgencia de la crisis permitiera abolir cualquier principio.

Pero el enemigo no se limita al tribunal. También está en el terreno. Los militares y policías que participan en la persecución de prisioneros no son sádicos, son meros obedientes. Aparecen como hombres comunes que cumplen órdenes con resignación, algunos con incomodidad, otros con cierto entusiasmo. Uno se lamenta de tener que disparar a jóvenes, pero dispara igual. Otro se queja de que la prensa está presente, pero sigue corriendo tras los fugitivos. No hay pasión en su represión, hay rutina. Y esa rutina es aún más aterradora que el odio.

El aparato represivo funciona como una maquinaria sin alma. El tribunal y el desierto son dos caras del mismo sistema. En uno se decide quién será castigado. En el otro, se ejecuta ese castigo con eficiencia. No hay espacio para la reflexión. Ni para el error. Cuando un joven cae en el desierto por agotamiento, un soldado lo levanta sin odio, sin empatía, como quien mueve un bulto. Cuando otro es abatido por no detenerse, nadie grita. Nadie se escandaliza. Porque el enemigo no es cruel. Es insensible. Ha sido entrenado para cumplir. Y eso lo vuelve imparable.

En muchos *thrillers* políticos, el poder oculto se revela al final como un rostro concreto: un senador, un CEO, un jefe de inteligencia. Watkins elige lo contrario. El enemigo aquí no necesita revelarse. Está a la vista desde el primer minuto. Su fuerza no radica en su ocultamiento, sino en su normalización. Y por eso es más difícil de combatir. Porque es legal. Porque se viste de procedimiento. Porque se repite en la prensa, en los discursos, en las clases. Porque, como dice uno de los miembros del comité, "es lo que cualquier nación haría en tiempos de guerra".

La estructura del poder en *Punishment Park* no tiene grietas. Está perfectamente articulada. Y al carecer de rostro central, no puede ser desmantelada desde dentro. No se puede acusar a un solo hombre. No se puede culpar a un jefe supremo. Es un sistema que se reproduce solo, porque cada pieza (por pequeña que sea) cree estar haciendo lo correcto. No por odio, sino por convicción. Por eso, el enemigo más aterrador no es el que te apunta con un arma, sino el que te dice, con una sonrisa y un formulario en la mano, que esto es por tu bien.

Watkins, en lugar de inventar un aparato de represión, simplemente expone el que ya existía. Y lo hace sin adornos, sin dramatismo, sin música. La brutalidad del sistema está en su frialdad, en su capacidad para castigar sin alterarse y ejecutar sin pestañear. Para continuar su funcionamiento, aunque alguien muera delante de la cámara. Porque en *Punishment Park*, el poder no se oculta. No necesita hacerlo. Ya ha ganado el relato.

Lenguaje visual, puesta en escena y música

En *Punishment Park*, la forma empuja al contenido, lo tensa, lo pone en crisis. Pero no lo acompaña. Watkins no rueda una película sobre la represión. La construye como una experiencia visual de confrontación directa. No busca representar el castigo institucional, lo simula. Su cámara no observa, interroga. Se agita, se acerca demasiado, duda, se convierte en parte del conflicto. Y esa decisión formal —radical en su momento, y aún hoy incómoda— es la que convierte a *Punishment Park* en algo más que una fábula política, en una inmersión angustiosa en un sistema que castiga en tiempo real.

El dispositivo elegido es el del *falso documental*, aunque esa etiqueta se quede corta. Watkins propone una simulación tan convincente que a menudo olvidamos que estamos viendo ficción. La cámara se mueve como si fuera de un equipo de reporteros que acompaña tanto al tribunal como a los prisioneros. Hay entrevistas directas a cámara, planos descuidados, fallos de enfoque, preguntas del supuesto entrevistador que irrumpen en la escena... Nada parece "narrado", todo parece captado. Como si fuéramos un *fly on the wall* (espectador no advertido) del horror administrativo.

Pero esa naturalidad es puro artificio. Watkins, que domina el lenguaje del montaje como pocos, construye una coreografía de tensión permanente. Cada corte entre el juicio y la marcha por el desierto no solo es narrativo, es ideológico. El montaje funciona como una denuncia en sí misma. No hay explicación verbal, ni voz en *off* que guíe al espectador. Es el montaje el que establece la relación causa-efecto entre la farsa legal y la violencia física. Es en ese ir y venir donde la película cobra toda su fuerza. Cada acusación absurda del comité resuena con el disparo siguiente. Cada grito en el tribunal tiene su eco en un cuerpo exhausto sobre la arena.

La cámara no es neutra. Aunque se disfraza de testigo objetivo, cada plano revela una postura. Se acerca demasiado cuando alguien habla, se queda muda cuando alguien muere. El "documentalista" nunca interviene, pero su presencia lo contamina todo. Los personajes lo miran, le hablan, lo cuestionan. A veces piden su ayuda. A veces lo acusan de no hacer nada. Y en esa tensión está otro de los grandes logros del film: convertir al espectador en cómplice incómodo. No somos observadores externos, somos parte del equipo. Estamos ahí. Y eso nos incomoda. Porque no hacemos nada.

La fotografía, a cargo del propio Watkins y de Joan Churchill, es cruda. La luz natural domina todo el metraje. En el tribunal, los encuadres son deliberadamente asimétricos, tensos, con personajes que a menudo quedan cortados por el borde del plano. No hay estilización. En el desierto, el sol es protagonista. La imagen se quema, satura, se vuelve abrasiva. El calor se ve. El polvo se siente. Las cámaras temblequean. Y la tensión no se da por persecuciones filmadas con adrenalina, sino por el agotamiento acumulado. Cada plano del desierto es un recordatorio: esto no es una ficción sobre la violencia, es una puesta en escena de lo que el poder puede hacer cuando nadie lo detiene.

La película carece por completo de música incidental. No hay partitura. No hay banda sonora. Solo viento, jadeos, insultos, disparos, pasos. Esa ausencia es esencial. Watkins no quiere manipular emocionalmente. Quiere documentar la descomposición. La música, incluso en el cine político, tiende a crear una emocionalidad que permite cierta distancia. Nos conmueve, nos guía, nos consuela. Aquí no hay consuelo. Lo que se oye es lo que hay. El silencio es real. La muerte no tiene *crescendo*. El montaje no ofrece alivio. Y eso produce un malestar profundo. Porque no hay marco estético que amortigüe el golpe.

Asimismo, es clave el uso del espacio. El tribunal, saturado y asfixiante, está encerrado. Los personajes se interrumpen, se pisan, se crispan. El lenguaje corporal es parte de la violencia: sillas arrastradas, dedos que señalan, puños que golpean la mesa. En el desierto, en cambio, el espacio es abierto, pero no liberador. Es una prisión sin muros, una trampa climática. Y la cámara, en lugar de usar la amplitud del paisaje para embellecer, lo convierte en amenaza. Aquí hay horizontes inalcanzables, no planos épicos. Hay derrota sin gloria, no épica *western*.

En última instancia, el lenguaje visual de *Punishment Park* no quiere representar la represión. Quiere hacerte sentir dentro de ella. Y, por supuesto, lo logra. Porque niega al espectador todos los elementos de distanciamiento. No hay narrativa de salvación. No hay personaje guía. No hay montaje consolador. Watkins construye un dispositivo cinematográfico que encierra al espectador en el mismo marco que a sus personajes. Y así, el juicio no termina cuando se apagan los créditos. Porque lo que nos ha mostrado —con cámara nerviosa, con luz quemada, con montaje implacable— es que el castigo no está en el futuro. Está ocurriendo. Y lo estamos filmando.

Recepción y legado

Cuando *Punishment Park* se terminó en 1971, estaba todo listo para el escándalo. Peter Watkins no había hecho concesiones, ni buscado equilibrio, ni trabajado desde la metáfora. Había filmado, con una cámara cargada de verdad incómoda, lo que muchos temían que estuviera a punto de ocurrir —y otros sabían que ya estaba pasando— en la América de Nixon. Pero no hubo escándalo, solo silencio. Lo que recibió la película no fue una respuesta airada, sino una marginación sistemática, una estrategia de invisibilización que la convirtió en un fantasma.

Ningún estudio importante quiso distribuirla. Cadenas de televisión pública como la PBS, que habían emitido con éxito trabajos anteriores de Watkins, la rechazaron. Algunas salas de cine la programaron durante pocas semanas, casi todas en contextos universitarios o de cineclub militante. Los medios no la reseñaron. Las instituciones progresistas no la defendieron. *Punishment Park* no fue prohibida, como otras obras molestas. Fue ignorada, borrada, archivada en los márgenes. Como si su mensaje fuera tan incómodo que ni siquiera mereciera el gesto de la censura. Simplemente no existía.

Este rechazo tuvo múltiples causas. Por un lado, el tono agresivo y sin filtros del film rompía incluso con el canon del cine político de la época, que solía articular la denuncia a través de la ficción convencional: protagonistas fuertes, tramas de intriga, estructuras dramáticas claras. Watkins lo había hecho en *The War Game* (1965), que también fue censurada durante años por la BBC, y lo repitió aquí con más radicalidad aún. Sin narrador, sin guía, sin consuelo. Muchos críticos lo consideraron “antitelevisivo”, “desorientador”, “provocador en exceso”. Como si no fuera una película para ver, sino una que te veía a ti.

Por otro lado, el clima político era extremadamente sensible. En 1971, Nixon acababa de comenzar su segundo mandato con una campaña centrada en la "mayoría silenciosa" y el endurecimiento del control sobre los movimientos sociales. La represión a los Panteras Negras, a grupos pacifistas, a universidades rebeldes, era constante. Emitir una película que mostraba tribunales sin garantías, castigos extrajudiciales y ejecuciones justificadas como "defensa nacional" podía ser interpretado como un acto de desestabilización o, peor aún, como un reflejo demasiado nítido de la realidad. Watkins no fantaseaba con lo que podría pasar. Estaba describiendo, en clave fílmica, lo que ya estaba ocurriendo en las sombras del sistema.

Durante décadas, *Punishment Park* circuló y se proyectó de modo casi clandestino (en cineclubs, festivales alternativos, universidades con profesores valientes). Fue una película subterránea. Un título mencionado en voz baja por quienes sabían que el cine político no debía ser solo valiente, sino también incómodo. Mientras otras películas del ciclo conspiranoico de los 70 alcanzaban gran visibilidad, *Punishment Park* quedó fuera de ese canon. No por falta de calidad, sino por exceso de verdad.

No fue hasta finales de los años 90 y principios de los 2000 que el film empezó a resurgir. La crítica lo redescubrió. Se reeditó en DVD. Se proyectó en ciclos retrospectivos. Nuevas generaciones de cineastas y activistas lo abrazaron como un referente radical, incómodo, honesto. Con la llegada del nuevo milenio, y tras el 11-S, muchas de sus ideas volvieron a resonar con fuerza: detenciones sin juicio, campos de reclusión, enemigos "internos", leyes de emergencia, vigilancia masiva... El guion de Watkins, que en 1971 parecía distópico, empezó a parecerse demasiado a los titulares de los periódicos.

Hoy, *Punishment Park* es considerada una obra fundamental del cine político. Su radicalidad estética, su ética militante y su violencia controlada la convierten en un punto de inflexión. Ha influido en cineastas como Adam Curtis, en piezas híbridas como *The Act of Killing*, y en el auge del cine de ensayo político contemporáneo. También ha inspirado a documentalistas y a autores de *mockumentary* que buscan dinamitar la frontera entre realidad y representación.

Su legado no es de prestigio silencioso. Es de combate, de urgencia. Es una película que incomoda, que obliga a posicionarse, que no acepta el consumo pasivo. Su fuerza no ha disminuido con los años. Ha crecido. Porque el mundo que describía —de comités autoritarios, de castigo sin juicio, de violencia protocolaria— ya no es futuro, es presente. Y sigue siendo filmado.

Claves simbólicas y subtexto

En *Punishment Park*, nada es gratuito. Ni el polvo, ni la luz, ni el calor. Todo está pensado para construir una alegoría brutal, casi insoportable, del modo en que una sociedad democrática puede devorarse a sí misma en nombre del orden, la estabilidad y la seguridad nacional. Watkins no ofrece un subtexto en voz baja, lo pone delante de la cámara, lo hace gritar, correr, sangrar. Esta es una película donde el simbolismo no se esconde en los detalles. Está en el núcleo mismo del relato.

El primer gran símbolo es el propio desierto, convertido aquí en un espacio político. No es un decorado natural, es un campo de reeducación, un terreno de castigo físico donde se pone a prueba no sólo la resistencia del cuerpo, sino la voluntad de someterse. El desierto funciona como espejo del sistema, aparentemente abierto, pero controlado. Los prisioneros creen que pueden llegar a la meta, pero el espacio es infinito, el sol no perdona, y los perseguidores conocen mejor el terreno. El desierto es la utopía fallida de la libertad: se presenta como alternativa al encierro, pero solo para mostrar que el encierro estaba en todas partes.

En este paisaje, la bandera que marca el final del recorrido tiene una función devastadora. Es una trampa visual, un espejismo institucional. Representa la promesa del sistema: si llegas hasta aquí, serás libre. Pero no lo serás. Porque incluso cuando el prisionero llega (agotado, sediento, vencido) lo espera la traición, el regreso forzoso, la cárcel o la muerte. Watkins usa ese símbolo nacional como un anzuelo, una promesa que el Estado no tiene intención de cumplir. La bandera se convierte así en una alegoría de la democracia formal sin garantías reales. Un símbolo hueco que ondea sobre un terreno donde los derechos han sido suspendidos.

Otro gran símbolo del film es el juicio como espectáculo. El tribunal no imparte justicia, representa el poder. Cada miembro del comité se convierte en una máscara. No hay un intento sincero de diálogo. Lo que vemos es teatro, performance política. Las intervenciones de los jóvenes acusados no son respondidas con argumentos, sino con gestos de desprecio, risas, interrupciones, silencios. El juicio no busca establecer la verdad, sino reafirmar quién tiene el derecho a hablar, a juzgar y a castigar. Es una escena del dominio, donde la palabra ya ha sido expropiada.

Y esa palabra perdida es recuperada por los jóvenes en forma de resistencia verbal. Cada monólogo ante el tribunal y cada intervención furiosa es un intento de reapropiarse del lenguaje. De decir: "No estoy aquí para ser juzgado, estoy aquí para denunciar". Y es en ese gesto, muchas veces desesperado, donde se juega la dignidad del individuo frente a la maquinaria. Porque, aunque saben que están condenados, no renuncian a explicar por qué. El lenguaje, aunque inútil frente al veredicto, se vuelve un acto de insumisión.

El montaje alternado entre el juicio y el castigo también tiene un valor simbólico profundo. No es sólo una herramienta narrativa, es una tesis visual. Watkins nos dice que no hay distancia entre el discurso institucional y la violencia física. Que el lenguaje del tribunal —supuestamente neutral, legal, civilizado— desemboca directamente en los cuerpos derrumbados en el desierto. El montaje como subtexto: lo que se dice en la sala se ejecuta en la arena.

La cámara, como ya apuntamos, también es un símbolo clave. Representa el papel del testigo. Del que mira, pero no actúa. Del que registra, pero no interviene. Muchos personajes miran a la cámara. La interpelan. La acusan. "¿Estás grabando esto?", "¿vas a hacer algo con esto?", "¿eres parte de ellos?". La cámara se convierte así en un símbolo de nuestra posición como espectadores. No estamos fuera. Estamos dentro. Y somos responsables de lo que decidimos hacer —o no hacer— con lo que vemos.

En ese sentido, *Punishment Park* es una película sobre la responsabilidad del espectador. Sobre qué hacemos con la verdad cuando la vemos de frente. Sobre si estamos dispuestos a cruzar el desierto simbólico que separa la indignación de la acción. Watkins no pretende darnos una lección moral. Nos lanza una provocación. Nos dice: esto es lo que pasa cuando el castigo sustituye a la justicia; cuando el sistema decide que algunos cuerpos no merecen tener derechos; cuando las instituciones se blindan y convierten la legalidad en venganza.

Finalmente, la película es también una gran meditación sobre la fragilidad del contrato social. Sobre cómo la democracia puede mantener sus símbolos —el jurado, la bandera, la libertad de elección— mientras vacía de contenido sus principios. Watkins no habla del fascismo clásico. Habla de algo más perverso: de la democracia convertida en simulacro, de un sistema que sigue pareciendo libre... mientras castiga a quienes se atreven a tomar en serio sus propias promesas.

Por eso *Punishment Park* no es solo una película sobre Estados Unidos, es una advertencia para cualquier lugar donde el poder empiece a considerar que el orden está por encima de la justicia. Donde los que protestan se convierten en amenazas. Donde la legalidad se usa como escudo para negar la ley. Donde la bandera se convierte en frontera y donde el desierto deja de ser paisaje. Y pasa a ser sistema.

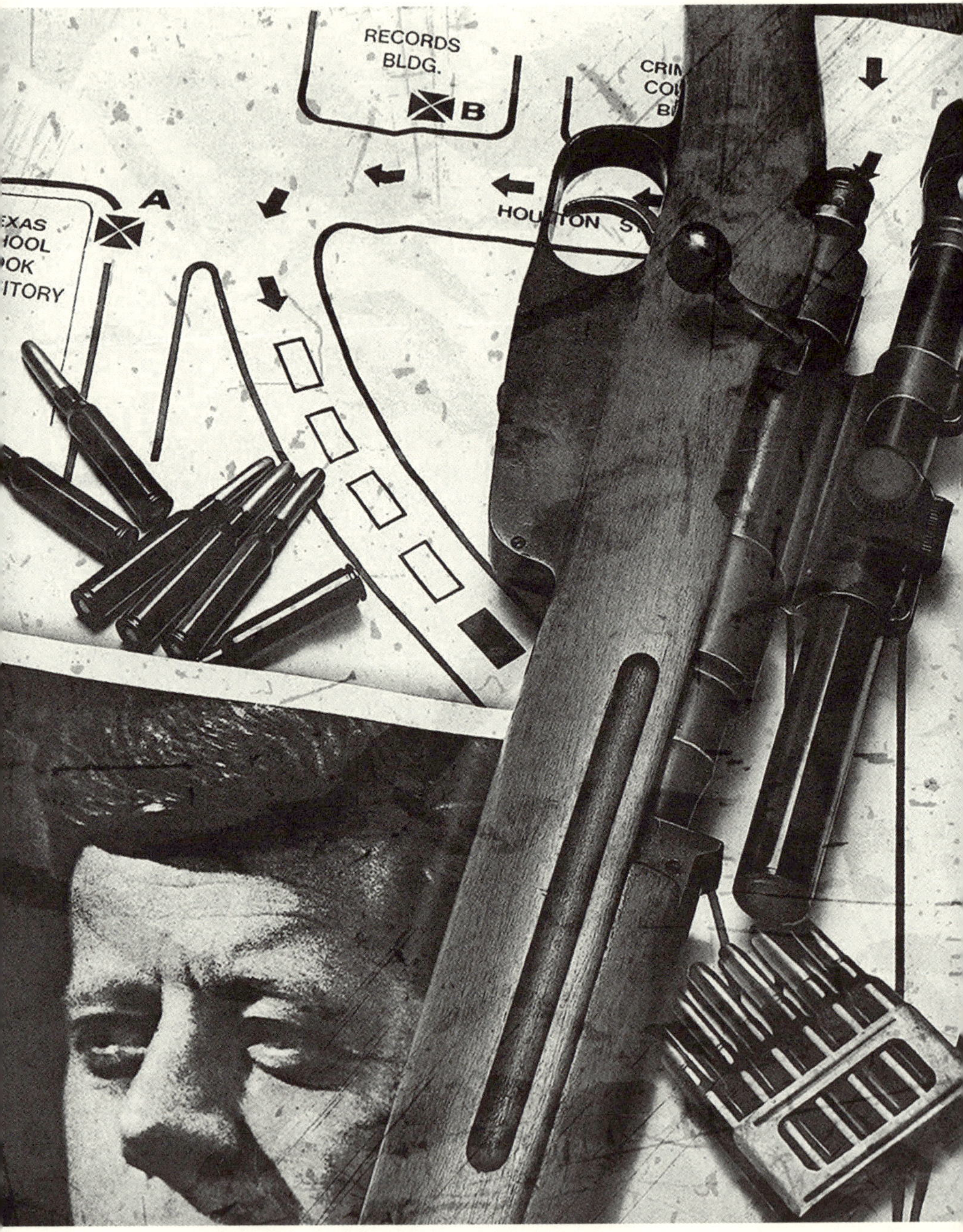
RECORDS
BLDG.
B
A

Acción ejecutiva (Executive Action, 1973), de David Miller

Foster (Robert Ryan): El verdadero problema es este, James. En dos décadas, habrá siete mil millones de seres humanos en este planeta. La mayoría de ellos serán morenos, amarillos o negros; todos hambrientos, todos decididos a procrear y a abandonar sus zonas de reproducción en masa hacia Europa y Norteamérica. De ahí, Vietnam. Un esfuerzo total allí nos dará el control del sur de Asia durante décadas. Y con una planificación adecuada, podemos reducir la población a 550 millones para finales de siglo. Lo sé. He visto los datos.

James Farrington (Burt Lancaster): Parecemos dioses leyendo el Libro del Juicio Final, ¿verdad?

Foster: Bueno, alguien tiene que hacerlo. No solo las naciones afectadas estarán mejor, sino que las técnicas desarrolladas allí pueden utilizarse para reducir nuestro propio exceso de población. Negros, puertorriqueños, mexicano-estadounidenses, blancos propensos a la pobreza, etc.

Contexto político e histórico

Cuando *Acción ejecutiva* llega a los cines en noviembre de 1973, Estados Unidos está sumido en una tormenta moral e institucional sin precedentes. Han pasado diez años del asesinato de John F. Kennedy en Dallas, y aunque la Comisión Warren cerró su investigación atribuyendo el crimen a un "lobo solitario" llamado Lee Harvey Oswald, la opinión pública ya no compra esa versión oficial. El país, herido y descreído, está empezando a mirar hacia atrás con otros ojos. La inocencia nacional se ha perdido. Y en ese vacío de certezas, surge una nueva narrativa, la del complot.

1973 es un año clave. Richard Nixon se encuentra en el centro del huracán por el caso Watergate. Las revelaciones sobre las escuchas ilegales, la manipulación del FBI, el uso del poder presidencial para hostigar enemigos políticos, todo eso ha empezado a corroer la imagen del gobierno como garante de la verdad y la ley. En ese contexto, la idea de que Kennedy pudo haber sido asesinado por sus propios compatriotas, desde dentro del sistema, ya no suena a locura. Suena a posibilidad. Y en esa fisura se instala la película.

Acción ejecutiva se adelanta varios años al cine político más popular que vendría después. Es anterior a *Todos los hombres del presidente*, a *Los tres días del cóndor* y a *La conversación*. Se estrena incluso antes de que estalle del todo el escándalo Watergate. Y, pese a su modesta producción, es la primera película comercial que plantea abiertamente en la pantalla una teoría alternativa del asesinato de JFK, basada en datos reales, en informes paralelos, en pistas que la versión oficial prefirió descartar.

Ese gesto fue revolucionario. Porque hasta entonces, la conspiranoia sobre Kennedy vivía en los márgenes: en libros mal editados, en círculos alternativos, en susurros de sobremesa. Pero *Acción ejecutiva* lo pone todo en primer plano, con nombres, mapas, planos, cálculos balísticos y un grupo de hombres poderosos que planean, con frialdad quirúrgica, la ejecución de un presidente incómodo. La película no insinúa, afirma. Y esa osadía, en 1973, era casi suicida.

El país aún no estaba preparado para aceptar lo que la película sugería: que el asesinato de Kennedy no fue un error, ni una locura aislada, sino una operación diseñada para mantener el *statu quo*, para frenar el desarme nuclear, para garantizar la continuidad del poder militar-industrial, para borrar a un líder que (según los conspiradores) iba demasiado rápido hacia una transformación que no podían permitir.

En ese sentido, *Acción ejecutiva* es también el grito de alarma de una cultura que empieza a desconfiar de su historia oficial. Una cultura que empieza a preguntarse quién escribe las versiones, quién borra los nombres, quién mueve los hilos. Y esa pregunta —planteada sin adornos, con crudeza, con dolor— marca el nacimiento simbólico del cine conspiranoico como lo entendemos hoy.

Además, el año de su estreno coincide con otro proceso clave como fue la filtración de documentos clasificados, el aumento de la crítica a la CIA y al Pentágono, y un creciente interés del público en entender lo que había detrás del telón. *Acción ejecutiva* llega, pues, como una bomba colocada en mitad del salón, sin florituras, sin estética de gran estudio, sin redención.

La recepción fue desigual, pero lo importante en este primer contexto, es comprender que la película, además de camino, abrió heridas que aún no han cerrado. En 1973, mirar de frente al asesinato de Kennedy como una trama interna de poder era todavía una provocación demasiado grande para muchos. Pero también era inevitable. Porque, a veces, lo que parece una locura es simplemente la verdad sin maquillar.

Inspiración real / Base documental

Lo primero que hay que entender de *Acción ejecutiva* es que no es una fantasía paranoica. No es un juego de "¿y si...?". Es un relato de ficción construido sobre un armazón documental sólido, incómodo y deliberadamente marginado por la narrativa oficial. Su fuerza no reside en la espectacularidad, sino en el atrevimiento: reordena las piezas del caso Kennedy tal como lo hicieron, en paralelo a la Comisión Warren, centenares de periodistas, investigadores independientes y ciudadanos escépticos que durante años se resistieron a aceptar que un solo tirador confundido acabó con la vida del presidente más prometedor de su tiempo.

El guion de la película es obra de Dalton Trumbo, uno de los nombres legendarios del Hollywood más combativo. Guionista perseguido por el Comité de Actividades Antiamericanas y exiliado de la industria durante años, Trumbo vuelve aquí con la pluma afilada: usa el lenguaje del *thriller* político no para entretener, sino para acusar. Y lo hace sin adornos ni giros de guion, ni redención, ni sentimentalismo. Trumbo escribe con la rabia de quien ha visto de cerca cómo el poder manipula la historia. Y su guion es, en realidad, una reconstrucción de hechos, una suma de datos puestos en boca de personajes ficticios, pero con base documental real.

La trama que desarrolla la película se alimenta directamente de investigaciones paralelas al informe Warren, como las del abogado Mark Lane (*Rush to Judgment*), el fiscal Jim Garrison (inspirador años después de *JFK. Caso abierto*, de Oliver Stone) o los trabajos pioneros del periodista Edward Epstein, que ya desde mediados de los años 60 empezaban a desmontar la idea del "loco solitario". Estos investigadores cuestionaban no solo la actuación de Oswald, sino toda la cadena institucional que siguió al asesinato: la rapidez con la que fue capturado, la ausencia de juicio, su ejecución televisada por Jack Ruby y las inconsistencias en la versión oficial.

Trumbo se nutre de esos materiales. Y lo hace sin ocultarlo. La película presenta a un grupo de conspiradores —empresarios, exagentes de inteligencia, militares retirados— que analizan datos, estudian trayectorias de bala, manipulan agendas, reclutan mercenarios, planean cómo deshacerse de Oswald... Y lo hacen con una frialdad burocrática que recuerda más a una junta de accionistas que a un *thriller* de espías. Esa es la clave. *Acción ejecutiva* no retrata a villanos ruidosos, sino a hombres de traje gris que, entre sorbo y sorbo de whisky, deciden alterar el curso de la historia.

El asesinato no se muestra como un arrebato, sino como una decisión racional dentro de una lógica de poder. Kennedy es visto por ellos como una amenaza: quiere desmantelar la CIA, retirarse de Vietnam, frenar la carrera armamentística, revisar el poder de las petroleras, establecer vínculos con Cuba y la URSS... Demasiado peligroso, demasiado libre. El guion plantea que no podían permitirlo. Y que, si hacía falta, debían sustituirlo por un presidente "gestionable". Un Lyndon B. Johnson obediente y agradecido; sureño orgulloso, para más señas.

La película incluye también elementos técnicos auténticos, como los mapas de tiro desde el edificio del Depósito de Libros Escolares de Dallas, el análisis de los impactos de bala, la posición de Kennedy en la limusina, los tiempos transcurridos entre los disparos... Todo se basa en documentos reales, algunos desclasificados, otros obtenidos por periodistas o exagentes críticos. Incluso la reconstrucción del dramático trayecto final por la Plaza Dealey responde milimétricamente a la secuencia real de los acontecimientos. Nada es casual. Todo responde a una voluntad de desmontar la narrativa oficial desde el dato.

Una de las escenas más inquietantes muestra una especie de *casting* de posibles culpables, donde los conspiradores seleccionan al cabeza de turco ideal: Oswald, un exmarine, desertor a la URSS con regreso sin consecuencias, vida desordenada... Es perfecto. Trumbo no lo presenta como un monstruo, sino como una ficha en el tablero de una partida mucho más grande. Esa escena es fundamental, porque pone en cuestión la figura del "tirador solitario" como construcción narrativa funcional para cerrar el caso. El problema no era quién disparó, sino quién decidió que esa muerte era necesaria. Y, sobre todo, ¿por qué?

De este modo, *Acción ejecutiva* no se limita a inventar una conspiración alternativa. Lo que hace es ensamblar las dudas, vacíos y anomalías que la versión oficial nunca logró despejar. La ficción sirve aquí como vehículo de la sospecha razonada. Y, en ese gesto, se convierte en el germen de todo un cine posterior que entenderá que el enemigo del ciudadano no es solo la mentira..., sino la verdad amputada.

La valentía de Trumbo, de Miller como director y de los productores, fue colosal. Porque sabían lo que hacían: estaban señalando de manera directa, casi con nombres y apellidos, al complejo militar-industrial, a la CIA y a la ultraderecha empresarial como posibles responsables de un magnicidio encubierto. Lo hacían sin pruebas judiciales, pero sí morales, y precisamente cuando aún no estaba de moda hacerlo.

Diez años después de la muerte de Kennedy, *Acción ejecutiva* no quería resolver el misterio. Quería algo más urgente: recordar que el misterio perduraba, que la herida seguía abierta, que las versiones oficiales también son construcciones ideológicas... y que hay verdades que solo pueden decirse a través de la ficción.

Argumento y estructura narrativa

La estructura narrativa de *Acción ejecutiva* es, desde el inicio, tan audaz como incómoda. En lugar de seguir el recorrido de un investigador, un periodista o un testigo que desvela un plan oculto —como harán más adelante *Todos los hombres del presidente* o *Los tres días del cóndor*—, la película se sitúa desde el principio del lado de los conspiradores. Y no para justificarlos, sino para mostrar, con un escalofrío gélido, cómo el mal puede organizarse con total normalidad.

La película arranca sin preámbulos. Un grupo de hombres poderosos —exagentes, magnates del petróleo, representantes del *establishment* más reaccionario— se reúne para valorar una opción: ¿debe eliminarse al presidente Kennedy? ¿Hay razones suficientes para llevar a cabo esa "acción ejecutiva"? La conversación no se presenta como una escena teatral ni como un momento de tensión. Se plantea como una reunión de trabajo, como la decisión de una suerte de "junta patriótica". Eso es lo más perturbador.

Lo que sigue es la planificación, paso a paso, de un magnicidio: evaluación de la motivación política, análisis del objetivo, diseño logístico, manipulación mediática posterior, elección del cabeza de turco, cobertura desde las agencias... Todo contado sin énfasis, sin dramatismo, sin música que subraye. La tensión surge precisamente de esa ausencia: el guion nos obliga a convivir con hombres que planean un asesinato como si discutieran presupuestos.

Aquí no hay un protagonista único. El relato se construye de forma coral, casi coral industrial. Cada uno de los personajes aporta una pieza: uno maneja la logística, otro las relaciones públicas, otro los contactos políticos, otro diseña la narrativa oficial que se ofrecerá a la prensa. Esta fragmentación refuerza la idea central de la película: la conspiración no es un acto impulsivo ni individual, es un dispositivo estructural, compartido, profesionalizado. El hecho, además, de que todos ellos estén interpretados por pesos pesados del Hollywood clásico como Burt Lancaster, Robert Ryan, Will Geer o John Anderson, hace que su aportación al carácter reivindicativo de la cinta sea aún más relevante.

En paralelo, la película introduce *flashbacks* y elementos visuales documentales: fragmentos reales de noticias, imágenes de Oswald, planos de Dallas, fotografías de Kennedy. Todo ello refuerza la tensión narrativa sin necesidad de inventar nada. La acumulación de material real dentro de la ficción produce un efecto de extrañamiento poderoso.

El espectador no sabe ya qué está viendo, si un *thriller* o un documental. Y en esa confusión calculada se instala una idea inquietante: esto que se cuenta como ficción, tal vez ocurrió así.

Otro recurso narrativo notable es el uso del diálogo como único motor de la acción. Casi toda la película transcurre en interiores (despachos, salones de casas señoriales, salas de reuniones). No hay exteriores con persecuciones (aunque sí un memorable ensayo en medio del desierto de la célebre teoría del "fuego cruzado triangular"), ni acción en el sentido convencional. Asistimos a conversaciones que parecen inofensivas, pero que en realidad son la puesta en marcha de una operación letal. Cada palabra es un engranaje y cada pausa, un eco. La muerte se firma con frases educadas.

La tensión no se construye a partir de un peligro inminente, sino a través de la certeza de que todo lo que están planeando va a salir bien. Y esa seguridad narrativa, esa anticipación sin obstáculos, convierte al film en una experiencia profundamente inquietante. No hay suspense sobre el resultado: sabemos desde el inicio que Kennedy va a morir. Lo que nos atrapa es ver cómo se ejecuta el crimen en frío, cómo se fabrica una historia para el consumo público, cómo se gestiona la mentira institucional.

La película evita el clímax clásico. El asesinato en la Plaza Dealey no se muestra con espectacularidad. Se insinúa, se reconstruye, se recuerda, pero no se dramatiza. Porque lo importante no es ver cómo cae Kennedy, sino entender todo lo que hubo que mover para que eso sucediera. No es un crimen por pasión sino una eliminación quirúrgica de un obstáculo político. Una decisión "ejecutiva".

El final tampoco ofrece resolución. No hay culpables detenidos, ni justicia poética, ni mensaje esperanzador. Al contrario, la película termina con la sensación de que todo ha salido según lo previsto, que la historia ya ha sido escrita, que los mecanismos del poder se han ajustado para que nada cambie y que quienes lo sabían... han decidido callar.

Acción ejecutiva construye así su estructura narrativa sobre la renuncia al espectáculo. Y en esa renuncia hay una lección: a veces, lo más terrorífico no es lo que ocurre con ruido, sino lo que se decide en silencio. Porque cuando la historia se escribe en una sala de juntas, el disparo ya no suena como violencia. Suena como protocolo.

Protagonistas frente al poder

A diferencia de la mayoría de los relatos analizados en este libro, donde el foco narrativo suele estar puesto en quienes intentan resistir al poder (ya sea un periodista, un funcionario honesto, un testigo o un ciudadano común), *Acción ejecutiva* da un giro radical: el punto de vista pertenece enteramente a los conspiradores. La película no se cuenta desde el lado de la víctima, sino del victimario. Y ese cambio de foco tiene un efecto devastador: el país entero queda transformado en un cuerpo pasivo, intervenido, manipulado sin resistencia visible.

No hay protagonista "positivo" al que el espectador pueda aferrarse. No hay redención. No hay contraofensiva. Kennedy es una sombra, una fotografía colgada en la pared, un nombre citado con desprecio por los conspiradores. Oswald, apenas una ficha de ajedrez. El pueblo estadounidense, un espectador ausente. Todo el relato se centra en quienes toman la decisión, la organizan y la ejecutan. Y ese vacío de oposición —esa ausencia de una figura que actúe en nombre del bien común— convierte la película en un relato profundamente nihilista.

Los protagonistas, entonces, son gestores del miedo, no héroes. Hombres de negocios, militares retirados y analistas de inteligencia que hablan con tono monocorde, con educación, con distancia. Jamás levantan la voz. No celebran el crimen ni lo lamentan. Lo justifican como una necesidad histórica. Y lo hacen desde una posición de absoluta impunidad, pues están convencidos de que el poder les pertenece. Y en ese firme convencimiento, su crimen se vuelve lógico, funcional y coherente.

Ese es uno de los grandes logros de la película: mostrar a unos protagonistas que creen estar salvando al país. No piensan que estén haciendo algo malo. No se ven a sí mismos como villanos, sino como hombres lúcidos que hacen lo que otros no se han atrevido. Lo inquietante no es su cinismo, sino su convicción. No lo es su falta de moral, sino su moral alternativa, la que justifica el crimen en nombre de la estabilidad, de los intereses nacionales, de la continuidad del orden.

Por eso, *Acción ejecutiva* no necesita mostrar un sistema autoritario. Nos basta con ver cómo estos hombres —sin necesidad de violencia explícita, sin conspirar en la sombra, sin usar antifaces— actúan con total tranquilidad, seguros de que nadie los detendrá... Porque no hay prensa investigadora, no hay fiscal valiente ni población movilizada. La única voz que se alza es la de los propios conspiradores. Y cuando eso ocurre, la narración se vuelve claustrofóbica.

El contraste con otras películas como *Todos los hombres del presidente* o *La conversación* es total. En ellos tenemos protagonistas que luchan por sacar la verdad a la luz, aunque sea desde la precariedad o el miedo. Aquí, la verdad ya está secuestrada antes de empezar. No hay tensión entre el individuo y el Estado. Hay simulación de democracia, tapizada por decisiones que no pasan por el voto ni por la ley. El poder aquí no se disputa, se administra entre iguales.

La figura de Kennedy, ausente en pantalla, se convierte así en un símbolo vacío, una silueta que los conspiradores proyectan como amenaza. Lo deshumanizan para justificar su eliminación. No es ya el presidente de la nación, ni el hombre, ni el símbolo del "nuevo milenio americano". Es un estorbo, un "problema de agenda", una variable que debe ser eliminada para que el sistema siga funcionando. Es, en suma, una amenaza a la continuidad de un orden que se autoprotege.

Por su parte, Oswald es la perfecta antifigura trágica. No sabemos si está al tanto, si cree en algo o si participa conscientemente. Su papel en la historia está decidido por otros. Todo lo relacionado con su vida, su ideología, sus contradicciones o sus vínculos con la CIA y la URSS ha sido procesado, digerido y asignado a un guion que no escribió. Es el instrumento ideal. Y su destino está sellado antes de que él pueda comprenderlo.

En este sentido, los verdaderos protagonistas del relato no son personas. Son el protocolo, la frialdad, la institucionalización del crimen. El poder, aquí, más que rostro, tiene manual de estilo. Y en ese paisaje, la humanidad desaparece. Lo que queda es un país tratado como expediente. Como una estructura que se corrige a sí misma mediante operaciones internas, quirúrgicas, definitivas.

Por eso *Acción ejecutiva* incomoda tanto, porque no ofrece esperanza, ni revuelta, ni justicia futura. Solo muestra cómo, en ciertos momentos históricos, el Estado puede actuar contra sí mismo... y salir fortalecido del crimen. Y si no hay nadie en el relato que lo impida, ¿quién queda fuera de la pantalla para hacerlo?

El enemigo invisible (o no tanto)

En *Acción ejecutiva*, el poder no es un ente difuso ni una sombra omnipresente que amenaza desde lo alto. Es un grupo de hombres reunidos en una habitación privada, tomando decisiones sobre el futuro del país como quien traza un plan estratégico de negocio. No hay bruma ni ambigüedad. Desde los primeros minutos, sabemos que ellos son el enemigo. Y lo que inquieta no es su existencia, sino la naturalidad con la que ejercen su influencia.

El enemigo aquí no lleva uniforme, ni gafas negras, ni emblemas secretos. Lleva traje de lana, tiene el pelo engominado y la certeza de que sus decisiones no serán cuestionadas. No operan al margen del sistema, son el sistema. Vienen de la CIA, del ejército, de las grandes empresas petroleras, del complejo industrial que Kennedy intentó reformar. No son figuras marginales, sino el centro de gravedad del poder real.

Lo que los une no es una ideología, sino un diagnóstico compartido: el presidente se ha convertido en un peligro para la continuidad de sus intereses. Está empezando a hablar de paz en Vietnam, de desarme nuclear, de frenar el poder corporativo. Y eso, para ellos, más que una deriva política, es una amenaza existencial. No quieren eliminar a Kennedy por odio personal, sino por cálculo, porque no pueden permitir que siga; porque tienen la constancia de que nadie lo impedirá si no son ellos, y se arrogan esa especie de deber patriótico.

Ahí está el verdadero rostro del enemigo, en la impunidad sistémica. No necesitan actuar con rapidez. No necesitan correr riesgos. Se permiten el lujo de debatir, de dudar, de ensayar escenarios. La conspiración, lejos de ser clandestina, parece una junta ejecutiva más. Hay transparencia entre ellos, acuerdos razonados, planes de contingencia y, sobre todo, una convicción inquietante: que lo que están haciendo no es solo necesario, sino patriótico.

Lo fascinante y perturbador es que *Acción ejecutiva* no convierte a estos hombres en monstruos. No hay un villano central. No hay gritos, ni delirios ideológicos. Hay frialdad, cortesía, lógica. El mal aquí no nace del odio, sino de la defensa del privilegio. Son hombres que han aprendido que el poder no se pide, se ejerce. Y que cuando algo amenaza su posición, se elimina como quien cancela un proyecto fallido.

El enemigo, entonces, no es sólo ese grupo de hombres. Es también la estructura que los protege, que los legitima, que les permite actuar sin dejar rastro. No necesitan deshacerse de pruebas. Las pruebas nunca llegarán a ser investigadas. No necesitan callar a los testigos, porque saben que estos no serán escuchados. La fuerza del enemigo radica en que su lógica no puede ser desenmascarada desde dentro del sistema, porque ellos diseñaron ese sistema.

La película tampoco cae en la tentación de darle al enemigo un rostro visible que concentre toda la maldad. Como ya apuntamos, aquí no hay un "malo principal". Porque el verdadero villano es la red de lealtades, de conveniencias, de intereses entrelazados que hace posible la conspiración. Cada uno tiene una función. Ninguno actúa solo. Y ese carácter coral es lo que hace tan verosímil y tan atroz el relato.

Además, la película insinúa que la idea de eliminar a un presidente no es una aberración aislada, sino una opción plausible que forma parte del arsenal del poder. "Esto se ha hecho antes", dice uno de los conspiradores al más puro estilo de los senadores shakespearianos. "Pero nunca tan alto", le recuerdan. Y esa frase (sencilla, seca, casi banal) revela todo: el crimen de Estado no es un tabú, sino una herramienta excepcional que se usa con moderación. Pero que se usa, al fin y al cabo.

De ahí que el enemigo de *Acción ejecutiva* no se esconde, no necesita hacerlo. El verdadero poder no actúa en la sombra. Actúa en la penumbra del privilegio. Y esa penumbra —de despachos, de pasillos de mármol, de informes confidenciales— es más eficaz que cualquier arma. Porque si nadie puede señalarlo, ni juzgarlo, ni enfrentarlo... entonces ya no es solo un enemigo. Es la forma habitual en que funciona ese sistema, ese mundo.

Lenguaje visual, puesta en escena y música

A diferencia de muchas películas del cine conspiranoico de los años 70, *Acción ejecutiva* no apuesta por una dirección estilizada, ni por planos virtuosos, ni por recursos de montaje nervioso. Al contrario, su forma es tan sobria, tan contenida, que por momentos roza el estatismo teatral. Pero lejos de restarle fuerza, esa decisión estética potencia la experiencia. Porque lo que está en juego no es el entretenimiento, sino la credibilidad. Y en ese sentido, David Miller dirige la película como si fuera una declaración jurada: sin énfasis, sin efectos, sin adornos.

Gran parte de la cinta transcurre en interiores cerrados, con predominio de planos medios y generales que enmarcan a los personajes sentados en sillones, alrededor de mesas, examinando mapas, leyendo expedientes. No hay cámara en mano, ni movimientos nerviosos. La imagen permanece, por lo general, serena, frontal, observadora. Esa quietud transmite una calma tensa, casi irreal, que genera un efecto devastador: lo que estamos viendo no es una conspiración impulsiva, sino un procedimiento cuidadosamente estructurado.

La iluminación también sigue esa lógica: luz natural o simulada como tal, sin claroscuros marcados, sin juegos de sombras expresionistas. No hay dramatismo visual. Hay frialdad. Hay claridad de oficina. Esa elección subraya que el horror no necesita venir envuelto en oscuridad para ser real. Puede planearse a plena luz del día, en estancias bien ventiladas, entre hombres que se tutean y se sirven una copa.

La puesta en escena refuerza la sensación de estar presenciando una reunión de élite, no un *thriller*. Los decorados son funcionales: salones, despachos ejecutivos, casas de campo. No hay escenarios espectaculares. No hay monumentos ni espacios simbólicos. Solo el lugar desde donde se gobierna sin ser elegido. Ese uso de lo cotidiano refuerza la idea central de que el poder opera mejor cuando no parece excepcional.

Uno de los elementos más efectivos es la inclusión de material documental real: fotografías de Kennedy, imágenes del asesinato, planos de Dallas, y, sobre todo, montajes de imágenes que muestran la violencia estructural en la historia reciente de Estados Unidos. Hay un momento en que los conspiradores repasan en silencio una proyección de datos y cifras sobre la evolución demográfica y racial del país. La secuencia tiene una carga simbólica tremenda, porque no está editada con música o dramatismo. Es fría, gráfica, racista, estructural... Los datos se convierten en justificación ideológica para el magnicidio. Y eso se presenta sin filtros.

Otro recurso interesante es el silencio. La película tiene largos tramos donde apenas hay música, y cuando aparece, es discreta, atmosférica, casi imperceptible. No hay subrayados emocionales. No hay *crescendos*. No hay épica. La partitura (a cargo de Randy Edelman) se limita a sugerir una incomodidad latente, un fondo de amenaza difusa. Y en esa renuncia a la espectacularidad sonora, la película gana autenticidad.

El montaje también es deliberadamente antiespectacular. No busca el ritmo acelerado. No corta los planos para generar tensión. Al contrario, permite que el tiempo pase como pasa en la vida real. Una conversación dura lo que tiene que durar. Un gesto, una pausa, una duda... Todo tiene su espacio. Y esa duración inusual en un *thriller* crea un efecto colateral muy potente: el espectador no puede escapar. Tiene que permanecer en la sala, junto a los conspiradores, asistiendo a la gestación del crimen con la incomodidad de quien presencia algo que no debería estar viendo.

En términos visuales, *Acción ejecutiva* está mucho más cerca del cine de denuncia que del *thriller*. Se emparenta con los dramas judiciales, con las películas de bajo presupuesto que no buscan ganar premios ni aplausos, sino documentar una sospecha histórica. Su estilo recuerda más a un reportaje televisivo de investigación que a una superproducción hollywoodense. Pero ese es su mérito: no quiere emocionar. Quiere revelar. Y lo consigue precisamente porque renuncia al artificio. Porque no quiere seducir al espectador con adrenalina, sino confrontarlo con el hecho brutal de que el poder puede matar y seguir sonriendo. Que el crimen de Estado puede planearse en una habitación con moqueta, mientras suena el hielo en el vaso. Y que la cámara, cuando decide no moverse, no embellecer, no proteger... puede convertirse en un testigo incómodo. O peor, en un espejo.

Recepción y legado

Cuando *Acción ejecutiva* se estrenó en noviembre de 1973, el país ya llevaba una década viviendo con la herida abierta del asesinato de Kennedy. Y, sin embargo, lo que esta película proponía —una recreación verosímil, serena y directa de una conspiración interna para matar al presidente— resultó demasiado incómodo incluso para un público cada vez más desconfiado del relato oficial. No hubo protestas masivas ni campañas de censura. Fue algo peor, hubo indiferencia. O, al menos, eso parecía.

La película se estrenó con muy poca promoción, en un número limitado de salas y con un presupuesto de *marketing* casi inexistente. Ni siquiera el hecho de que el guion estuviera firmado por Dalton Trumbo y que los protagonistas fueran los veteranos Burt Lancaster, Robert Ryan y Will Geer logró atraer a la prensa generalista o generar un debate público. El tratamiento mediático fue mínimo, cuando no deliberadamente esquivo. Los críticos más influyentes apenas la reseñaron. Muchos medios importantes simplemente la ignoraron.

Pero ese silencio no fue natural. Durante años se especuló con que la película había sido saboteada de forma indirecta: distribución limitada, presión sobre los exhibidores, falta de apoyo institucional. No estamos hablando de una censura explícita, sino de una especie de cuarentena cultural aplicada a un producto potencialmente explosivo, sobre todo en plena crisis de credibilidad del gobierno tras el estallido del caso Watergate.

Paradójicamente, *Acción ejecutiva* se estrenó el mismo mes en que el vicepresidente Spiro Agnew dimitía por corrupción y empezaban a salir a la luz las grabaciones de Nixon en las que quedaba clara su implicación en el encubrimiento del caso Watergate. El país estaba preparado para oír hablar de complots, pero no de este: el magnicidio de JFK seguía siendo un tabú. Una línea que pocos se atrevían a cruzar y que esta película rompió sin rodeos. Su legado, por tanto, fue subterráneo durante décadas. No tuvo un reestreno importante. No se convirtió en objeto de culto inmediato. Quedó como una rareza incómoda, una cinta oscura que algunos veían en sesiones privadas, en proyecciones de universidades o en televisión nocturna. Pero quienes la vieron —y, especialmente, aquellos que entendieron lo que significaba— no la olvidaron.

Y el tiempo la fue rehabilitando. Hoy, *Acción ejecutiva* es considerada por muchos historiadores del cine como la pionera absoluta del *thriller* conspiranoico moderno. Antes de *Los tres días del cóndor*, antes de *Todos los hombres del presidente*, antes de *La conversación*, esta película ya había dicho en voz alta lo que los demás aún no se atrevían a sugerir: que el Estado podía asesinar a uno de los suyos si se consideraba necesario; que el poder no era garantía de verdad, sino muchas veces su principal enemigo.

Acción ejecutiva se anticipó, además, en tono, estilo y contenido a todo un ciclo posterior de películas críticas con el sistema:,desde la citada *JFK. Caso abierto*, en la que Oliver Stone retomará muchos de sus planteamientos y recursos visuales, hasta series actuales como *House of Cards* o *The Looming Tower*, que exploran el cinismo estructural de las élites con la misma frialdad que este film de 1973.

Su huella es visible, incluso en el terreno documental. El estilo sobrio, el uso de material de archivo, la renuncia al sentimentalismo... han sido adoptados por numerosos trabajos que tratan temas de inteligencia, crimen político o encubrimientos históricos. La película normalizó una estética de la sospecha que actualmente resulta inseparable del género.

Hoy, medio siglo después, *Acción ejecutiva* sigue siendo poco vista, poco emitida, poco celebrada. Y eso dice mucho. Dice que la herida del asesinato de Kennedy aún no ha cicatrizado del todo. Que la posibilidad de una conspiración interna sigue resultando insoportable para muchos sectores. Y que una película que planteó esa posibilidad con serenidad, con frialdad y con datos... sigue generando el mismo vértigo. Por eso su legado no está en los premios ni en la taquilla. Está en su valentía, en su resistencia, en su condición de testimonio adelantado. Porque *Acción ejecutiva* hizo lo que el buen cine político debe hacer: señalar lo que aún no se puede decir del todo esperando a que la historia se ponga al día. Y cuando lo hizo, ya no se podía ignorar.

Claves simbólicas y subtexto

Acción ejecutiva no necesita metáforas grandilocuentes ni alegorías sofisticadas. Su propia existencia, su propio planteamiento, ya es un gesto simbólico de una potencia brutal. Porque atreverse a narrar en 1973 que el presidente de los Estados Unidos fue asesinado por decisión de una élite nacional, no como resultado de un error ni de un arrebato, sino como parte de una estrategia fría y estructurada, es convertir el relato histórico en un campo de batalla ideológico. El subtexto es claro: si eso fue posible, entonces ninguna institución está a salvo de sí misma.

El magnicidio de Kennedy funciona en la película como un acto de cirugía política. No se trata de venganza, ni siquiera de odio personal. Se trata de restablecer un equilibrio roto. El presidente ha dejado de ser funcional para quienes sostienen los resortes del poder real. Por tanto, debe desaparecer. No se le derrota en las urnas. Se le elimina físicamente. Y ese gesto convierte a la democracia en una ficción operativa: el poder que cuenta no es el que se vota, sino el que permanece invisible. Este planteamiento —sugerido, nunca declarado— transforma *Acción ejecutiva* en una obra profundamente trágica. Porque no ofrece solución, ni plantea esperanza. Solo propone una pregunta que sigue resonando: ¿qué ocurre cuando las estructuras que deberían proteger a los ciudadanos actúan en su contra? ¿Y cómo se sigue adelante después de eso?

Uno de los símbolos más potentes es el propio tono de la película. Su frialdad, falta de emoción y sobriedad extrema no son signos de neutralidad, sino el reflejo de un mundo en el que la moral ha sido sustituida por la eficiencia. Donde el asesinato ya no es un acto pasional, sino una operación lógica. Esa deshumanización —que recuerda por momentos a la banalidad del mal de Hannah Arendt—, más que escandalizar, busca mostrar cómo funciona y opera el poder cuando no necesita justificarse ante nadie.

El subtexto racial es otro elemento clave. En varias escenas, los conspiradores justifican su decisión hablando del crecimiento demográfico de las minorías, del "peligro" que representa el cambio social, del riesgo que supone que la igualdad real desestabilice el país. Esa visión no es un delirio, es una ideología estructural de supremacía, de control, de miedo al futuro. El crimen de Estado se presenta como un acto de profilaxis: eliminar al presidente para evitar que el país cambie demasiado. Es el poder operando como una aristocracia que teme perder su hegemonía.

También hay una dimensión simbólica en la figura de Kennedy, pese a su ausencia física. Su presencia como icono, como foto colgada, como "problema que debe ser resuelto", convierte al personaje real en un símbolo narrativo de la transformación frustrada. En él se condensan la paz, el entendimiento con el bloque comunista, la reforma fiscal, la igualdad racial, la limitación del complejo militar-industrial. Todo eso, para los conspiradores, es una desviación del rumbo nacional. Y por eso lo eliminan. No a él, sino a lo que representa.

En ese sentido, *Acción ejecutiva* habla menos del pasado que del presente (y del futuro). Habla de cómo se gestiona el miedo al cambio, desde las alturas. De cómo se interpreta la democracia como una herramienta útil... siempre que no ponga en peligro los intereses esenciales. Y de cómo, cuando eso ocurre, el poder encuentra mecanismos para corregir el rumbo sin romper las formas.

La película no ofrece mensajes tranquilizadores, ni busca el consuelo de la denuncia. Su subtexto más crudo es que el crimen puede formar parte de la normalidad política, que los estados modernos —incluso los democráticos— tienen mecanismos para neutralizar a sus propios líderes si se consideran peligrosos y que, muchas veces, el precio de la estabilidad es la verdad silenciada.

La "acción ejecutiva" del título no es solo un eufemismo, es una declaración de principios. No matar al presidente, sino ejecutar una decisión necesaria. El uso del lenguaje técnico para nombrar lo innombrable es, quizá, el símbolo más escalofriante de la película: el poder se protege incluso en su manera de hablar de sí mismo. Y cuando eso ocurre, el ciudadano desaparece del relato.

Por todo ello, el verdadero subtexto de *Acción ejecutiva* no es la teoría del asesinato, sino la certeza de que el sistema puede absorber incluso sus crímenes más graves sin perder su legitimidad aparente. Y que la democracia, si no se defiende cada día, puede convertirse —sin que nadie lo advierta— en una simulación perfectamente funcional.

Serpico (1973), de Sidney Lumet

La realidad es que no lavamos nuestra propia ropa,
sólo dejamos que se ensucie más.

Frank Serpico (Al Pacino)

Contexto político e histórico

Serpico se estrena en 1973, el año en que Richard Nixon pronuncia la frase "I'm not a crook" ("No soy un delincuente") y el caso Watergate empieza a colapsar su presidencia. El país está exhausto: aún no ha terminado la guerra de Vietnam, las protestas sociales continúan, la inflación golpea con fuerza y la confianza en las instituciones está bajo mínimos. Pero si algo simboliza ese desgaste de manera inmediata y cotidiana, es la figura del policía corrupto. Porque mientras los escándalos políticos se discuten en el Congreso, la corrupción policial se sufre en la calle.

En Nueva York, donde se ambienta *Serpico*, la corrupción policial, más que un secreto a voces, era una práctica estructural... Desde sobornos a pequeños comerciantes, pasando por la protección de negocios ilegales, hasta el reparto de dinero entre mandos. Era una red densa, compacta, aceptada incluso como "parte del trabajo". En ese contexto, un policía honesto no solo era un caso raro, era un problema. Y esa es precisamente la historia que cuenta la película.

Basada en hechos reales —la historia de Frank Serpico, policía de origen italoamericano que denunció la corrupción del Departamento de Policía de Nueva York (NYPD, en inglés) y fue marginado y casi asesinado por sus propios compañeros—, la película de Sidney Lumet sintoniza con el nervio moral del cine conspiranoico de los 70: ¿qué pasa cuando el enemigo no está en Moscú ni en la Casa Blanca, sino en la comisaría del barrio?, ¿qué pasa cuando el uniforme inspira más miedo que confianza?

En ese sentido, *Serpico* va más allá del retrato biográfico. Funciona como una metáfora del colapso ético del Estado. Porque si la policía, que representa el último eslabón del poder, es cómplice del crimen, la democracia se convierte en un simulacro. Y la ciudadanía queda atrapada en una paradoja peligrosa: no puede confiar en quien le pide obediencia.

Lumet filma *Serpico* como una denuncia sin adornos, pero también como un retrato de resistencia moral solitaria. Porque el protagonista no es un rebelde, ni alguien marginal, es un hombre que quiere hacer bien su trabajo, cumplir la ley, proteger al débil. Pero en un entorno donde la lealtad interna pesa más que la ley, esa honestidad lo convierte en objetivo.

Serpico se convierte así en un film profundamente conspiranoico, aunque sin complots de alto nivel. Porque aquí la conspiración es horizontal, cotidiana, colectiva... Un pacto de silencio entre iguales, un acuerdo tácito para que nadie hable, nadie investigue, nadie se salga del carril. Y eso, en cierto modo, es aún más escalofriante que cualquier asesinato presidencial. Porque ocurre todos los días, en todas partes, y casi nunca deja huella.

En definitiva, *Serpico* se estrena en un momento en que el país empieza a mirar con desconfianza todo lo que hasta entonces se daba por sentado. Y en ese gesto, se convierte en una película clave de su tiempo, no solo por lo que denuncia, sino por lo que propone: que el cambio, si llega, será individual, doloroso... y con suerte, contagioso.

Inspiración real / Base documental

La película está basada en el libro *Serpico*, publicado en 1973 por el periodista Peter Maas, que entrevistó extensamente a Frank Serpico y tuvo acceso a documentación interna del NYPD. El libro es, de por sí, una denuncia documentada y detallada: no un panfleto ni una hagiografía, sino un retrato descarnado de cómo funciona un cuerpo policial cuando la corrupción se convierte en norma operativa.

Frank Serpico fue un joven policía que entró en el NYPD con ideales muy claros: servir al ciudadano, hacer cumplir la ley, proteger al indefenso. Pero muy pronto descubrió que el verdadero código que regía el departamento no era el deontológico, sino el de la *omertà* (la ley del silencio). Los sobornos a cambio de protección, las mordidas mensuales, el reparto de dinero entre unidades o la presión a ciertos negocios para obtener ingresos extra eran prácticas comunes. Y quienes no participaban de ellas eran marginados.

A lo largo de los años 60, Serpico fue trasladado de destino en destino, marginado, ridiculizado por sus compañeros. Pero lo que convirtió su caso en algo histórico fue su decisión de no callar. En lugar de asumir el silencio, decidió documentar, denunciar y llegar hasta el final. Lo hizo primero desde dentro del sistema, elevando informes a sus superiores. Pero cuando se topó con el muro institucional, recurrió a la prensa.

Fue *The New York Times* quien publicó, en abril de 1970, un artículo explosivo sobre la corrupción policial en Nueva York, basado en parte en el testimonio de Serpico. La presión social fue tan fuerte que el alcalde John Lindsay se vio obligado a crear una comisión especial de investigación: la famosa Comisión Knapp, que en sus audiencias públicas dejó claro que lo denunciado por Serpico no solo era cierto, sino que el problema era aún más profundo.

Lo que reveló la Comisión fue un sistema de doble moral: mientras se pedía a los ciudadanos que cumplieran la ley, los agentes la violaban sistemáticamente, protegidos por un sistema jerárquico donde el silencio era una cuestión de supervivencia. La figura del "policía bueno" no era admirada, sino perseguida. Y Serpico, con su negativa persistente a aceptar sobornos, fue visto como un traidor al cuerpo, no como un héroe.

El caso dio un giro dramático en 1971, cuando Serpico recibió un disparo en la cara durante una operación policial. Según declaró más tarde, sus compañeros no acudieron en su ayuda cuando fue herido, y hay quienes creen que fue abandonado deliberadamente. Sobrevivió, con secuelas físicas y emocionales, pero decidió abandonar definitivamente el cuerpo.

La historia, tal como la recoge la película, es rigurosamente fiel a los hechos esenciales. Lumet y el guionista Waldo Salt, con colaboración de Norman Wexler, decidieron no embellecerla. No hay ajustes para hacerla más heroica ni arcos emocionales forzados. Lo que vemos es la crudeza de un sistema que convierte a los honestos en parias.

El libro de Peter Maas (base del film) tuvo un enorme impacto. No solo ayudó a consolidar la figura pública de Serpico como símbolo de resistencia, sino que fue utilizado como referencia en seminarios, reformas policiales y debates sobre ética profesional. Es un documento histórico tanto como un *thriller* judicial. Y gracias a su éxito, Lumet pudo adaptar la historia sin concesiones.

En este sentido, *Serpico* pertenece a esa rara estirpe de películas donde la base documental no es un punto de partida, sino la razón de ser. Su fuerza narrativa está en contar algo que no puede ser reducido a metáfora. Es real. Ocurrió. Y sigue ocurriendo en otros cuerpos, en otras ciudades, bajo otras formas.

Por eso su tono es tan seco, tan directo. Porque lo que está en juego no es la espectacularidad de la historia, sino el hecho insoportable de que alguien como Serpico haya tenido que existir. Porque si denunciar la corrupción te convierte en traidor, el sistema ya ha elegido de qué lado está.

Argumento y estructura narrativa

La película arranca *in medias res*, con Serpico sangrando en la ambulancia tras recibir un disparo en la cara durante una operación. No sabemos cómo ha llegado hasta ahí, pero la imagen es poderosa: un hombre tumbado en el asiento trasero de un coche patrulla, herido, consciente de que quizá sus propios compañeros lo han dejado tirado. Y una conversación que lo avanza todo. En la central, al recibir el aviso, el oficial de guardia comenta: "¿Sabéis a quién han disparado? A

Serpico". "¿Crees que lo ha podido hacer un poli?", pregunta un compañero de uniforme. "Sé que seis dijeron que les encantaría", responde el primero. Desde ahí, Lumet retrocede en el tiempo para contar cómo se ha llegado a ese colapso.

La estructura narrativa no sigue la lógica clásica del ascenso y caída. En realidad, *Serpico* narra una caída sostenida, una descomposición paulatina de la fe en el sistema. Desde sus primeros días como agente, vemos a Frank Serpico como un hombre comprometido, íntegro, con una visión romántica del deber. Pero ese idealismo empieza a chocar muy pronto con la realidad del cuerpo policial: sobornos aceptados con naturalidad, protección a negocios ilegales, cultura de encubrimiento y castigo al que no participa.

La película alterna escenas de camaradería aparente (que siempre esconden tensión) con episodios donde el protagonista intenta denunciar internamente lo que ocurre. Pero cada intento lo aísla más. Sus superiores lo trasladan, lo silencian, lo aíslan. No hay un gran villano, ni una mano negra que lo persigue. Hay un sistema que lo digiere lentamente, lo rechaza como si fuera un cuerpo extraño. Y ahí es donde Lumet marca la diferencia: no hay conspiración puntual, hay cultura institucionalizada de silencio.

La tensión narrativa se construye sin artificios: no hay música dramática, ni montajes acelerados; solo una acumulación de hechos, gestos y miradas. Y, sobre todo, el deterioro emocional del protagonista. A medida que avanza la historia, Serpico se vuelve más paranoico, más irascible, más solitario. No porque pierda la razón, sino porque está rodeado de un entorno donde la cordura se ha vuelto insostenible.

Uno de los grandes logros del guion es evitar caer en el maniqueísmo. Serpico no es un santo. Se equivoca, se enfada, es intransigente, a veces arrogante. Pero nunca traiciona sus principios. Y eso lo convierte en un protagonista profundamente humano, que va perdiendo casi todo lo que tiene (amistades, pareja, salud mental), pero no su brújula ética.

La narrativa se apoya en una estructura cronológica que cubre casi una década de su vida. Y esa amplitud temporal permite mostrar cómo el sistema no se vence con una denuncia ni con un acto heroico. El combate es largo, desigual, agotador. El caso no se resuelve con un juicio ni con una confesión final. Se resuelve, si acaso, con una investigación que llega tarde, cuando el daño ya está hecho.

El desenlace no es un triunfo. Serpico es dado de baja, condecorado por obligación, y abandonado por todos. El disparo que casi le cuesta la vida es el cierre simbólico de una batalla sin aliados. La historia no acaba con justicia, sino con huida: Serpico abandona el país, incapaz de vivir rodeado de aquello que denunció. Y es en esa decisión donde la película revela toda su crudeza: decir la verdad, en un sistema enfermo, no te hace libre, te hace vulnerable. No hay aplausos. No hay reparación. Solo la certeza amarga de haber hecho lo correcto en un mundo donde eso no tiene recompensa. En este sentido, *Serpico* no narra una epopeya, sino una inmolación civil. Y en su construcción narrativa, seca, prolongada y sin espectaculares giros de guion, late una verdad incómoda: a veces, luchar por la ley implica quedar fuera de ella.

Protagonistas frente al poder

Frank Serpico no es un héroe en sentido clásico. No tiene carisma hollywoodense. No busca reconocimiento. No quiere cambiar el mundo. Solo quiere hacer bien su trabajo. Pero en un sistema donde la corrupción es la norma y el silencio, el único código de lealtad, su mera presencia —su negativa a aceptar dinero, su insistencia en denunciar— es vista como una provocación.

El poder contra el que lucha no se presenta como una fuerza abstracta, ni como una figura autoritaria identificable. Es algo más siniestro, un consenso tácito entre todos sus compañeros. No hay que firmar ningún papel. No hay que prestar juramento. Basta con saber cómo se hacen las cosas… y hacerlo. Quien no entra en el juego queda marcado. Y eso le ocurre a Serpico desde el primer día.

El protagonista representa una rareza dentro del sistema, algo que lo hace peligroso para sus colegas. No se puede negociar con él. No se le puede sobornar. No quiere ascensos ni favores. Y eso lo convierte en un espejo incómodo. Su sola existencia recuerda a los demás que están traicionando su juramento. Esa es la razón por la que lo odian y aíslan. Y por eso, cuando le disparan, nadie se sorprende de que sus compañeros no lo ayudaran.

Serpico es el hombre que actúa como si el sistema fuera lo que dice ser, no lo que realmente es. Y ese desfase entre el ideal y la realidad es lo que genera la tensión narrativa y moral. No hay escenas de enfrentamiento épico, pero sí miradas de desprecio, pequeñas humillaciones, puertas que no se abren, mandos que lo ignoran. El poder se ejerce por omisión, por desgaste. Hasta que el individuo se quiebre o se vaya.

Y, sin embargo, Serpico no se quiebra. Cambia. Se vuelve desconfiado, solitario, irascible. Su vida personal se resiente y su salud mental se tambalea, pero no cede. Y eso lo convierte en un protagonista trágico. Porque no lucha para ser aplaudido, ni siquiera para ganar. Lucha porque no puede vivir traicionando aquello en lo que cree. Y esa obstinación, en un mundo cínico, se vuelve heroica.

Sidney Lumet construye al personaje con una paciencia inusual. No lo presenta como una figura recta e imperturbable. Lo muestra frágil, contradictorio, vulnerable. Y eso lo hace más real. Porque el poder, aquí, no se enfrenta con discursos encendidos, sino con pequeños actos de resistencia que te desgastan por dentro.

Lo que hace especialmente poderoso el conflicto de Serpico es que él es parte del sistema. No lo observa desde fuera. No lo denuncia como periodista o ciudadano. Lleva placa, lleva arma, representa la ley. Y eso agrava su tragedia: porque sabe que, si él es excluido por ser honesto, entonces no queda ningún refugio dentro de las instituciones.

En muchas películas del género, el protagonista huye, investiga, filtra documentos. En *Serpico*, el conflicto ocurre en el día a día del trabajo, en la rutina policial, en el cuartel. Es ahí donde el sistema revela su podredumbre: no necesita violencia para expulsarte. Le basta con que no encaje. Porque la corrupción, cuando es compartida, no necesita defensa. Solo necesita silencio.

Y Serpico, al romper ese silencio, se convierte en un traidor. No para la ley, sino para la corporación. Y esa inversión perversa —donde el justo se convierte en el sospechoso— es el corazón mismo del cine conspiranoico. De ahí que, aunque no descubra un gran complot, ni derrote a los poderosos, Frank Serpico es uno de los protagonistas más valientes del género. Porque su historia nos recuerda que la mayor conspiración no siempre es secreta. A veces, es lo que todos ven... y todos deciden callar.

El enemigo invisible (o no tanto)

Serpico nos enfrenta a un enemigo, la corrupción institucionalizada como práctica cotidiana, que no necesita ocultarse. No hay necesidad de camuflaje, porque todos participan. No hay jefes siniestros ni conspiradores en la sombra. Hay comisarios, patrulleros, detectives, inspectores que aceptan sobornos, reparten dinero, encubren delitos o simplemente miran hacia otro lado.

Y ese "mirar hacia otro lado" es, en realidad, la mayor forma de complicidad. El enemigo de Frank Serpico no es un individuo concreto, sino una red informal, casi invisible, de lealtades internas que priorizan el compañerismo a cualquier principio ético. En ese entorno, quien denuncia una irregularidad no es un defensor de la ley, sino un delator, un traidor, un problema.

La película muestra cómo esta red no necesita actuar de forma explícita. El poder no amenaza, margina. No castiga, aísla. No reprende, olvida. Y esa forma de violencia pasiva, ejercida por todos y por nadie al mismo tiempo, es más eficaz que cualquier conspiración orquestada. Serpico no es perseguido por alguien con nombre. Es empujado al límite por una cultura colectiva que no tolera la disidencia.

Un inquietante elemento del film es que muchos de los compañeros de Serpico no parecen malas personas. Son tipos normales, algunos incluso simpáticos. Pero han asumido que el sistema funciona así, que lo correcto es aceptar el dinero y callar y que quien no lo hace, rompe el equilibrio. En ese contexto, el enemigo no es "la corrupción", sino el que se niega a participar de ella.

El jefe, el comisario, el fiscal… Todos saben, lo han sabido siempre. Pero ninguno actúa hasta que no hay presión mediática o política. Y eso es algo que revela otra capa del enemigo: la inercia institucional. No hace falta encubrir nada cuando el silencio ya está garantizado por el miedo y la costumbre. La policía no necesita eliminar a Serpico. Le basta con dejarlo solo hasta que se autodestruya.

La película ilustra de forma magistral cómo se construye ese enemigo sin rostro, pero omnipresente. Desde los pequeños gestos (no cubrirte en una operación, no avisarte de un peligro, dejar de saludarte) hasta las grandes decisiones (traslados sin explicación, informes perdidos, reuniones evitadas), todo el aparato reacciona como un cuerpo que expulsa un órgano incompatible. En esa línea, el enemigo es, más que una conspiración, una cultura organizacional autorreproducida, una máquina que se protege a sí misma, que elimina las voces disonantes y convierte la corrupción en rutina y la honestidad en amenaza.

Y lo más escalofriante es que ese enemigo, una vez más, no se presenta con violencia abierta. No necesita ensuciarse las manos. El sistema está diseñado para que el denunciante se desgaste solo. Serpico no es torturado, ni perseguido a tiros. Es dejado fuera, apartado, ignorado. Y cuando por fin recibe un disparo, no hay manos culpables directas, pero sí una cadena de omisiones perfectamente orquestada.

Ese es el poder del enemigo en *Serpico*: funciona sin necesidad de organizarse. Porque cuando la corrupción se convierte en la norma, el castigo al que rompe el pacto es automático. El film plantea así una pregunta más inquietante que cualquier teoría conspirativa: ¿Qué pasa cuando el sistema no necesita ocultar el mal… porque ya lo ha integrado en su funcionamiento?

Lenguaje visual, puesta en escena y música

Desde sus primeros minutos, *Serpico* se instala en un tono visual crudo, inmediato, casi documental. La cámara se mueve con libertad, como un testigo incómodo que no interviene, pero lo ve todo. Esa decisión estética —el uso de cámara en mano, los encuadres irregulares, la luz natural— refuerza la sensación de inestabilidad que envuelve al protagonista. No hay plano que dé consuelo, ni belleza que suavice el descenso.

El estilo de Lumet es fiel a su tradición de teatro filmado, pero aquí lo traslada a la calle. a los vestíbulos sucios, a las comisarías oscuras, a los pasillos de hospitales, a los bares de barrio. La ciudad de Nueva York (gris, agresiva, caótica) no se idealiza en ningún momento. No hay *skyline* nostálgico ni paisaje de postal. Más bien humo, ruido, polvo, tráfico, soledad. Y ese entorno refuerza la sensación de que el sistema no solo está podrido, también está en ruinas.

La evolución visual de Serpico como personaje es otra de las claves narrativas. Al inicio, lo vemos bien afeitado, con el uniforme impoluto, peinado, idealista. Poco a poco, y de forma imperceptible, va mutando en alguien ajeno al cuerpo que representa. Su pelo crece, su barba se espesa, su ropa se vuelve más bohemia, más personal y rebelde. No es una decisión estilística aleatoria, sino una transformación interna que se manifiesta en lo externo.

Los policías comienzan a verlo como un bicho raro, un excéntrico, un infiltrado. Y Lumet lo subraya con planos que lo aíslan, lo encuadran solo en el marco, lo muestran entre multitudes que no lo miran. Es un protagonista que, visualmente, va desapareciendo del grupo. Ya no pertenece. Y eso lo convierte, plano a plano, en un cuerpo extraño dentro de una estructura que antes lo acogía.

La iluminación refuerza ese viaje hacia la oscuridad: los espacios se vuelven más sombríos, cerrados y opresivos. Las comisarías están mal iluminadas. Los interiores parecen siempre sucios, saturados. La luz entra poco, como si no pudiera atravesar el blindaje institucional. Solo en algunos momentos más íntimos (una conversación en casa, una caminata con su pareja) hay una iluminación más cálida... y breve. Porque la película no ofrece consuelo duradero.

La música, compuesta por Mikis Theodorakis, es contenida y melancólica, con ciertos matices étnicos que refuerzan la personalidad del protagonista (hijo de inmigrantes italianos) y su condición de "el otro". La partitura no impone emociones. Sugiere el duelo, la tensión, la tristeza de quien ve cómo se desmorona lo que creía justo. Hay momentos en los que el silencio pesa más que cualquier acompañamiento, y Lumet los aprovecha con planos largos que permiten que el espectador respire la incomodidad.

El montaje, a cargo de Richard Marks, también acompaña esa lógica: hay ritmo, pero no artificio. La progresión del relato se construye con acumulación, no con picos de acción. Cada escena suma tensión sin necesidad de espectáculo. Y cuando por fin llega la escena del disparo, no se siente como clímax, sino como confirmación... Era inevitable.

En términos visuales, *Serpico* se sitúa en la línea directa del cine neorrealista y del nuevo cine americano. Es una película que renuncia a todo embellecimiento para acercarse a lo real. Y eso hace que duela más. Porque no estamos ante un policial estilizado, sino ante un retrato ético sin anestesia. Con esta puesta en escena, sobria pero profundamente comprometida, Lumet convierte *Serpico* en una experiencia visual que no busca que creas en su historia, sino que la sientas como posible. Y esa posibilidad es lo que más perturba. Porque, sin grandes efectos ni planos virtuosos, el film transmite esta verdad incómoda: todo esto podría estar ocurriendo ahora mismo. Y lo más turbador es que nadie movería un dedo.

Recepción y legado

Serpico se estrenó en diciembre de 1973, en un momento en el que el cine estadounidense estaba abrazando sin complejos el realismo, la denuncia y el malestar social como materia prima narrativa. Y fue un éxito inmediato. Tanto crítica como público reconocieron en ella algo más que una buena película, una historia urgente, necesaria, profundamente humana.

En la taquilla, fue un triunfo rotundo: recaudó más de 29 millones de dólares solo en Estados Unidos, una cifra notable para un drama policial serio, sin explosiones ni villanos caricaturescos. Su impacto cultural fue aún mayor: colocó por primera vez en la conversación pública (con fuerza) el problema estructural de la corrupción policial. No como anécdota o caso aislado, sino como sistema de funcionamiento encubierto.

La crítica la acogió con entusiasmo. Grandes gurús del momento como Pauline Kael, Vincent Canby o Roger Ebert coincidieron en que era uno de los grandes retratos éticos del cine americano reciente. No solo por la historia que contaba, sino por la forma sobria y descarnada en que lo hacía. Lumet fue alabado por su contención, y Al Pacino recibió los mayores elogios de su carrera hasta entonces.

De hecho, *Serpico* consolidó a Pacino como el gran actor moral de los años 70. Venía de *El Padrino*, donde encarnaba el progresivo hundimiento en el poder mafioso. Aquí hacía justo lo contrario: un hombre que, cuanto más se resiste a la corrupción, más solo y quebrado queda. Su interpretación fue nominada al Oscar y al Globo de Oro, y marcó una pauta para futuros papeles suyos: hombres arrasados por dentro, pero con una llama de integridad que no se apaga.

Pero el legado de *Serpico* va mucho más allá de premios y taquilla. Durante años, su nombre se convirtió en sinónimo de "honesto dentro del sistema". La figura del "Serpico" fue utilizada por periodistas, abogados, activistas y hasta políticos para referirse a los que denunciaban desde dentro las malas prácticas institucionales. El *whistleblower* (informador) moderno, esa figura clave del cine y del periodismo, nace aquí.

El verdadero Frank Serpico, por su parte, se convirtió en un personaje público. Dio conferencias, escribió artículos, se mantuvo activo como defensor de la ética policial. Pero también pagó el precio de la verdad. Vivió años en Europa, temiendo por su vida, sin poder reintegrarse al cuerpo. Su figura osciló entre el respeto y la incomodidad, como suele ocurrir con aquellos que dicen lo que nadie quiere oír.

A nivel cinematográfico, *Serpico* marcó una tendencia: el cine policial dejaba de idealizar el uniforme. Películas como *El príncipe de la ciudad* (*Prince of the City*, 1981), también de Lumet, *Copland* (1997), de James Mangold, *Training Day* (2001), de Antoine Fuqua, *Infiltrados* (*The Departed*, 2001), de Martin Scorsese, o series como *The Wire* beben directamente de su herencia: mostrar a la policía como un reflejo imperfecto de la sociedad que la sostiene. También influyó en la narrativa de denuncia institucional en general. Desde *Silkwood* (1983), de Mike Nichols, hasta *El dilema*, pasando por *Spotlight*, hay algo del ADN de *Serpico* en cada historia donde alguien, desde dentro, se niega a seguir siendo cómplice.

Hoy, la película sigue proyectándose en escuelas de derecho, de periodismo y de criminología. Porque sus preguntas clave siguen sin respuesta clara: ¿qué puede hacer un ciudadano cuando la institución que debe protegerle se ha podrido por dentro?, ¿qué ocurre cuando, al intentar cambiarla, descubre que el enemigo no está fuera, sino en cada oficina, en cada gesto, en cada silencio compartido?

Serpico no se limitó a retratar un suceso real, también cambió la forma en que se cuentan esas historias. Y con ello, dejó una marca indeleble en el cine conspiranoico: la certeza de que, a veces, la verdad no se busca desde fuera del sistema, sino desde sus entrañas. Y el precio de encontrarla es la soledad.

Claves simbólicas y subtexto

El primer gran símbolo que atraviesa *Serpico* es, sin duda, el uniforme policial. Al comienzo del film, ese uniforme representa pertenencia, propósito, identidad. Serpico lo viste con respeto, con una mezcla de idealismo y responsabilidad. Pero conforme avanza la película, ese mismo uniforme se convierte en una prisión simbólica, en una máscara impuesta que ya no representa nada. O peor, representa una institución corrupta donde el código no es la ley, sino la complicidad. En ese contexto, el uniforme se vacía de contenido ético, pasa de ser una señal de autoridad legítima a una herramienta de intimidación, de abuso, de impunidad. Y la evolución estética de Serpico, que va dejando atrás el traje reglamentario para vestirse de manera más libre o "bohemia" no es un capricho estilístico. Es una forma de subrayar su exilio: ya no pertenece al cuerpo que lo rechaza. Y esa transformación exterior refleja un proceso interno: la toma de conciencia de que el deber moral no depende de la institución, sino de la conciencia individual.

El cuerpo del propio Serpico se convierte en símbolo. Su pelo largo, su barba, sus ropas desaliñadas... son leídos por sus compañeros como signos de traición. En un entorno donde la homogeneidad garantiza la obediencia, cualquier gesto de singularidad se interpreta como una amenaza. Por eso lo acusan de *hippie*, de raro, de inadaptado. Pero en realidad, su diferencia es lo que lo mantiene íntegro. Es su resistencia corporal a la uniformidad ética del sistema.

Otro símbolo potente es el silencio. No el del protagonista, sino el del entorno. Los superiores que no contestan, los compañeros que no declaran, los despachos donde las puertas se cierran sin explicación. Ese silencio no es vacío, es un lenguaje. La forma institucional de decir "no vamos a cambiar nada". Y contra ese silencio, Serpico solo tiene su voz. Una voz que se vuelve más tensa, más sola, más desesperada..., pero que no se calla. Ese gesto (no callar) es el corazón simbólico del film. En una cultura donde se premia al que no ve, al que no pregunta, al que acepta, aquel que habla es el disidente. Y Serpico no disiente desde la ideología, ni desde el exterior. Lo hace desde dentro, con hechos, con pruebas, con lealtad a la ley. Por eso duele más. Porque su traición no es contra la institución, sino contra su hipocresía.

El disparo que recibe, y la sospecha de que sus compañeros lo dejaron a su suerte, es el punto culminante de ese castigo simbólico. El sistema no lo mata directamente. Le niega la protección que le corresponde. Lo deja expuesto. Es un linchamiento por omisión, una ejecución sin manos. Y eso lo convierte, simbólicamente, en mártir ético. No por lo que sufre, sino por lo que revela: que el precio de la verdad, en las instituciones corruptas, es la vida en soledad.

La ciudad también tiene valor simbólico. Nueva York no aparece como un entorno heroico ni glamuroso. Es una selva áspera, una máquina social indiferente, donde la violencia no siempre lleva pistola. A veces lleva placa. O silencio. Y ese entorno, lejos de redimir a su protagonista, lo traga y lo escupe. No hay reconocimiento público, ni justicia restauradora, solo el exilio, la huida final como única forma de seguir siendo uno mismo.

El subtexto más profundo de *Serpico* no está en la denuncia de la corrupción, sino en una idea más amarga: el sistema puede sobrevivir incluso cuando todos saben que está podrido. Porque mientras nadie lo cuestione en voz alta, puede seguir funcionando.

Por eso el gesto de Serpico —negarse a callar, a aceptar el dinero, a fingir que no ve— es tan radical. Porque no busca transformar el sistema, sólo evitar que el sistema lo transforme a él. Y ese gesto, íntimo, desesperado, solitario, es la última forma de heroísmo posible en un mundo donde decir la verdad es un acto de desobediencia.

Serpico no ofrece esperanza ni redención. Pero sí deja una certeza: incluso cuando todo está en contra, la ética sigue siendo una opción. Y a veces, basta con que una sola persona la elija para que el silencio ya no sea total.

Here's a Coke

La conversación (The Conversation, 1974), de Francis Ford Coppola

Nosotros sabemos que usted lo sabe, señor Caul.
Por su propio bien, no se involucre más. Le estamos escuchando.

Martin Stett (Harrison Ford)

Contexto político e histórico

Como ya hemos comentado —y repetiremos como inevitable letanía histórica—, en 1974, Estados Unidos todavía sangra por las heridas abiertas por el escándalo Watergate. La palabra "micrófono" ya no remite a la radio o al espectáculo, sino a la intrusión. Las cintas de Nixon, las conversaciones grabadas, las escuchas ilegales... Todo ha sido expuesto, y lo que queda en el aire es un zumbido de sospecha: ¿quién escucha cuando creemos que estamos solos? En ese clima de desconfianza sorda, *La conversación* se estrena como una pieza casi silenciosa, pero de una contundencia demoledora.

Francis Ford Coppola, que venía del éxito monumental de *El Padrino*, elige aquí un camino radicalmente distinto: una historia pequeña, minimalista, sin mafiosos ni disparos, centrada en un hombre solo y en una grabación que no puede sacarse de la cabeza. Y aunque el guion había sido escrito antes del estallido de Watergate, su coincidencia con el caso real de las escuchas ilegales presidenciales convirtió a la película en un espejo involuntario —pero certero— de la paranoia nacional.

El clima político de la época es de desconfianza hacia el poder y de inseguridad ontológica. Se empieza a asumir que nada es lo que parece, que las instituciones mienten, que las palabras son manipulables y que incluso los hechos pueden ser tergiversados si se tiene la tecnología adecuada. La conversación como título no es casual: en 1974, lo que se pone en duda no es solo quién manda, sino quién sabe qué, y cómo lo sabe.

La película no se ambienta en los pasillos del Congreso, ni en las salas de redacción de un diario, ni en la Casa Blanca. Transcurre en oficinas grises, en apartamentos vacíos, en iglesias y plazas donde los sonidos flotan y se graban. Porque el verdadero campo de batalla ya no es ideológico, es la intimidad misma. En ese contexto, *La conversación* no denuncia una conspiración concreta, sino un estado mental colectivo, el del país que se espía a sí mismo, el de los ciudadanos que ya no pueden confiar en su propia percepción. Y lo hace sin pirotecnia, sin discursos. A través del retrato obsesivo de un solo hombre, Harry Caul, experto en vigilancia que puede escuchar todo... menos a sí mismo.

La resonancia con el caso Watergate fue inevitable. La película ganó la Palma de Oro en Cannes y fue nominada al Oscar justo cuando se destapaban los detalles más escabrosos del escándalo Nixon. Pero su impacto, además de a la coyuntura, se debe a su tono, a su modo casi clínico de mostrar cómo la paranoia no es solo un fenómeno político, sino una enfermedad moral que se filtra en la conciencia.

Mientras otros *thrillers* de la época se centraban en descubrir al culpable, *La conversación* va más allá: se pregunta qué pasa cuando el que graba empieza a dudar de lo que ha oído; cuando las palabras se repiten en bucle y ya no sabemos si significan lo que creemos; cuando la culpa ya no es por lo que hiciste, sino por lo que pudiste haber hecho sin saberlo.

Coppola, en lugar de amplificar la angustia, la reduce. Y esa elección convierte a *La conversación* en una película única dentro del ciclo conspiranoico de los 70. No es una denuncia, es un lamento, un réquiem por la privacidad perdida, una confesión filmada con auriculares puestos, donde lo más aterrador no es que te escuchen, es que tú mismo ya no sepas qué estás escuchando.

Inspiración real / Base documental

Aunque *La conversación* fue escrita antes del escándalo Watergate, el clima de sospecha que rodea a la película parecía anticipar lo que estaba por estallar. Cuando se estrenó en 1974, en pleno apogeo del caso Nixon, el film de Coppola pasó de ser una reflexión íntima sobre la paranoia a convertirse, sin quererlo, en un alegato involuntario contra las escuchas ilegales y el control silencioso del poder sobre el individuo. Y eso lo hizo aún más perturbador.

La figura de Harry Caul, el protagonista interpretado magistralmente por Gene Hackman, está inspirada libremente en varios profesionales reales del mundo de la vigilancia privada. Entre ellos, uno destaca por encima de todos: Martin Kaiser, un experto en tecnología de escucha encubierta que trabajaba para corporaciones y agencias gubernamentales. Kaiser fue consultado por Walter Murch, montador y diseñador de sonido del film, para dotar de autenticidad al universo técnico que rodea a Caul: grabadoras de bobina abierta, micrófonos parabólicos, mezcladores de frecuencias, filtros, líneas de telefonía intervenidas... Todos los artefactos que aparecen en pantalla tienen base real.

Coppola no se basó en una sola historia, pero sí en una constelación de casos reales donde la tecnología permitió acceder a la vida privada de individuos sin su conocimiento. A finales de los años 60 y comienzos de los 70, el espionaje doméstico estaba en auge: empresas que espiaban a sus empleados, maridos que espiaban a sus esposas, universidades que grababan a profesores, sindicatos infiltrados, organizaciones sociales vigiladas por el FBI a través del programa COINTELPRO... Todo ese mundo subterráneo, sin rostro ni logos, era el terreno donde se movía un personaje como Harry Caul.

Una fuente indirecta —pero poderosísima— de inspiración fue también el clima generado por las actividades de la administración Nixon. Aunque el guion de Coppola fue escrito en 1966, la película cobró una nueva vida durante su rodaje y postproducción, ya con Watergate estallando en los titulares. La ironía no se le escapó a nadie: la cinta se estrenó el mismo año en que Nixon tuvo que entregar las grabaciones de sus propias conversaciones, las famosas *Nixon Tapes*, que terminarían de hundir su presidencia. La coincidencia convirtió a *La conversación* en algo más que una ficción. Fue un espejo preciso del colapso moral de la clase dirigente.

Pero el genio de Coppola no estuvo solo anticipar el escándalo, fue elegir el punto de vista del técnico, del engranaje. Harry Caul no es un espía ideológico ni un militante político, es un hombre que presta un servicio, que escucha, graba, entrega, cobra y no hace preguntas. Esa es su coartada, su escudo moral. Hasta que una grabación le perturba: su contenido parece indicar que puede haber un asesinato. Entonces la neutralidad se quiebra, y Caul se convierte en un personaje trágico, que sabe demasiado, pero no sabe qué hacer con esa información.

La construcción del universo técnico de la película fue meticulosa. Walter Murch, uno de los grandes genios del montaje sonoro en la historia del cine, diseñó una banda de sonido que no es solo fondo, sino argumento. El proceso de limpiar la grabación, de aislar frases, de escuchar los matices de la entonación, es en sí mismo una forma de narración. Cada palabra que emerge, cada pausa, cada inflexión se convierte en una pista. Y eso lo que hace es reforzar el carácter documental de la película. No se trata de ficción sonora, sino de reconstrucción, de análisis forense a través del oído.

La conversación se alimenta de la tecnología de vigilancia real de su época, pero también de un malestar más profundo: el de la creciente presencia de dispositivos invisibles en nuestras vidas. Lo que Coppola y Murch plantean —con delicadeza, sin sermones— es que el control ya no necesita un gran hermano visible. Basta con un hombre solitario en una habitación, con auriculares puestos y conciencia fragmentada. Y es ese desplazamiento del poder —del Estado al técnico, del general al operario— lo que convierte a *La conversación* en una película profundamente moderna. Porque no denuncia un sistema totalitario clásico, sino una red de vigilancia que no necesita ideología para funcionar. Solo necesita que alguien grabe, que alguien escuche y que nadie se haga preguntas.

Argumento y estructura narrativa

La historia de *La conversación* parece sencilla. Harry Caul, técnico en vigilancia, graba en una plaza pública la conversación que mantiene una pareja joven, usando micrófonos de largo alcance y técnicas de triangulación sonora. El encargo, aparentemente rutinario, proviene de un cliente corporativo que le ha pedido una simple transcripción. Pero algo en esa grabación —una entonación, una pausa, una frase que no termina de sonar bien— empieza a perturbar a Caul. A medida que reescucha la cinta, una y otra vez, empieza a convencerse de que hay algo más... Que quizá esa conversación esconde una amenaza, que tal vez alguien va a morir. Y entonces, lo que era un trabajo técnico, profesional, se convierte en una obsesión moral.

La grandeza del guion (escrito por el propio Coppola) está en que nunca formula una conspiración explícita. No hay una red de espías, ni un plan político. No se trata de una gran maquinaria de control. Es una historia íntima. Pero su poder está en cómo se revela: a través del desmontaje sonoro de una conversación ambigua, donde el significado depende del énfasis, del tono, del contexto. El suspense no se construye por lo que va a pasar, sino por lo que quizá ya ha pasado. O quizá no.

La frase clave del film —"Él nos mataría si tuviera ocasión"— aparece al principio como una anécdota. Pero a medida que Caul la analiza, aísla y repite, va cobrando un sentido distinto. ¿Están hablando en serio? ¿Están en peligro? ¿O él está proyectando en esas palabras su propia culpa? Aquí, la estructura narrativa es también una estructura mental: la historia no avanza en línea recta, sino que gira en círculos, se obsesiona, vuelve sobre sí misma. Como Caul, el espectador empieza a dudar de lo que oyó.

La película se construye sobre una paradoja brillante: la información ya está ahí, desde el principio. No hay que descubrirla, sino interpretarla. No hay que encontrar una nueva pista, sino entender la que ya tenemos. Y ese desplazamiento, del suspense hacia el análisis (hacia la relectura, la escucha activa), convierte la trama en una experiencia muy distinta del *thriller* clásico. Aquí no hay sorpresa, sino desgaste.

Coppola y Walter Murch diseñan el relato como un rompecabezas donde cada pieza está colocada..., pero puede tener múltiples significados. El proceso para depurar la grabación, para limpiarla y escucharla mejor, funciona como metáfora de la búsqueda de la verdad. Pero también de la imposibilidad de separar objetivamente los hechos del juicio personal. Porque Caul escucha..., pero ya no puede hacerlo sin culpa.

La estructura está marcada por la soledad progresiva del protagonista. Al principio, Caul forma parte de un engranaje en el que cuenta con colegas, jefes, rivales. Pero a medida que la grabación le consume, se aísla. Deja de dormir, de tocar su saxofón, de confiar en nadie. Hasta que, al final, queda reducido a un hombre solo en una habitación vacía, rodeado de cables y grabadoras, completamente destruido por algo que, quizás, no comprendió del todo. O sí.

Uno de los momentos más brillantes de la película es el *flashback* sonoro en el que Caul vuelve a escuchar la grabación y la frase clave suena diferente: mismas palabras, pero distinta entonación. Y de pronto, el significado cambia por completo. No es "Él nos mataría si tuviera ocasión" como suposición, sino como advertencia real; una amenaza factible. Y ahí, la película da un giro sutil pero devastador. La tragedia estaba en la frase desde el principio, pero Caul no supo oírla. O no quiso.

Ese uso del lenguaje como campo de batalla es uno de los rasgos más originales del film. Aquí no hay complot clásico, hay lenguaje envenenado, palabras que pueden mentir incluso cuando son ciertas. Y el protagonista, más que un detective que resuelve el enigma, es un hombre que se da cuenta demasiado tarde de que él mismo fue la herramienta del daño.

En última instancia, *La conversación* construye su narrativa como un eco, como un sonido que rebota, que regresa distorsionado, que ya no podemos detener. Y eso la convierte, más que en un simple *thriller*, en una reflexión sobre la culpa (católica para empeorar la cosa), la percepción y el deseo imposible de saber con certeza qué ocurre cuando no estamos allí. Porque, a veces, lo más peligroso no es lo que se dice, sino lo que creemos haber oído.

Protagonistas frente al poder

Harry Caul no es un héroe, no busca la verdad, no quiere justicia, no se rebela contra el sistema. Su aspiración, si acaso, es pasar desapercibido. Ante todo, hacer bien su trabajo, cobrar, entregar las grabaciones y mantenerse fuera de todo. Pero *La conversación* es una película sobre lo que ocurre cuando un hombre, que no quiere implicarse, descubre que ya está implicado. Cuando se da cuenta de que su trabajo, tan técnico, neutro y profesional, tiene consecuencias reales sobre la vida y la muerte de otras personas.

Desde el primer plano, Caul aparece como un hombre desplazado. Además de vivir solo, su existencia es un ejercicio constante de aislamiento: no da su número de teléfono, no permite que su casera entre a su piso, no mantiene relaciones afectivas profundas. Su única compañía real es su saxofón, que toca de noche, en soledad, sobre música pregrabada. Y eso no es un adorno narrativo, es el retrato de un hombre que ha hecho del control su única forma de existencia. Control sobre lo que oye, sobre lo que dice, sobre lo que siente. Pero cuando la información que ha captado escapa a ese control, el muro se resquebraja.

Lo fascinante del personaje es que, a diferencia de otros protagonistas del *thriller* político, Caul no se enfrenta a un enemigo externo, al menos no de forma directa. Se enfrenta a su propia responsabilidad, a su pasado, a la sospecha de que alguien ha muerto por su culpa... Y a la certeza de que, por mucho que se proteja, por muy poco que hable, él también puede ser escuchado. También puede ser manipulado. También puede ser grabado.

En ese sentido, Caul representa el reverso oscuro del "hombre corriente frente a la maquinaria del Estado". Él es parte de la maquinaria, pero su humanidad y su conciencia empiezan a aflorar cuando ya es demasiado tarde... La culpa lo va carcomiendo, no por lo que hizo (grabar una conversación) sino por lo que pudo haber evitado y no evitó. Su tragedia es la del colaborador silencioso que empieza a escuchar el eco de sus actos.

Coppola construye el personaje desde la contención: Caul es introvertido, meticuloso, neurótico; su vestimenta es anodina, con ese sempiterno impermeable gris; su oficina, también oscura; su lenguaje, funcional. Pero lo que va emergiendo, poco a poco, es un tipo de dolor muy específico: el dolor de saberse prescindible... y al mismo tiempo culpable. Porque el poder al que Caul ha servido toda su vida no lo protege, no lo escucha, no lo reconoce. Lo utiliza y lo desecha. Y cuando él decide intervenir —cuando intenta advertir al cliente, cuando intenta proteger a la pareja grabada—, ya es tarde. El poder ya ha actuado. O quizá lo hizo desde el principio, y él simplemente no lo supo ver.

Hay un momento clave en la película, cuando Caul escucha una y otra vez la cinta que grabó, intentando descifrarla, resignificando cada palabra. Esa escena es el alma del film: el protagonista como escucha encarnada y como conciencia que se rebobina a sí misma tratando de entender dónde se rompió todo. Ya no importa si hay una conspiración detrás. Lo que importa es que, en su interior, ha estallado un conflicto moral del que no podrá salir indemne. No en vano, Caul es un católico practicante que necesita confesarse con cierta regularidad de las acciones y consecuencias que conlleva su trabajo.

En la segunda mitad del film, cuando se da cuenta de que ha sido manipulado, que su grabación ha sido usada para desencadenar un crimen y su conocimiento parcial ha sido utilizado como coartada, Caul no reacciona con rabia. Lo hace con silencio, con paranoia. Su descenso no es heroico, más bien desolador. No busca justicia ni venganza solo quiere saber qué pasó y por qué no fue capaz de verlo venir antes. Y así, *La conversación* construye uno de los protagonistas más originales del cine conspiranoico: no un hombre que descubre una verdad oculta, sino un profesional que se descubre a sí mismo como pieza involuntaria de un sistema cruel. Y que, al final, no lucha contra ese sistema..., sino contra su propio reflejo.

La escena final —Caul destrozando su apartamento en busca de un micrófono que quizá no existe— es una de las imágenes más potentes del cine de los años 70. Un hombre solo, rodeado de ruinas y tocando el saxofón entre cables pelados, convencido de que ya no puede confiar en nada, ni siquiera en su propio silencio. Porque el verdadero poder —el que nunca vemos— ya ha penetrado incluso su espacio más íntimo. Y en ese gesto final, Coppola nos dice que a veces el poder no necesita matarte. Le basta con dejarte solo... y escuchando.

El enemigo invisible (o no tanto)

Una de las decisiones más perturbadoras de *La conversación* es que nunca sabemos exactamente quién ha encargado la grabación. El cliente (representado por un asistente del "director" interpretado por un joven Harrison Ford) aparece brevemente, de forma tensa pero educada, sin dar explicaciones. Lo que Caul entrega, en apariencia, es un encargo más, una conversación entre dos personas en una plaza. Nada ilegal, ni particularmente llamativo. Y, sin embargo, desde el primer minuto intuimos que hay algo más, algo turbio, algo que no cuadra.

Y es esa ambigüedad deliberada lo que convierte al enemigo en algo mucho más poderoso que cualquier corporación malvada o agencia gubernamental: es la suma de fuerzas invisibles que hacen de la vigilancia una herramienta de control sin que nadie asuma responsabilidad directa. No vemos al poder actuar, sino sus efectos. Una frase mal entendida, una persona desaparecida, un hombre que se descompone poco a poco porque ha entregado algo (una grabación) que podría haber sido letal... No sabemos si ha habido un asesinato, ni quién lo ha ordenado, ni si la secuencia de los hechos que imaginamos es cierta. Pero da igual. Porque el mal ya se ha infiltrado. Y Caul ya ha sido utilizado. Y lo que es peor, ya sabe que puede volver a ocurrir.

Este tipo de poder sin rostro conecta profundamente con la paranoia de los años 70. Ya no es el villano clásico con un plan sino el sistema mismo; es la empresa que encarga cosas sin saber por qué; es el cliente que paga sin hacer preguntas; es el asistente que sonríe mientras dice que "esto ya no le concierne"; es el director que no aparece en pantalla... Es, en definitiva, el mundo profesionalizado del control, donde nadie parece responsable, pero todos son culpables por omisión.

Coppola traza una diferencia clave respecto a otros *thrillers* conspiranoicos. En *Capricornio Uno* o *Los tres días del cóndor*, el enemigo actúa con claridad —tiene rostro, tiene jerarquía, tiene un plan—. Aquí, no. Aquí el enemigo es el contexto, es un orden social que ha convertido la vigilancia en rutina, en trabajo, en industria.

Harry Caul no se enfrenta a un antagonista sino a un sistema, a un modo de vida, a una cultura donde escuchar a los demás sin que estos lo sepan no sólo no está mal visto, sino que es deseable, rentable y necesario. El poder en *La conversación* no secuestra, no tortura, no amenaza. No necesita hacerlo porque ya te ha metido el miedo dentro. El momento más simbólico en este sentido es cuando Caul descubre que él mismo ha sido grabado. Que, por mucho que haya protegido su intimidad y blindado su casa, su oficina y su conciencia, el enemigo ha conseguido entrar y le ha estado escuchando. Entonces, todo cambia: el cazador se ha convertido en presa.

La película sugiere, sin decirlo, que el poder que Caul ayudó a construir —ese complejo de vigilancia impune, sin control, sin ética— se ha vuelto contra él; que el sistema no distingue entre el técnico y el objetivo; y que nadie está a salvo. Porque cuando se normaliza la intrusión, la intimidad se convierte en un privilegio obsoleto.

Lo escalofriante es que nunca se identifica del todo a los responsables. El director (encarnado brevemente por Robert Duvall) es solo una figura al fondo, medio desenfocada, apenas audible. Un símbolo, más que un personaje. El verdadero rostro del poder es la cinta, el magnetófono, el bucle sonoro, el dato, la grabación que nunca se borra, y que puede ser usada, reusada, tergiversada y convertida en arma.

La conversación plantea así una idea profundamente moderna, que el verdadero enemigo no es el que te ataca, sino el que te convierte en instrumento de tu propia destrucción. Que el poder no necesita forzarte si puede hacerte colaborar. Que el control no necesita violencia si ya lo has interiorizado.

Y en ese silencio denso, en ese sonido de cinta rebobinándose, en ese saxofón que suena solo en una habitación destruida, Coppola nos deja un mensaje perturbador: no hace falta que otros te escuchen, porque tú mismo ya no puedes dejar de escuchar.

Lenguaje visual, puesta en escena y música

La conversación es una película que se ve con los oídos. Desde su primera secuencia, Coppola nos dice que aquí el poder no se revela con pistolas ni despachos oscuros, sino con sonidos fragmentarios, voces que se cruzan, palabras que se pierden entre ruidos de ciudad. La gran apuesta formal del film no es la espectacularidad, sino la inmersión: ponernos dentro de la cabeza de un hombre que escucha todo y ya no sabe qué hacer con lo que oye.

Visualmente, el film es deliberadamente contenido. Gordon Willis —apodado con justicia "el príncipe de las tinieblas" por su uso expresivo de la sombra y responsable de varios de los títulos comentados en este libro— compone imágenes limpias, austeras, frías. Muchas escenas están dominadas por tonos apagados, grises, verdes enfermizos, marrones institucionales. No hay colores vivos, no hay decorados llamativos. Todo es plano, anodino, funcional. Y eso es exactamente lo que pretende: representar el mundo emocional de Harry Caul, donde la emoción se reprime, la vida se reduce a trabajo y el espacio se convierte en refugio... o en trampa.

Willis utiliza con maestría el encuadre para aislar al personaje. Constantemente vemos a Caul rodeado de estructuras, marcos, ventanas, puertas entreabiertas. Nunca está "dentro" del plano. Siempre parece observado, recortado, como si fuera una figura en peligro de ser espiada. En interiores, la cámara se coloca a menudo a distancia, como si respetara (o temiera romper) la privacidad del personaje. En exteriores, los planos son amplios, impersonales, casi clínicos. La plaza donde se graba la conversación parece diseñada para maximizar el efecto de exposición: un lugar sin rincones seguros.

Y luego está el trabajo de sonido, una obra maestra firmada por Walter Murch. Aquí el sonido no es mero fondo, sino el protagonista invisible. El montaje sonoro nos hace avanzar y retroceder sobre la misma conversación, aislando palabras, reordenando frases y revelando matices que no habíamos escuchado antes. Es un proceso obsesivo, casi clínico. Como un científico diseccionando un organismo, como un pecador releyendo su confesión. El sonido, en esta película, es pecado y castigo a la vez.

Murch fragmenta la grabación original para que nosotros los espectadores —junto a Caul— vayamos reconstruyendo su sentido. Pero esa reconstrucción no es objetiva, está contaminada por la angustia del protagonista. A medida que avanza el metraje, los sonidos ya no son solo información, son presagios, acusaciones y ecos de la culpa. Nunca antes una cinta magnetofónica había tenido tanto poder dramático. Nunca el ruido de fondo había sido tan amenazante

La puesta en escena refuerza esta lógica de vigilancia constante. El apartamento de Caul es un búnker emocional: sin teléfono, sin ventanas abiertas, sin visitas. Está diseñado como si fuera una caja fuerte. Pero esa protección es solo aparente. Cuando descubre que alguien ha conseguido entrar, escucharlo, grabarlo, todo se desmorona. Porque la puesta en escena está construida para revelar esa paradoja: el control absoluto es una ilusión. Y el enemigo ya está dentro.

Hay una escena magistral en ese sentido: cuando Caul sueña que habla con la mujer de la grabación. Es un momento raro, casi onírico, donde la imagen se vuelve difusa, y el sonido —una voz en *off* en tono bajo, casi confesional— se mezcla con la conciencia del protagonista. Ahí entendemos que ya no hay distinción entre lo que graba y lo que siente, entre lo que oye y lo que imagina. La vigilancia ha colonizado su vida interior.

La música de David Shire, construida principalmente sobre un solo de piano melancólico, es otro acierto absoluto. No subraya el drama, sino que lo acompaña desde la distancia, evita la épica y el suspense convencional. Suena como una introspección, como un pensamiento que se repite, como una culpa que no se puede borrar. Es la banda sonora perfecta para un hombre que se ha convertido en su propia cinta de audio, repitiendo fragmentos de sí mismo hasta que ya no sabe quién es.

La escena final —Harry Caul destrozando su apartamento en busca de un micrófono oculto— es la culminación formal de esta estética: no hay música ni diálogos, solo sonido ambiente, golpes sordos, crujidos, respiraciones. La cámara lo observa desde lejos, imperturbable. Y ahí comprendemos que el enemigo no es quien lo escucha, sino su propia incapacidad para dejar de escuchar. Por todo ello, *La conversación* no solo representa la paranoia, sino que la convierte en forma, en tono, en textura. Es una película que no se impone al espectador con giros de guion o fuegos artificiales. Se desliza, se infiltra. Y cuando termina, el zumbido sigue en los oídos. Porque después de verla, uno ya no oye igual.

Recepción y legado

La conversación se estrenó en abril de 1974, apenas unos meses antes de que Richard Nixon dimitiera por el escándalo Watergate. La coincidencia fue tan precisa que muchos creyeron que Francis Ford Coppola había escrito la película como una crítica directa a la Casa Blanca. Pero no era así, el guion había sido concebido casi una década antes. Lo que ocurrió fue algo más interesante aún: el contexto histórico fue el que convirtió la película en un espejo involuntario del presente.

La historia de un técnico en vigilancia que graba una conversación ambigua, que se obsesiona con su interpretación, y que acaba descubriendo que ha sido manipulado por fuerzas superiores, parecía una alegoría perfecta del clima nacional. Las grabaciones ilegales, los micrófonos ocultos, las cintas que revelaban crímenes... Todo estaba en los periódicos, en los telediarios, en la conciencia colectiva. Y de pronto, esa pequeña película silenciosa, sin acción ni conspiración clásica, se convirtió en un documento político sin proponérselo.

La conversación fue aclamada desde su estreno. Ganó la Palma de Oro en el Festival de Cannes, por encima de películas de más peso comercial. Fue nominada al Oscar a la mejor película, compartiendo categoría con otra obra de Coppola ese mismo año, *El Padrino II*, que finalmente se llevó el premio. Esa doble nominación es una anomalía histórica y también una demostración del momento creativo extraordinario que atravesaba el director —sí, el mismo que décadas después perpetraría "cosas" como *Jack* (1996), *Tetro* (2009) o *Megalópolis* (2024)—. Mientras construía sagas familiares y epopeyas mafiosas, también firmaba una película íntima, cerebral, opaca y profundamente moderna.

Sin embargo, en el circuito comercial, *La conversación* no tuvo el mismo impacto popular que sus hermanas mayores. No resultó un taquillazo. Desde su nacimiento fue, más bien, una película de culto. Valorada por críticos, admirada por cineastas y revisitada por académicos, resultaba demasiado introspectiva, silenciosa e incómoda para el gran público. Pero precisamente por eso, resistió el paso del tiempo con una dignidad que muchas de sus contemporáneas no tuvieron.

Con los años, su influencia se volvió más clara. Películas como la magistral *La vida de los otros* (*The Lives of Others*, 2006), de Florian Henckel von Donnersmarck, sobre la Stasi y la vigilancia en la RDA, beben directamente de su estructura —el espía que se ve transformado por lo que oye—. O *Enemigo público* (*Enemy of the State*, 1998), de Tony Scott, donde Gene Hackman interpreta un personaje que es una especie de versión envejecida de Harry Caul, ya convertido en mito paranoico y ermitaño. Incluso *Impacto* (*Blow Out*, 1981), de Brian De Palma, retoma la idea de que la banda sonora de una grabación puede contener una verdad oculta que el protagonista debe desentrañar.

En paralelo, *La conversación* fue adoptada por los estudiosos del sonido en el cine como un hito absoluto. Se convirtió en material de análisis obligado en escuelas de cine, en tesis doctorales, en libros sobre diseño sonoro. Walter Murch, montador y diseñador de sonido de la película, pasó a ser una figura referencial: su forma de construir narrativa a partir del montaje de audio cambió el modo en que se pensaba el sonido en el cine. Ya no se trataba de un mero acompañamiento, sino de texto, estructura y tensión.

Pero quizá el legado más profundo de *La conversación* no es técnico, ni estético, ni siquiera político. Es ético. Es su retrato del individuo que ha renunciado a intervenir, a preguntar, a implicarse, y que descubre demasiado tarde que su silencio también tiene consecuencias. En tiempos donde la vigilancia ya no es solo institucional, sino voluntaria —redes sociales, algoritmos, reconocimiento facial, grabaciones espontáneas—, la figura de Harry Caul resuena con una fuerza renovada. No como un personaje de otro tiempo, sino como una advertencia para este.

Por todo ello, *La conversación* se ha consolidado como una de las piezas clave del cine de los años 70. No es la más conocida, ni la más imitada, ni la más citada, pero sí, probablemente, la que mejor ha envejecido. Porque su visión del poder no depende de un gobierno concreto ni de una conspiración visible. Habla de algo más profundo, del miedo a mirar, a saber, a asumir lo que uno ha oído. Y esa es una verdad que no pasa de moda.

Claves simbólicas y subtexto

Si algo demuestra *La conversación*, es que una película puede tener una escala íntima y al mismo tiempo hablar de cuestiones universales. Coppola, con su guion y su dirección quirúrgica, construye una fábula moral sobre el control, la culpa, la responsabilidad y el precio de la indiferencia. Cada elemento del film —desde el nombre del protagonista hasta el saxofón que suena en la penumbra— está cargado de sentido simbólico. Es una cinta donde nada es gratuito, y donde todo lo técnico está al servicio de lo espiritual.

El primer gran símbolo es el propio nombre del protagonista: Harry Caul. "Caul" es un término inglés que designa la fina membrana que en ocasiones cubre la cabeza de los recién nacidos, y que en muchas culturas se ha asociado con dones especiales... o con una protección contra el mundo exterior. Harry Caul vive precisamente cubierto por esa membrana metafórica, una coraza de distancia emocional, aislamiento y normas autoimpuestas. Cree que puede observar sin ser observado, escuchar sin participar. Pero la historia le demuestra que esa protección es ilusoria, que su envoltorio se rompe, y que, bajo él, hay un hombre vulnerable, culpable y moralmente desbordado.

El micrófono es otro gran símbolo central. No como tecnología, sino como metáfora del poder invisible. El micrófono representa la promesa de saberlo todo sin mojarse, de conocer sin intervenir, de acceder a la verdad sin pagar su precio. Pero en manos de Harry, el micrófono se convierte también en una trampa ética: todo lo que graba se vuelve incontrolable. Y una vez que la información ha salido de su cinta, ya no puede volver a ser neutral, no le pertenece. El micrófono es también un espejo que le devuelve lo que no quería oír y le recuerda que escuchar implica elegir.

La cinta magnetofónica (la conversación del parque) se convierte en eje simbólico del relato. Es una frase grabada, un fragmento de vida privada, repetido hasta el delirio. Pero también es una representación del remordimiento: la culpa como bucle, como algo que se repite una y otra vez en la mente hasta que pierde su sentido original y empieza a doler por sí misma. Caul no puede dejar de escucharla, porque no puede perdonarse. Necesita entender, porque teme haber causado una muerte... o varias. La cinta es, así, la conciencia convertida en objeto.

Otro elemento cargado de significado es el saxofón. Es el único momento en el que Caul parece respirar, soltar tensión y expresarse. Pero incluso ahí existe ambigüedad: el instrumento suena solo cuando nadie escucha. Es una música que no busca el aplauso ni la comunicación. Es su voz interior, ahogada, contenida. Cuando finalmente se derrumba, el saxofón también se detiene. Como si su alma ya no pudiera cantar ni en soledad.

A lo largo de la película, la intimidad aparece como un espacio ficticio. La casa de Harry, que debería ser su refugio, está construida como una caja fuerte: puertas dobles, sistemas de cierre, cerrojos... No hay fotos, no hay recuerdos, no hay hogar. Solo instrumentos, cintas, dispositivos. Pero ni siquiera así consigue protegerse. El enemigo consigue entrar y colocar el micrófono —o la sospecha del mismo—, y eso hace saltar la última barrera simbólica: el cuerpo como espacio violado.

La escena final, de esa búsqueda destructiva del micro oculto que quizás no existe, es el gran clímax simbólico. Ya no se trata de descubrir al culpable, sino de admitir que él también es parte del sistema que antes creía controlar. El acto de destruir su propia casa es un gesto de desesperación, sí, pero también de revelación: ya no puede vivir con la duda. Ya no puede seguir repitiendo la frase en su cabeza. Ya no puede habitar un mundo donde todo puede ser escuchado... y tergiversado.

Y esa es, quizá, la clave simbólica más inquietante de la película: que la verdad nunca es neutral, y que la interpretación puede matar tanto como la acción. *La conversación* no dice que oír sea malo. Dice que escuchar implica responsabilidad, que grabar es una forma de intervenir, y que quien cree estar al margen, muchas veces, solo está más profundamente implicado de lo que puede admitir.

Coppola no ofrece redención ni justicia. Solo deja a su protagonista frente a sí mismo, rodeado de ruinas, con un saxofón entre las manos, y sin saber si la conversación ha terminado… o si acaba de empezar otra, más íntima y oscura. Porque hay grabaciones que uno no puede borrar. Ni aun destruyendo todo a su alrededor.

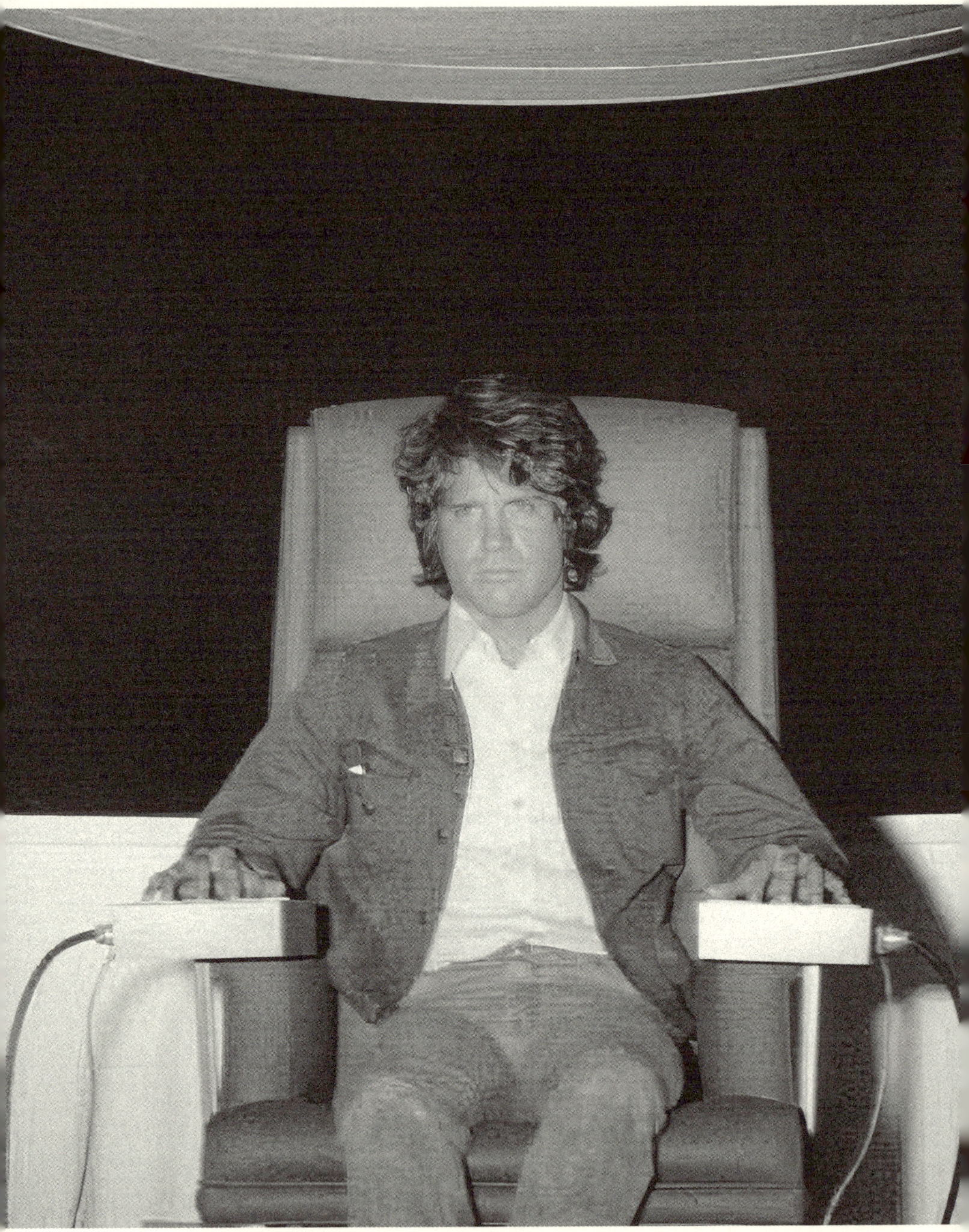

El último testigo (The Parallax View, 1974), de Alan J. Pakula

Austin Tucker (William Daniels): No sé qué quiere, pero si es dinero, le daré diez mil dólares para que no me meta en esto. No mencione mi nombre, no me busque. Solo quiero mantenerme al margen.

Joseph Frady (Warren Beatty): Lo siento, señor Tucker, tiene información que necesito. El dinero no significa nada para mí. Esta historia significará más para mí que diez mil dólares.

Austin Tucker: Amigo, no sabe lo que significa esta historia.

Contexto político e histórico

Pocas películas han captado con tanta precisión el estado de ánimo de una nación herida como *El último testigo*, segunda entrega oficiosa de la llamada "trilogía de la paranoia" de Alan J. Pakula. Estrenada en 1974, apenas dos años después del escándalo Watergate y en plena resaca del asesinato de Robert F. Kennedy, el film funciona como la radiografía de una América que ha perdido la fe en sus instituciones. La confianza que había caracterizado a la posguerra se ha evaporado: los héroes nacionales son asesinados en público; la CIA opera en secreto dentro del propio país y comete atrocidades en el extranjero; y la prensa empieza a sospechar que el poder —el verdadero poder— está en manos de agentes sin rostro que no responden ante nadie. El sueño americano comienza a parecerse más a una pesadilla planificada.

En ese contexto, *El último testigo* funciona como un eco visual de las angustias colectivas de la época. La trama arranca con un magnicidio a plena luz del día, durante una recepción pública, en lo alto de un rascacielos. El senador Carroll, una figura popular y carismática —en claro paralelismo con Kennedy; cualquiera de ellos—, es abatido ante las cámaras y una docena de testigos. Lo que parece un crimen aislado cometido por un perturbado comienza a desmoronarse años después, cuando varios testigos presenciales mueren en extrañas circunstancias. Es entonces cuando se insinúa que aquello que parecía una tragedia personal podría formar parte de una operación orquestada, una limpieza meticulosa para borrar cualquier rastro incómodo.

La película bebe directamente de la paranoia que empapa el periodo comprendido entre 1963 y 1975, años marcados por el asesinato de los hermanos Kennedy, de Martin Luther King, por la escalada de la guerra de Vietnam y por el creciente escepticismo ante la actuación del FBI y la CIA. La sombra del informe Warren planea sobre cada fotograma, y con ella, la sospecha de que la versión oficial nunca es la verdadera. Pakula recoge esa desconfianza y la convierte en atmósfera. No hay discursos incendiarios ni llamadas a la rebelión, solo un periodista solitario tratando de seguir un hilo invisible, cada vez más convencido de que el tejido democrático ha sido sustituido por una red de inconfesables intereses políticos, empresariales y mercenarios.

El estreno de la película coincide con un punto de inflexión: Richard Nixon está a punto de dimitir, las cintas del caso Watergate comienzan a revelar hasta qué punto el poder puede corromperse cuando se siente impune. En un momento así, la película representa, además de una inquietud, una constatación: el periodismo, incluso cuando alcanza la verdad, puede no ser suficiente. La maquinaria es demasiado poderosa. Los testigos desaparecen, las pruebas se evaporan y los culpables tienen recursos infinitos. No se trata ya de descubrir la verdad, sino de sobrevivir lo suficiente para poder contarla.

En esa atmósfera se disuelven las certezas... La película no ofrece soluciones, ni redención, ni una esperanza final. En su lugar, transmite una sensación abrumadora de vulnerabilidad y desamparo. El periodista no es el héroe clásico que triunfa sobre la conspiración, sino una pieza más que el engranaje puede triturar cuando lo estime necesario. El film se hace así profundamente contemporáneo: habla del control de la narrativa, de cómo se construyen las versiones oficiales y de la soledad del individuo frente al sistema.

Más que un *thriller*, *El último testigo* es un diagnóstico, un aviso, una advertencia envuelta en silencio, en arquitectura brutalista, en encuadres simétricos y personajes diminutos. La película nos recuerda que el verdadero terror no es el grito, sino el murmullo apagado del poder cuando decide mover sus hilos.

Inspiración real/base documental

Si *El último testigo* causa una inquietud tan profunda, es porque su ficción no necesita alejarse demasiado de la realidad para resultar creíble. El guion, firmado por David Giler y Lorenzo Semple Jr., se basa en la novela *The Parallax View*, publicada en 1970 por Loren Singer, pero la adaptación cinematográfica se aleja notablemente del texto original para reflejar con más fuerza las neurosis colectivas del momento. Mientras que el libro se desarrollaba en los márgenes del espionaje y el asesinato político, Pakula y su equipo deciden hacer de la película una alegoría casi clínica del desconcierto nacional, una descomposición narrativa y estética de la confianza en el sistema.

Resulta imposible no establecer conexiones directas entre la historia de la película y el asesinato de John F. Kennedy en Dallas, en 1963. De hecho, la secuencia inicial del magnicidio —con un disparo desde una altura imposible, una escena pública, confusión entre testigos y una verdad oficial precipitada— remite de manera clara al episodio de Lee Harvey Oswald y su supuesto rol como lobo solitario. Pero donde el informe Warren ofrecía explicaciones, *El último testigo* solo siembra dudas. No busca culpables con nombres y apellidos, sino que apunta a una arquitectura de la muerte: empresas fantasma, fundaciones de fachada, agencias opacas, expertos en técnicas de reclutamiento y manipulación mental. No es una teoría de la conspiración, sino un retrato de la imposibilidad de acceder a la verdad.

La idea central de la película —la existencia de una organización secreta, la *Parallax Corporation*, especializada en captar y entrenar asesinos mediante técnicas psicológicas— tiene ecos muy claros de los experimentos reales de la CIA bajo el programa MK-Ultra. Durante las décadas de los 50 y 60, el gobierno estadounidense, a través de la Agencia Central de Inteligencia, llevó a cabo investigaciones encubiertas sobre control mental, hipnosis, manipulación psicológica y administración de drogas psicotrópicas. Estas operaciones clandestinas fueron desveladas parcialmente por el Congreso en los años 70, cuando las audiencias del Comité Church destaparon una parte del iceberg. Aunque la película no lo menciona de forma explícita, el espectador avezado reconoce las huellas de esos experimentos en la escalofriante prueba de selección que debe pasar el protagonista, un montaje audiovisual en el que la violencia, el deseo, la patria y el dolor se entremezclan en una sucesión de imágenes destinadas a alterar la percepción de la realidad.

Pero quizá lo más inquietante no sea lo que la película toma prestado de la realidad, sino lo que intuye y anticipa. Años después, con la desclasificación de documentos y la confesión de exagentes, se sabría que algunas organizaciones parapoliciales o mercenarias habían operado con total impunidad, encargándose de eliminar amenazas potenciales en nombre de un "bien mayor". *El último testigo* no necesita documentar estas prácticas, las sospecha, las intuye y las pone en escena con una frialdad quirúrgica.

Hay algo profundamente visionario en cómo la película describe el proceso de deshumanización de sus protagonistas. La periodista interpretada por Paula Prentiss (antigua amante del protagonista, un Warren Beatty en sus mejores años), vive aterrada tras asistir al asesinato del senador. Intuye que corre peligro, pero cuando acude a buscar ayuda, nadie la cree. Días después, muere. La muerte, como el poder, es silenciosa, precisa, sin testigos ni consecuencias. Lo mismo ocurre con cada pieza que intenta desvelar el funcionamiento interno de Parallax: los testigos caen uno tras otro, como en un mecanismo de relojería destinado a borrar toda huella.

Pakula, a diferencia de otros cineastas de su tiempo, no apuesta por el sensacionalismo ni por el melodrama. No hay discurso político directo, ni proclamas heroicas. Hay hechos, lógica y, sobre todo, una frialdad que hiela la sangre. Si esto no es verdad, parece demasiado real para ser mentira.

Podemos decir que *El último testigo* no se inspira en un caso concreto, sino en un clima, en un estado del alma nacional. Es una película que no necesita pruebas porque todo sugiere que la realidad ya las ha proporcionado. La ficción, entonces, no es un espejo, sino una continuación de la Historia por otros medios.

Argumento y estructura narrativa

El relato de *El último testigo*, más que una escalada heroica, es una espiral descendente. Parte del crimen político —el asesinato de un senador popular— y avanza con la lógica del desconcierto, no de la revelación. La historia se desarrolla para sumirnos en la misma niebla que envuelve al protagonista, no para ofrecernos respuestas. El guion, construido con una precisión matemática, convierte cada paso hacia la verdad en un movimiento hacia la desaparición. Cuanto más se investiga, más cerca se está del olvido. La búsqueda de sentido es, en el universo de Pakula, una condena.

La estructura narrativa se construye sobre el punto de vista de Joe Frady (Warren Beatty), un periodista caído en desgracia (alcoholizado, cínico, desaliñado), que al principio de la película representa más bien el arquetipo del reportero agotado, escéptico ante la moralidad, más interesado en sobrevivir que en contar la verdad. Pero la sospecha de que los testigos del asesinato del senador, uno a uno, están siendo eliminados despierta en él una combinación de curiosidad profesional y responsabilidad tardía. No es un idealista, sino un tipo que se ha quedado sin excusas.

Desde ese momento, la película avanza como una investigación, pero sin certezas. No hay escenas de deducción brillante ni descubrimientos rotundos. Lo que hay es un descenso meticuloso a un universo invisible, al que sólo se accede si uno está dispuesto a desaparecer. Frady empieza a seguir las pistas y a tirar de hilos que parecen inconexos, hasta que se topa con el nombre de la Parallax Corporation, una organización que actúa en la sombra y que parece especializarse en una actividad tan siniestra como inasible: la fabricación de asesinos.

A partir de ahí, la película se transforma. El protagonista decide infiltrarse en la corporación haciéndose pasar por un sociópata antisistema, rellenando formularios que analizan su perfil psicológico y superando una de las escenas más emblemáticas del cine de los años 70: la llamada prueba Parallax. Se trata de un montaje audiovisual sin diálogo, donde palabras como “madre”, “hogar”, “enemigo”, “miedo”, “orgullo”, “muerte” o “libertad” se yuxtaponen a imágenes de guerra, sexo, violencia, banderas y destrucción. Es hipnótica, perturbadora y desconcertante. No es sólo una prueba para el personaje, sino también para el espectador... ¿Quién está siendo manipulado aquí?

A medida que Frady se adentra en las entrañas de Parallax, la estructura del guion abandona el ritmo clásico del *thriller* y adopta la forma de un juego de espejos. Todo lo que se ve está mediado, filtrado, oculto. Las reuniones se producen en despachos vacíos, las pistas aparecen sólo para desvanecerse, y los personajes que podrían ser aliados se diluyen en la ambigüedad. La tensión no se construye con persecuciones ni con amenazas explícitas, sino con ausencias, con silencios y con planos abiertos que reducen al protagonista a una figura diminuta, rodeado de arquitectura opresiva.

La revelación del complot nunca llega en forma de exposición directa. No hay confesiones ni archivos secretos. Lo que hay es una suma de signos, una constelación de coincidencias que, como un rompecabezas sin tapa, sólo pueden entenderse al final... y, aun así, no del todo. El clímax, en lugar de una confrontación o desenmascaramiento, es una repetición: otro magnicidio, otro disparo desde las alturas, otra sala donde los poderosos deliberan en secreto. Frady ha entendido el juego, pero demasiado tarde. La última escena, con la voz en *off* que dicta la versión oficial del asesinato —una vez más atribuida a un “individuo desequilibrado"— confirma que el sistema no sólo elimina a los testigos, sino que también posee el control total del relato.

Lo más brillante de la estructura narrativa de *El último testigo* es que adapta la lógica de la conspiración al formato cinematográfico. La película no sólo cuenta una historia sobre el poder oculto, sino que se pliega a la misma lógica paranoica que denuncia: todo puede estar conectado, pero nunca de forma definitiva. El resultado es una obra donde el sentido se intuye, pero nunca se entrega del todo; donde el protagonista se convierte en mártir sin saberlo; y donde el espectador sale del cine con la misma sensación que tenía Frady al inicio: que algo muy oscuro se está moviendo, pero nadie está dispuesto a nombrarlo.

Protagonistas frente al poder

Joe Frady no es un héroe. Ni siquiera un antihéroe clásico. Es, ante todo, un hombre desalineado, medio roto, con las defensas bajas y la ironía alta. Un periodista que, cuando empieza la historia, ha caído en desgracia tanto profesional como personalmente. Nadie en la redacción parece confiar demasiado en él. Su antigua pareja lo busca por desesperación, no por afecto ni por admiración. A primera vista, Frady parece más próximo al cliché del buscavidas que al del paladín de la verdad. Pero es justamente esa falta de épica lo que lo convierte en una figura tan poderosa dentro del relato.

En las ficciones clásicas, el protagonista suele tener una brújula moral, aunque esté dañada. En *El último testigo*, Frady comienza sin brújula alguna. No se embarca en la investigación por convicción ideológica ni por un sentido profundo de justicia. Lo hace porque algo le huele mal, porque la muerte de su excompañera lo sacude lo suficiente como para empujarlo a actuar. Su motivación es casi íntima, personal, más ligada al remordimiento que a la valentía. A diferencia de otros periodistas cinematográficos —como Woodward y Bernstein en *Todos los hombres del presidente*—, Frady no trabaja en equipo, no cuenta con el respaldo de su periódico, ni siquiera con una pareja que lo apoye o una red de contactos fiables. Está solo. Profundamente solo. Y en esa soledad se despliega la tragedia.

Frady representa, de manera descarnada, al "hombre corriente" enfrentado a la maquinaria del Estado. Pero no es un hombre corriente idealizado, sino uno frágil, ambiguo, contradictorio. Su lucha no es grandilocuente: se infiltra, observa, toma notas, intenta atar cabos. Sus métodos no son ejemplares, ni especialmente eficaces. Pero su perseverancia, su capacidad para seguir el rastro hasta el final, revela una pulsión profundamente humana: la necesidad de entender. En un mundo donde todo parece diseñado para ocultar, para confundir, para desinformar, Frady se aferra al único hilo que tiene entre las manos, como si de su propia cordura dependiera desentrañar el sentido del caos.

Y, sin embargo, el relato se empeña en mostrar cuán desigual es la partida. Frady, además de estar solo, se encuentra expuesto, vulnerable, sin protección alguna. Cada paso que da hacia la verdad lo convierte en un objetivo más claro para aquellos que gestionan las sombras. El periodista que debería ser el ojo vigilante de la democracia se convierte en una figura marginal, prescindible, un estorbo fácilmente eliminable. El personaje encarna una profunda crítica al declive del cuarto poder: la prensa ya no tiene la capacidad de fiscalizar a los que ostentan el poder, sino que es reducida a una función decorativa, simbólica, incapaz de alterar el curso de los acontecimientos.

Uno de los aspectos más impactantes de la evolución del personaje es que, a medida que avanza en la investigación, Frady adopta una estrategia que lo aleja de su propia identidad. Para infiltrarse en Parallax, debe convertirse en aquello que la corporación busca: un individuo antisocial, con tendencias violentas, capaz de justificar el asesinato. Pero ¿hasta qué punto esa transformación es fingida? ¿Hasta qué punto el propio Frady comienza a perder el contacto con su ética, con sus motivaciones, con su capacidad de empatía? La escena de la prueba audiovisual —ese montaje hipnótico y perturbador que confronta al espectador con una secuencia de imágenes entrecortadas— no sólo actúa como herramienta de selección para Parallax, sino también como metáfora de la despersonalización del protagonista. Es un punto de inflexión: a partir de ahí, ya no sabemos si Frady actúa como máscara o si ha empezado a asimilar los códigos del sistema que intenta desmontar.

Este desdibujamiento de la identidad, como deslizamiento hacia el interior de la maquinaria, es uno de los elementos más trágicos del personaje. Frady quiere comprender el funcionamiento del poder, pero para ello debe acercarse tanto que termina siendo absorbido. No solo muere físicamente, también simbólicamente. Su muerte no deja huella, no genera escándalo, no cambia nada. Es una víctima más de un engranaje que ha perfeccionado el arte de la desaparición. El periodista que buscaba la verdad se convierte en parte del relato oficial que la distorsiona.

El *último testigo*, en ese sentido, retrata tanto la lucha de un hombre contra el poder como la imposibilidad de resistirse cuando dicho poder ya ha ocupado todos los espacios, desde los medios y la narrativa a la percepción. Frady es un personaje trágico porque encarna la lucidez sin poder, la inteligencia sin herramientas, la valentía sin estructura. Y su final no sólo es devastador por lo que ocurre, sino por cómo ocurre: sin ruido, sin escándalo, sin testigos. Exactamente como quieren los que mandan.

Joe Frady no fracasa porque no tenga razón. Fracasa porque la razón no importa. Porque el relato ya estaba escrito antes de que él empezara a investigar. Su historia es la del ciudadano que se atreve a preguntar demasiado y descubre que no hay nadie al otro lado del teléfono.

El enemigo invisible (o no tanto)

En El *último testigo*, una vez más, el enemigo no tiene rostro. O, más bien, tiene tantos rostros intercambiables que acaba por no tener ninguno. Esta es una de las decisiones más perturbadoras del film: despojar al mal de identidad concreta. No hay un personaje malvado que revele su plan maquiavélico, ni un despacho con retratos presidenciales y puros humeantes. El poder se presenta como una maquinaria impersonal, aséptica, que actúa sin pasión ni ideología. Y eso lo hace infinitamente más aterrador.

La *Parallax Corporation*, eje invisible de la conspiración, es una empresa sin fachada moral. No hay en ella motivaciones políticas explícitas, ni nacionalismo, ni deseo de control ideológico. Su objetivo no es dominar la opinión pública, sino algo más elemental y brutal, eliminar a los incómodos, reclutar a los útiles y mover las piezas del tablero sin dejar huella. Funciona como un engranaje silencioso y perfectamente integrado dentro del sistema, sin necesidad de validación exterior. No opera desde el margen, sino desde el corazón mismo del sistema. Es poder dentro del poder, ese segundo nivel de decisiones donde ya no rigen ni las leyes ni los votos.

El enemigo, por tanto, no es visible en términos clásicos. No hay persecución abierta, ni amenazas verbales, ni tampoco escenas de tortura. Lo que hay es vigilancia, manipulación, desapariciones discretas, informes que nunca llegan a publicarse, muertes que parecen accidentes... La violencia es quirúrgica, ordenada y ejecutada con precisión milimétrica. La película hace de esa forma de operar su sobrio, frío y funcional tono narrativo. El mal no se oculta en la oscuridad, actúa a plena luz del día, en oficinas modernas, en edificios gubernamentales, en salas de reuniones perfectamente iluminadas. Como si no tuviera nada que temer. Como si supiera que la verdad, incluso descubierta, no será escuchada.

Hay una escena clave en la construcción de este poder invisible: el momento en que Frady se infiltra en la corporación y comienza a asistir a sus pruebas de selección. En ningún momento se muestra quién toma las decisiones, diseña los tests psicológicos o aprieta el gatillo. Solo aparecen empleados impersonales, ejecutivos sin alma, encargados de operaciones que podrían estar vendiendo seguros o gestionando una base de datos. Esa banalidad del mal, que la autora clásica Hannah Arendt describió de manera tan acertada, impregna cada plano: los asesinos no llevan uniforme, ni hacen discursos, ni tienen conflictos morales. Cumplen órdenes. No se cuestionan. Son eficaces.

Más aún, la película no ofrece nunca una respuesta clara sobre si Parallax actúa por encargo de algún sector del gobierno, opera como brazo armado de alguna agencia de inteligencia o si es simplemente un actor independiente con capacidad para eliminar obstáculos por iniciativa propia. Esa ambigüedad no es un descuido, sino el núcleo de su terror. Porque lo que sugiere es que el poder ha llegado a tal grado de disociación que ya no puede distinguirse entre lo público y lo privado, entre lo oficial y lo clandestino. La empresa asesina al senador Carroll con la misma eficiencia con la que después elimina a Frady. Y lo más espeluznante es que nadie parece escandalizarse por ello.

El rostro del mal, en esta película, es la ausencia de emoción. No hay odio, ni venganza, ni violencia gratuita, solo lógica, frialdad, operaciones bien ejecutadas. Eso es lo que convierte a *El último testigo* en un film tan inquietante. No plantea un golpe de Estado ni una guerra ideológica, sino la hipótesis de que el sistema ya ha sido tomado por entidades que no necesitan dar la cara. La verdadera pregunta que flota tras cada escena es quién decide lo que no se puede decir, no quién gobierna.

Y así, Pakula construye una figura del poder sin centro, sin símbolo, sin rostro. No hay un "Gran Hermano" al estilo orwelliano, sino una red distribuida de control, una corporación como muchas otras, disfrazada de normalidad. Lo siniestro no es que el poder mienta, sino que ya no necesite justificar nada. La versión oficial se impone sin oposición, porque no hay estructura capaz de desafiarla.

Ya hemos señalado que, en *El último testigo*, el poder no tiene rostro. O, mejor dicho, tiene demasiados y ninguno. Se oculta detrás de ventanales espejados, de despachos vacíos, de manos que no se muestran pero que deciden. La corporación Parallax no es una caricatura del mal ni un nido de villanos con traje oscuro, es una estructura, una empresa, una oficina sin logos ni identidad aparente, en la que el lenguaje de la administración se mezcla con el orden clínico. El enemigo no es un hombre, es un sistema. Y en esa despersonalización del mal es, quizá, donde se halla lo más aterrador de la película.

Desde su aparición, Parallax encarna una nueva forma de poder. Ya no es la tiranía vertical del dictador clásico, ni siquiera la represión estatal al estilo de Hoover o Nixon. Es algo más sofisticado. Un poder descentralizado, que se presenta bajo la forma de una institución privada, pero que actúa con la impunidad de una agencia estatal. Parallax no necesita justificar sus actos, opera como una empresa de servicios en la que los "clientes" no se nombran, los objetivos no se hacen públicos, y cuyo producto es, literalmente, la eliminación selectiva de obstáculos humanos. Es la representación perfecta de un capitalismo desbocado que ha absorbido las funciones del Estado para dirigirlas hacia sus propios intereses.

El enemigo, entonces, no es visible porque no quiere serlo. Elimina sin dejar rastro, fabrica narrativas oficiales, diseña psicoprogramas para identificar a personas emocionalmente manipulables y entrenarlas como asesinos. No lo mueve una ideología, sino la eficacia. No actúa por odio, sino por beneficio. La frialdad con la que se ejecutan los asesinatos, la precisión con la que se seleccionan a los candidatos, la ausencia de emoción en las decisiones... Todo remite a un mundo posético, donde la moral ha sido sustituida por protocolos de actuación.

La película no muestra nunca una gran sala de mandos con líderes carismáticos dando órdenes. No hay una gran conspiración con nombres y apellidos. Lo que hay son empleados, técnicos, ejecutores grises que, como los burócratas de Kafka o los autómatas de Orwell, cumplen órdenes sin preguntar. Esto convierte a Parallax en una figura casi abstracta, sin rostro ni ideología, que la hace más poderosa. No se puede destruir lo que no se puede identificar. No se puede acusar a quien no tiene nombre.

La clave está en la forma en que el poder se comunica: mediante formularios, entrevistas psicológicas, proyecciones audiovisuales, sistemas de clasificación. La escena de la prueba mental es el corazón de esa maquinaria: una sucesión de palabras e imágenes que atraviesa conceptos como patria, familia, sexo, religión, violencia. No hay una dirección clara, ni una conclusión. Se trata de descomponer al individuo, de averiguar si es vulnerable, manipulable, útil. Lo escalofriante es que el sistema no obliga, sino que seduce. No impone, sino que identifica perfiles compatibles. Ya no se necesita reprimir al sujeto, basta con encontrar al que, por su configuración mental, desea ejercer la violencia, al que puede ser reclutado sin que lo sepa. Es una distopía sin campos de concentración ni torturadores. Basta una sala blanca, una mesa de madera, una cámara de vídeo y un protocolo de selección.

El poder, tal como se presenta en la película, ha aprendido a no mancharse las manos. Subcontrata, terceriza, automatiza. En esa línea, Pakula anticipa muchas de las formas de la práctica contemporánea: el *outsourcing* del mal (práctica empresarial en la que una compañía contrata a otra para realizar tareas o funciones específicas que antes se realizaban de manera interna). Y lo más inquietante es que la película no ofrece ninguna pista sobre quién está detrás de Parallax.

Uno de los mayores logros visuales del film es cómo representa esa invisibilidad. A través de composiciones geométricas, encuadres simétricos y escenarios casi vacíos refuerza la idea de que el poder es ubicuo pero inasible. Las oficinas de Parallax parecen diseñadas para deshumanizar. Las salas son tan impersonales como las de un banco o una empresa de seguros, pero sabemos que allí se decide quién vive y quién muere. No hay sangre. No hay gritos. Sólo el zumbido sordo de la maquinaria funcionando.

Y cuando el enemigo finalmente actúa, lo hace con una elegancia monstruosa. El asesinato final, cometido durante una convención política en un centro de exposiciones, replica punto por punto el atentado que abría la película. Es una coreografía perfecta: el tirador, el encuadre, la confusión, la víctima, la versión oficial... Todo está diseñado. Todo está controlado. Y, de nuevo, Frady no puede hacer nada. El espectador asiste entonces al triunfo absoluto del sistema: ha fabricado un nuevo "chivo expiatorio" (el propio Frady), controlado la narrativa y neutralizado la amenaza. Y lo ha hecho sin levantar la voz, sin declarar la guerra, sin necesidad de una dictadura visible. El enemigo, en *El último testigo*, no necesita imponerse por la fuerza. Ya ha ganado antes de empezar.

Lenguaje visual, puesta en escena y música

Hay películas que cuentan una historia y otras que la respiran. *El último testigo* pertenece a la segunda categoría. Su fuerza no reside solo en lo que narra, sino en cómo lo muestra, en las decisiones estéticas que convierten cada plano en una afirmación política. Bajo la dirección contenida y precisa de Alan J. Pakula y la fotografía magistral, una vez más, de Gordon Willis, la película se convierte en una experiencia sensorial de desconcierto, extrañamiento y asfixia. No es sólo un *thriller*, es una arquitectura del miedo.

El lenguaje visual es seco, calculado, frío. Los planos abiertos dominan la película, convirtiendo a los personajes en figuras diminutas dentro de espacios enormes: vestíbulos de edificios gubernamentales, salas de conferencias, interminables pasillos, estructuras brutalistas que parecen diseñadas para aplastar al individuo. La cámara se sitúa con frecuencia a gran distancia, como si fuera un testigo impasible —o peor aún, un vigilante— que observa sin intervenir. Es una mirada que priva al espectador de la cercanía emocional con los personajes, obligándolo a asumir su pequeñez frente al entorno. El efecto es devastador: nadie tiene control, nadie está a salvo.

El "príncipe de las tinieblas" despliega aquí una de sus obras más audaces. A diferencia de otros *thrillers* de los años 70 —más nerviosos, urbanos y dinámicos—, esta película apuesta por la lentitud, la composición estática, el silencio. La luz no ilumina, interroga. Las sombras no ocultan, revelan. El claroscuro se convierte en un recurso narrativo, como si cada rincón a oscuras albergara una amenaza invisible. El dominio de la penumbra genera una atmósfera de duda permanente, en la que nunca se sabe si lo que se ve es real o parte de una puesta en escena más grande. Y esa ambigüedad visual alimenta el núcleo paranoico de la película.

Las decisiones de encuadre son fundamentales. Pakula y Willis hacen un uso casi obsesivo de la simetría, de las líneas rectas, de las arquitecturas opresivas. Cada plano parece diseñado con regla y compás, como si la misma imagen estuviera controlada por la lógica impersonal de Parallax. Las composiciones vacías, los fondos neutros, los elementos duplicados (ventanas, columnas, escaleras) refuerzan la sensación de que el protagonista —y con él, el espectador— está atrapado en un mundo regido por una racionalidad inhumana. Todo está ordenado, sí, pero es un orden que devora.

Un éxito formal del film es su capacidad para generar tensión sin recurrir a efectos tradicionales. Hay escasas persecuciones, pocos disparos, apenas música. La amenaza no se representa de manera explícita, sino que se siente. Está en la disposición del espacio, en el montaje elíptico, en las conversaciones que se interrumpen sin conclusión, en las puertas que se cierran antes de tiempo... La inquietud se genera por ausencia, por lo que no se dice, por lo que se adivina detrás de cada gesto.

La puesta en escena adopta un tono casi documental en muchos momentos. La cámara observa, registra, no subraya. Los diálogos se pronuncian en voz baja, muchas veces con un tono neutro que refuerza la idea de despersonalización. La música, cuando aparece, lo hace con mesura, casi como una vibración de fondo, un zumbido leve que subraya la ansiedad sin invadirla. La partitura de Michael Small es tan minimalista como perturbadora: combina instrumentos solitarios (como el piano o el oboe) con texturas electrónicas sutiles, generando una sensación de aislamiento y amenaza constante. No hay melodías memorables ni *crescendos* épicos. Hay notas dispersas, silencios prolongados, atmósferas densas. La música no guía al espectador, lo desorienta.

Especial mención merece la secuencia de la prueba Parallax, ese citado *collage* audiovisual de imágenes y palabras que funciona como cortocircuito narrativo y emocional. Se trata de uno de los momentos más radicales del cine comercial de los años 70, pues es una ruptura formal dentro del relato, un ejercicio de manipulación perceptiva que somete tanto al protagonista como al espectador. Las imágenes de guerra, erotismo, infancia, religión y violencia se suceden con ritmo hipnótico, generando una especie de trance. Es un momento en que la puesta en escena se vuelve ideología pura: la imagen ya no representa, sino que condiciona, adiestra, manipula.

Todo en *El último testigo* está pensado para incomodar. El ritmo pausado, los planos largos, la renuncia al espectáculo convencional. Incluso los momentos de acción (como la pelea en el barco, o la persecución en la presa) están filmados con una distancia que evita cualquier catarsis. El peligro no se siente como algo inmediato, sino como una presencia estructural. No hay escapatoria porque no hay margen. La cámara, el montaje, la música, la luz conspiran... Todo conspira, igual que lo hacen los antagonistas de la trama, para que el espectador sienta en cada plano aquello que siente Joe Frady. Que está siendo observado. Que cada decisión está siendo juzgada. Que no hay lugar seguro.

En última instancia, la estética de *El último testigo* es inseparable de su mensaje. No se trata sólo de una historia sobre conspiraciones, sino de una forma de filmar la sospecha. De convertir la paranoia en gramática. Y en ese terreno, la película de Pakula y Willis no tiene rival.

Recepción y legado

El último testigo no fue un éxito inmediato. En su estreno el año 1974, pasó relativamente desapercibida en la taquilla, eclipsada por otras producciones más ruidosas y narrativamente más convencionales. El público, quizá, no estaba preparado para una historia sin redención, ni héroes claros, ni un final satisfactorio. Incluso dentro del ciclo de cine político de los 70, la película de Pakula destacaba por su frialdad, por su negativa a ofrecer respuestas y por una estética más cercana a la abstracción que al suspense tradicional. No es extraño que muchos espectadores salieran del cine confundidos, incómodos e incluso irritados. Lo que no sabían era que acababan de asistir a una de las representaciones más lúcidas (y desesperadas) del mal moderno.

La crítica tampoco fue unánime. Algunos la celebraron como una obra mayor; otros la acusaron de nihilista, de demasiado distante, de renunciar a la emoción en favor del formalismo. El propio Pakula, en entrevistas posteriores, admitía que su intención no era hacer un *thriller* para entretener, sino una disección del miedo institucionalizado, una exploración de cómo la verdad puede ser administrada desde el poder hasta desaparecer sin dejar huella. El tiempo le ha dado la razón.

A medida que los años pasaron y se desclasificaron documentos, se sucedieron escándalos y la figura del "Estado profundo" comenzó a formar parte del imaginario colectivo, *El último testigo* creció. Hoy está considerada, junto a *Todos los hombres del presidente* y *Klute*, parte fundamental de la comentada "trilogía de la paranoia" de Pakula, un tríptico que define como pocos el espíritu de los años 70 en Estados Unidos, una época de sospecha, decepción y desmoronamiento institucional. Si *Klute* abordaba el control a través del deseo y *Todos los hombres del presidente* a través de la investigación periodística, *El último testigo* fue la más radical: la que no deja salida, la que muestra un sistema ya completamente capturado por el cinismo y la manipulación.

Su legado es profundo, aunque no siempre visible. Muchos *thrillers* posteriores (de *El dilema* a *Michael Clayton*, de *Syriana* a *Zodiac*) beben de su forma de construir el suspense: a través del silencio, de los espacios vacíos, de las miradas perdidas. Cineastas como David Fincher, Steven Soderbergh o Paul Thomas Anderson han reconocido la influencia de la estética de Pakula y Gordon Willis, esa cámara impasible que parece más interesada en los márgenes que en la acción principal. También en la televisión contemporánea, series como *Mr. Robot*, *The Americans* o incluso *Expediente X* llevan la huella de ese cine que no explica, que no grita, que no da respuestas fáciles.

Pero más allá de su influencia formal, el verdadero legado de *El último testigo* es ideológico. Es una advertencia, una parábola sombría sobre el destino del ciudadano que cree poder enfrentarse solo a una estructura que ya lo ha absorbido. En una época como la actual, marcada por la desinformación, las redes de poder opaco, los algoritmos que modelan la realidad y los discursos fabricados a medida, la película resuena con una fuerza inesperada. Hoy, más que en 1974, comprendemos que el control ya no pasa por la censura explícita, sino por la construcción de narrativas hegemónicas. Por eso el final de la película, con la voz en *off* leyendo la versión oficial del asesinato, resulta tan inquietante: es una victoria del relato sobre la realidad. La verdad ha sido enterrada con elegancia, sin violencia visible, sin dejar huella.

En retrospectiva, *El último testigo* no era solo una película sobre su tiempo, sino una profecía. No fue comprendida del todo porque todavía no vivíamos en el mundo que anticipaba. Ahora, sí.

Claves simbólicas y subtexto

El último testigo es, en apariencia, un *thriller* político, pero bajo su superficie se esconde una meditación inquietante sobre la condición contemporánea, el lugar del individuo en la sociedad de control y la desaparición de las certezas en un mundo regido por estructuras impersonales. Su trama, su puesta en escena y sus silencios funcionan como una gran metáfora de la soledad del ciudadano moderno frente a un poder que no tiene rostro, pero lo ve todo.

Una de las claves simbólicas más potentes de la película es la arquitectura como poder: los escenarios de Parallax, los espacios institucionales, los salones de conferencias, los hangares vacíos, no son meros decorados, son extensiones del sistema. Están construidos para desorientar, para reducir al sujeto a un punto invisible. No hay lugar para lo humano en esas estructuras: ni una foto, ni una planta, ni una imperfección. Son espacios de control total, donde nada se escapa y donde el individuo es apenas un dato que circula por formularios, entrevistas y proyecciones. La arquitectura impone su orden, y ese orden es una forma de violencia.

Otro elemento clave es el uso de la imagen como herramienta de manipulación, y aquí la comentada secuencia de la prueba Parallax actúa como un microcosmos del subtexto de la película. La manera en que se vinculan conceptos positivos (hogar, madre, patria) con imágenes de erotismo, violencia, sufrimiento o guerra revela una tesis demoledora: que incluso nuestros afectos, recuerdos y emociones más íntimas pueden ser instrumentalizadas por el poder para sus fines. No se trata solo de controlar la información, sino de reprogramar los deseos, los miedos y las reacciones instintivas. Es la estética del control emocional, anticipando décadas antes los discursos contemporáneos sobre propaganda, neurociencia y psicopolítica.

La figura de Joe Frady como mártir secular es otro pilar simbólico. Su viaje no es el de un héroe, sino el de un hombre que descubre que no hay salida. Representa al individuo que aún cree en el periodismo, en la verdad, en la posibilidad de revelar lo oculto... y que termina siendo devorado por aquello que intenta exponer. Su destino es especialmente trágico porque no es sólo derrotado, es utilizado. El sistema lo absorbe, lo convierte en parte de su relato, lo elimina y lo entierra bajo una versión oficial. Frady simboliza así la impotencia del individuo ilustrado en la era del poder postmoderno, donde ya no hay un villano concreto, sino una red de intereses despersonalizados.

También resuena a lo largo del film una reflexión sobre la crisis de la verdad. En un mundo donde todo puede ser manipulado (imágenes, testimonios, pruebas), ¿qué valor tiene la verdad? ¿Tiene sentido arriesgarse por una versión que nadie quiere escuchar? *El último testigo* plantea que la verdad ha perdido su capacidad transformadora, porque el poder real ya controla los canales a través de los cuales esa verdad se transmite. Lo importante no es lo que ocurrió, sino lo que se dice que ocurrió. La película anticipa así el mundo de la posverdad, donde los hechos importan menos que las narrativas que los rodean. Las *fake news*, los sermones de los líderes mediáticos, los grupos de whatsapp... todo es creíble y aceptable.

Un tema que atraviesa el relato de forma sutil pero persistente es el individualismo desamparado. Joe Frady no tiene aliados. Nadie cree en él. Incluso quienes lo ayudan desaparecen rápidamente. No hay comunidad, ni red de resistencia, ni contrapeso institucional. El sistema está tan cerrado que cualquier intento de romperlo desde dentro solo lleva a reforzarlo. La película entonces, más que una conspiración, denuncia el aislamiento estructural del sujeto moderno. La soledad es política.

Por último, *El último testigo* puede leerse como una fábula sobre la desaparición del sentido en un mundo gestionado por algoritmos humanos. Nada es caótico, todo está perfectamente diseñado. Pero ese diseño, que se presenta como orden, es en realidad un vacío moral. No hay ideología, ni maldad visible, ni pasión, sólo procedimientos. La película no retrata una lucha entre el bien y el mal, sino entre la humanidad y la máquina. Y lo más inquietante es que la máquina ya ha ganado.

El último testigo no es solo un relato de conspiración. Es una advertencia ontológica. Nos dice que, en una sociedad dominada por la lógica instrumental, donde la eficacia se impone a la ética y la percepción es más valiosa que la realidad, el ciudadano queda reducido a un espectador sin voz. Y si se atreve a hablar, a preguntar o a incomodar, el sistema no lo silencia..., lo integra en su relato, lo convierte en su prueba definitiva.

Los tres días del cóndor (Three Days of the Condor, 1975), de Sydney Pollack

Higgins (Cliff Robertson): Es simple economía. Hoy es el petróleo, ¿verdad? Dentro de diez o quince años será la comida, o el plutonio. Quizás incluso antes. Ahora bien, ¿qué crees que la gente querrá que hagamos entonces?

Joe Turner (Robert Redford): ¿Que se lo preguntemos?

Higgins(Cliff Robertson): ¡Ahora no, entonces! Pregúntales cuando se les esté acabando. Pregúntales cuando no haya calefacción en sus casas y tengan frío. Pregúntales cuando se les apaguen los motores. Pregúntales cuando gente que nunca ha conocido el hambre empiece a pasar hambre. ¿Quieres saber algo? No *querrán que se lo preguntemos. ¡Solo querrán que se lo consigamos!*

Contexto político e histórico

Cuando *Los tres días del cóndor* se estrena en diciembre de 1975, Estados Unidos es un país herido, dividido y desconfiado de sus propias instituciones. Apenas han pasado tres años desde que el escándalo del Watergate comenzara a hacer tambalear la presidencia de Richard Nixon. En agosto de 1974, el mandatario se ve obligado a dimitir (primero en la historia de Estados Unidos) tras descubrirse el entramado de escuchas ilegales, sabotajes políticos y encubrimientos orquestados desde la Casa Blanca. La revelación no solo destruye la figura de Nixon, también desmantela la fe en el sistema político.

Ese mismo año, el Senado abre la histórica Comisión Church, que sacará a la luz operaciones ilegales de la CIA, el FBI y la NSA durante décadas, que incluían asesinatos de líderes extranjeros, vigilancia ilegal de ciudadanos, experimentos con drogas, manipulación mediática... La noción de un Estado dentro del Estado, de un "poder profundo" que actúa sin control democrático, deja de ser una fantasía conspiranoica para convertirse en un hecho.

Por otro lado, el final de la guerra de Vietnam en abril del 75 —con la caída de Saigón y la humillante retirada estadounidense— deja al país en un estado de crisis moral. El relato heroico del soldado libertador ya no se sostiene. En su lugar, se instala una sensación de derrota, manipulación y engaño. La juventud que había marchado a la guerra regresa desencantada, y los ciudadanos que creyeron en la versión oficial del conflicto sienten que se les ha mentido durante años. En este panorama, el ciudadano medio empieza a hacerse preguntas incómodas: ¿hasta qué punto las instituciones están realmente al servicio del pueblo?, ¿quién vigila a los vigilantes?, ¿qué está dispuesto a hacer el poder para mantenerse en pie?

Los tres días del cóndor surge exactamente de esa herida. No es un *thriller* más, es un reflejo preciso del desmoronamiento de la inocencia americana. Por eso su protagonista no es un espía clásico ni un héroe de acción, sino un lector de novelas, un intelectual civil, una mente crítica. Y por eso sus enemigos no son terroristas extranjeros ni bellacos con acento alemán o ruso, sino la propia agencia para la que trabaja.

Por tanto, la película no nace en el vacío. Es hija directa de una época marcada por el espionaje interno, la manipulación informativa, las operaciones encubiertas y la sensación creciente de que el enemigo está en casa. Lo que antes era material para novelas de ficción, ahora se cuela por las rendijas del telediario y entra en los despachos de los estudios de Hollywood. La CIA, la NSA o el Pentágono dejan de ser siglas sagradas para convertirse en sinónimo de secretismo, opacidad y poder sin control.

Así, lo que la película plantea —un funcionario que descubre que su propia agencia lo quiere muerto por leer demasiado— no solo es verosímil, es inevitable en aquel clima. La sospecha ya no es una debilidad, es una forma de defensa.

Inspiración real / Base documental

Aunque hoy *Los tres días del cóndor* se asocia directamente con el cine político de los años 70, su origen está en una novela menor, casi *pulp*, de espionaje clásico: *Six Days of the Condor* (1974), del periodista y escritor James Grady, entonces con solo 25 años. La novela es breve, directa y está escrita con un ritmo más cercano a los *thrillers* de aeropuerto que a la literatura comprometida. Sin embargo, tenía un hallazgo narrativo poderoso: la idea de que un analista literario de la CIA —alguien que se dedica a leer novelas de espionaje en busca de patrones que puedan revelar conspiraciones reales— descubría una trama oculta dentro de su propia agencia y debía huir para salvar la vida.

Sydney Pollack y Robert Redford vieron el potencial de esa historia, pero supieron desde el principio que había que reformularla por completo. Redujeron la acción de seis a tres días (por ritmo narrativo y mayor tensión) y, sobre todo, politizaron el relato. El objetivo ya no era entretener con una historia de espías, sino usar esa estructura como vehículo para una reflexión sobre la pérdida de confianza en el Estado y el papel de la inteligencia en la geopolítica contemporánea. En palabras del propio Pollack: "Queríamos que el espectador se hiciera preguntas. Que saliera del cine sin saber si estaba viendo una historia de ficción o una advertencia". Y Redford, que fue clave en el tono del film, también lo dijo abiertamente en varias entrevistas: "Lo que más me interesaba era mostrar la fragilidad del individuo frente a una estructura que ya no se sabe a quién sirve. Quería hacer una película que no tratara de salvar al mundo, sino de entender por qué se ha vuelto tan opaco".

La adaptación fue escrita por Lorenzo Semple Jr. y David Rayfiel, habitual colaborador de Pollack, que ya había reescrito *Las aventuras de Jeremiah Johnson* (*Jeremiah Johnson*, 1972) y *Tal como éramos* (*The Way We Were*, 1973). La labor de guion no solo fue técnica, sino profundamente ideológica: convirtieron al analista de la CIA Joseph Turner en una especie de "intelectual accidental", un empleado de escritorio que nunca ha empuñado un arma y cuya única herramienta es el pensamiento. En la novela de Grady, el tono era mucho más ligero. En la película, cada gesto está cargado de sospecha. Además, el guion incorpora elementos que no estaban en el libro pero que conectan directamente con la realidad de la época, como la estrategia energética en Oriente Medio, el papel de la CIA en la planificación geopolítica y los asesinatos extrajudiciales. Aquí, la ficción ya empieza a solaparse con la historia documentada.

El propio James Grady reconoció años después que, para escribir su novela, se había basado en la documentación pública sobre la CIA y sus relaciones con el mundo editorial, así como en ciertos rumores sobre departamentos de análisis que rastreaban la literatura mundial. En ese sentido, Turner no es solo una invención, es el reflejo de un aparato real de la inteligencia estadounidense, basado más en la recopilación de información cultural que en el espionaje de campo. Un artículo publicado en *The New York Times* en 1975 revelaba que "la CIA mantenía secciones dedicadas a la lectura sistemática de literatura extranjera, con la esperanza de detectar patrones ideológicos, códigos cifrados o incluso inspiraciones para acciones reales".

Esa idea de "el lector como espía" resulta profundamente atractiva en una sociedad donde la información se convierte en moneda de poder. Además, las revelaciones del Informe Church, en ese mismo año, confirmaron muchas de las prácticas que la película sugiere: intervenciones ilegales, operaciones encubiertas en América Latina y Oriente Medio o la eliminación de agentes propios si suponían una amenaza para los intereses superiores. De hecho, Pollack y Redford incorporaron al rodaje algunos asesores con experiencia en inteligencia, que no figuraban oficialmente en los créditos, pero que ayudaron a perfilar detalles sobre protocolos, códigos internos y la jerga de la CIA. El personaje de Joubert (hierático Max von Sydow, menos bergmaniano que nunca), por ejemplo, se construyó a partir de varios perfiles de asesinos contratados en operaciones negras durante la Guerra Fría.

Por otro lado, uno de los elementos más inquietantes del film es el motivo último detrás de la conspiración: el control de los recursos energéticos. La película sugiere que la CIA está haciendo planes para invadir países con reservas de petróleo en Oriente Medio, incluso generando conflictos como excusa. Este giro argumental era pura ficción en 1975..., pero resonaba a la vista del trauma reciente de la crisis del petróleo de 1973, cuando la OPEP castigó a Estados Unidos con un embargo que hundió su economía.

Hoy sabemos que la CIA participó activamente en el análisis y preparación de estrategias energéticas globales. De hecho, el documento *The Oil Weapon: Impacts on International Security*, desclasificado en 2004, demuestra que la inteligencia estadounidense llevaba años considerando el acceso al petróleo como un objetivo estratégico justificado incluso por vías no democráticas.

Argumento y estructura narrativa

Los tres días del cóndor plantea su argumento con una premisa sencilla, bajo cuya superficie late una complejísima estructura dramática en forma de espiral: cada nueva revelación del protagonista no lo acerca al final, sino que lo hunde más en una red invisible de conspiraciones, traiciones y manipulaciones. El espectador, como el protagonista, no avanza linealmente, desciende. Se trata, en realidad, de una película sobre el descubrimiento de que no hay salida, aunque el cuerpo siga en movimiento.

La historia se abre sin preámbulo, con una rutina: Joseph Turner, alias *Condor*, analista de la CIA, trabaja en una oficina encubierta en Nueva York que se presenta al mundo exterior como una sociedad literaria. Él no es un espía ni un hombre de acción, su trabajo consiste en leer novelas de espionaje de todo el mundo y rastrear patrones, ideas, tramas que puedan parecer inspiradas por información real. Es decir, alguien que lee ficción para detectar verdades ocultas.

Esa premisa ya pone el dedo en la llaga: el protagonista es un lector, no un agente. Su arma no es la fuerza, sino el análisis. Y, por eso mismo, cuando regresa de comprar comida y se encuentra con la masacre de todos sus compañeros de oficina, no sabe defenderse. Ni tiene entrenamiento, ni red de contactos, ni una identidad alternativa. Solo tiene preguntas. Y lo que comienza como un crimen inexplicable se convierte rápidamente en una fuga personal dentro de un sistema que lo quiere borrar.

Turner llama a su central para pedir ayuda, pero la respuesta que recibe —una cita con agentes para "reintegrarlo"— es una trampa. Lo quieren eliminar. Sus conocimientos, o la sospecha de lo que puede haber descubierto, lo convierten en un estorbo. Y aquí el argumento gira: el lector se convierte en fugitivo.

Desde ese momento, el guion se pliega sobre sí mismo. Todo lo que era firme se vuelve inestable, desde la jerarquía y los protocolos a los aliados. Como si el propio relato comenzara a resquebrajarse, el espectador acompaña a Turner en ese descenso hacia la conciencia, que es también un descenso hacia la soledad.

La gran habilidad del film reside en cómo construye esa espiral de paranoia sin perder claridad narrativa. Cada secuencia tiene un propósito funcional (huir, contactar, sobrevivir), pero el auténtico motor es otro: Turner quiere entender. ¿Qué descubrió su unidad? ¿Por qué los mataron? ¿Quién da las órdenes? ¿Qué papel juega él en todo eso? Y, como ocurre con los buenos relatos paranoicos, cada respuesta obtenida es solo una puerta hacia una verdad más amplia y más incómoda.

A nivel técnico, la estructura narrativa del film imita la propia lógica paranoica: los tiempos se comprimen (todo ocurre en tres días, reforzando la sensación de urgencia); los espacios son cerrados, interiores, de vigilancia (calles vacías, oficinas, sótanos); las escenas de acción, más que espectaculares, son breves y sucias, como si recordaran al espectador que aquí no hay *glamour*, solo riesgo y violencia contenida.

El ritmo narrativo, igualmente, es frío y contenido. No se busca la espectacularidad, sino la verosimilitud, lo plausible. La trama, aunque tensa, está marcada por la lógica de la inteligencia: la observación, la deducción, la sospecha. El gran tema no es la huida, sino la ruptura epistemológica, el momento en que el protagonista deja de entender el mundo y debe reconstruirlo desde cero.

Por otro lado, algo digno de destacar es la coherencia en el punto de vista narrativo. La cámara permanece, casi sin excepción, junto a Turner. Solo vemos lo que él ve, solo sabemos lo que él sabe. En una película donde el poder es invisible, esto genera un efecto muy poderoso: compartimos su ceguera. Cuando se encuentra con el cadáver del falso amigo Wicks, el espectador sufre el mismo desconcierto. Cuando escucha hablar a Joubert, siente la misma mezcla de miedo y fascinación. No hay voz omnisciente, no hay pistas por encima del personaje. Hay angustia compartida.

De ese modo, la película no solo cuenta una historia, recrea la experiencia de vivir en un mundo donde la verdad es inaccesible y donde preguntar puede costarte la vida. Su estructura, su ritmo y su lógica interna responden a la tesis de que el ciudadano moderno está rodeado de ficciones disfrazadas de realidad, y que la única forma de sobrevivir es —como hace Condor— aprender a leer entre líneas.

Protagonistas frente al poder

Pocos protagonistas del cine conspiranoico de los años 70 resultan tan atípicos, y al mismo tiempo tan representativos de la época, como Joseph Turner, *Condor*. Interpretado con contención y carisma por Robert Redford, Turner encarna una figura profundamente moderna, la del individuo civil que, sin proponérselo, tropieza con una verdad insoportable sobre el sistema del que forma parte. No es un espía. No es un héroe. Ni siquiera es un rebelde. Es, al menos en su presentación inicial, un funcionario curioso.

Como hemos comentado, su trabajo dentro de la CIA consiste en leer ficción para detectar patrones. Turner no porta armas ni interroga a prisioneros, bucea en novelas de espías, *thrillers* y literatura internacional en busca de estructuras narrativas que puedan delatar tácticas reales de inteligencia. Es, en definitiva, un lector profesional, un analista de segunda fila que trabaja en una oficina encubierta en Nueva York, bajo la tapadera anodina de una "sociedad literaria".

Este punto es esencial. *Condor* se inscribe dentro de una serie de personajes que el cine de los 70 pone en el centro: intelectuales, periodistas, técnicos, investigadores... Gente que, sin buscarlo, activa un mecanismo de poder y se convierte en objetivo. Pero lo que diferencia a Turner es su desprotección total. El personaje no tiene herramientas para la acción, no sabe usar un arma, no tiene entrenamiento en combate, no posee contactos externos, ni siquiera tiene una red de apoyo emocional. Su mundo estaba limitado a la oficina, los libros, y a una vida neoyorquina sin mayor peligro que la lluvia o el tráfico.

Y, sin embargo, esa debilidad se convierte en su fuerza narrativa. Porque Turner no es un héroe en el sentido clásico. Es un superviviente, un aprendiz obligado, un civil que debe improvisar su camino en un mundo que se revela hostil. En esa progresión, el espectador lo acompaña admirando, no su fuerza, sino su lucidez, intuición y resistencia mental. Factores que le permiten sobrevivir a una maquinaria que ha decidido eliminarlo.

Una de las metáforas más sutiles de la película es, precisamente, lo que pone a Turner en peligro: no lo que hace, sino lo que sabe leer. El protagonista no roba información, no filtra documentos, ni *hackea* sistemas, simplemente, conecta ideas. Intuye que ciertas coincidencias en las novelas que ha analizado pueden reflejar operaciones reales. Y eso —esa mera hipótesis literaria— es suficiente para activar la alarma dentro del sistema.

Los tres días del cóndor lanza entonces una idea demoledora: el lector inteligente es peligroso. El pensamiento lateral, la capacidad de encontrar lógica donde no se esperaba, convierte al sujeto pasivo en sujeto político. Y el sistema no lo tolera. Por eso lo persigue. Porque no se rebela, descubre. Y ese descubrimiento (ese cruce entre literatura y estrategia real) hace visible lo que debía permanecer en la sombra.

De hecho, Turner no tiene un antagonista definido. No hay un enemigo con rostro y motivaciones personales. Ese enemigo es una estructura institucional opaca, una facción dentro de la propia CIA que actúa al margen del control democrático. En el fondo, Turner se enfrenta a su propio empleador, a la red para la que ha trabajado con eficiencia y sin hacer demasiadas preguntas.

Ese poder tiene varios rostros. Uno es el de Higgins (Cliff Robertson), alto funcionario de la Agencia, que representa la parte "razonable" del sistema, el burócrata que entiende lo que ocurre, pero ya no cuestiona nada. Su figura es ambigua: a veces parece protector, otras, calculador. Es el interlocutor con el que Turner mantiene el diálogo más importante del film: aquel en el que se revelan los verdaderos intereses del Estado, la geopolítica como ajedrez, la manipulación como forma de gobierno.

El otro rostro del poder es el de Joubert (Max von Sydow), el asesino elegante, frío, imperturbable. Joubert no actúa por ideología, ni por odio, lo hace por contrato. Representa la maquinaria del sistema:

profesional, eficaz, sin preguntas. Cuando habla con Turner, no intenta intimidarlo con violencia, sino con lógica. Le explica cómo funcionan las reglas. Le deja claro que, aunque sobreviva, el mundo seguirá girando igual. Su amenaza es casi filosófica.

Entre Higgins y Joubert se dibuja el marco de poder al que Turner debe enfrentarse: una red jerárquica, sin rostro, en la que la moral no tiene lugar. El sistema no se mueve por justicia, sino por estrategia.

Por su parte, Joseph Turner es el reverso exacto de los héroes de acción de décadas anteriores. No es John Wayne. No es James Bond. No tiene respuestas, ni coraje físico, ni un manual. Y eso lo hace profundamente contemporáneo. Porque no es una figura aspiracional, sino un espejo del ciudadano medio, inteligente pero desarmado, que de pronto descubre que el mundo que habitaba estaba construido sobre secretos, manipulaciones y pactos invisibles. Por eso conecta con el espectador post-Watergate, porque no viene a salvar a nadie, sino a decirnos que nadie está a salvo, que las estructuras de poder ya no se rigen por principios, sino por intereses, y que la única herramienta posible es la conciencia crítica, la sospecha, la lectura activa de la realidad.

Por todo ello, Joseph Turner se perfila como uno de los personajes más sutiles y potentes del cine conspiranoico de los 70. No por lo que hace, sino por lo que encarna: la fragilidad del individuo frente a un poder sin rostro, y al mismo tiempo, la posibilidad de resistir desde el pensamiento.

El enemigo invisible (o no tanto)

En *Los tres días del cóndor*, el gran giro conceptual no es que haya una conspiración, es quién conspira y por qué. La película no nos habla de enemigos extranjeros, ni de terroristas, ni de gobiernos hostiles. La amenaza no viene del exterior, está dentro. Y no solo dentro del país, sino dentro de la misma CIA, agencia en la que trabaja el protagonista.

Este desplazamiento del conflicto (del enemigo externo al interno) es el verdadero gesto político del film. Porque supone una ruptura con el cine clásico de espionaje, donde el mal siempre venía de fuera (comunistas, nazis, criminales internacionales). Aquí, el mal no tiene acento extranjero. Tiene un despacho en Langley, lleva traje y corbata, y defiende, supuestamente, los "intereses de seguridad nacional".

La CIA aparece en el film no como un bloque monolítico, sino como un organismo fragmentado, corrupto desde dentro, con agendas paralelas. Hay líneas de mando oficiales, pero también operaciones clandestinas, actores ocultos, células autónomas que ejecutan planes de los que nadie responde. Esta representación es esencial, porque la película no habla de una institución fallida, sino de una estructura amorfa donde nadie sabe del todo quién manda, pero todos obedecen a algo superior, implícito y oscuro.

Que la conspiración carezca de ideología es, precisamente, uno de los elementos más perturbadores del film. No hay un plan mesiánico, ni un golpe de Estado, ni un intento de establecer un nuevo orden mundial. Lo que hay es algo más inquietante: pragmatismo brutal. El objetivo de la facción conspiradora dentro de la CIA es prever futuros escenarios de escasez energética y planificar posibles intervenciones militares para garantizar el acceso al petróleo. Punto. No por gloria ni por patria, por necesidad estratégica.

El espectador descubre, junto con Turner, que la oficina en la que trabajaba detectó —casi por accidente— un patrón narrativo en ciertas novelas internacionales que describían un posible plan de intervención encubierta en Oriente Medio. Una operación real, disfrazada de ficción. Eso bastó para que la célula responsable decidiera eliminar a toda la oficina, sin preguntas. Lo importante no es quién descubrió qué sino que alguien supo algo que no debía saberse.

La lógica es impecable, implacable y profundamente inhumana. Como le explica Higgins a Turner en su último encuentro: "No hay guerra. Pero se prepara una. Se estudian escenarios. Se evalúan recursos. Se hacen planes. ¿Por qué no?". Y esa frialdad convierte a los verdaderos villanos del film en algo más peligroso que un asesino, en burócratas con acceso a recursos infinitos y sin ningún escrutinio real.

En este contexto, el verdadero enemigo no es una persona, sino el sistema cuando se convierte en un fin en sí mismo. Un sistema que no protege a los ciudadanos, sino que preserva sus propios mecanismos de supervivencia. La CIA, tal como aparece en *Condor*, ya no es una agencia al servicio de la Constitución, sino una máquina de inteligencia y control que ha superado cualquier noción de ética, legalidad o propósito. La misión no es defender nada, es seguir funcionando.

Esto se ve con claridad en la figura del personaje de Joubert, que actúa como ejecutor externo (un asesino a sueldo contratado por la agencia) y cuya actitud es tan educada como aterradora. Joubert no se presenta como un villano. No disfruta con la violencia. Es un profesional, metódico, cortés, casi filosófico. Su mirada no es la del odio, es la del que ya ha asumido que el mundo funciona así.

En una de las conversaciones más inquietantes del film, Joubert le explica a Turner cómo funcionan las ejecuciones preventivas dentro del mundo de la inteligencia: "Cuando esto acabe, tal vez trabajes para alguien que me contrate. Y entonces te encontraré. Pero no te lo tomes como algo personal. Es solo trabajo".

Joubert, con esa mezcla de sofisticación y amoralidad, representa el grado más puro de deshumanización institucional: el asesinato como gesto administrativo. No hay emoción, ni venganza, ni perversión. Hay contrato, eficiencia, resultado. En ese sentido, él es la encarnación más lúcida del enemigo real del film, el sistema operativo del poder sin rostro.

Y si Joubert es el ejecutor, Higgins representa al otro tipo de villano silencioso: el que entiende el sistema, incluso lo cuestiona, pero sigue participando en él. Higgins no quiere matar a Turner. No lo odia. Incluso parece querer protegerlo, en la medida de lo posible. Pero tampoco va a desobedecer órdenes, ni va a arriesgar su posición. Él sabe que lo que se está haciendo es terrible, pero cree que es necesario. Y por eso es tan inquietante, porque nos recuerda a los miles de funcionarios, técnicos, políticos y ejecutivos que hacen posible que sistemas enteros funcionen de espaldas a la moral. Higgins es el rostro de la lógica tecnocrática: lo importante es si funciona, no si está bien o mal. Al final de la película, cuando Turner le reprocha que planifiquen guerras por tener acceso al petróleo, Higgins no niega nada. Solo responde: "¿Y si un día no hay más petróleo? ¿Estás dispuesto a pasar frío? ¿Tú, tu familia, tus vecinos?".

Este tipo de argumentación —el chantaje moral disfrazado de realismo— es típico de los discursos de poder. Y la película lo desvela con claridad: el sistema no necesita enemigos externos, basta con que tú, como ciudadano, no estés dispuesto a renunciar a tus comodidades. Entonces aceptas lo que sea. Incluso que maten en tu nombre.

Así pues, como hemos apuntado antes, *Los tres días del cóndor* no tiene un "malo" en el sentido tradicional. Lo que tiene es un universo narrativo en el que el poder ha dejado de rendir cuentas. La CIA no aparece como una agencia corrupta, sino como una entidad autónoma que actúa según sus propios códigos, en nombre de un "interés superior" que nadie ha definido, pero todos acatan.

Este es uno de los elementos más poderosos de la película. El enemigo no es una persona, es una doctrina, una forma de justificar lo injustificable. La razón de Estado, esa vieja idea que permite mentir, espiar, manipular y matar si se considera necesario para la supervivencia nacional, se ha convertido aquí en el marco de acción habitual. Y cuando esa razón de Estado deja de estar controlada por el pueblo o por el derecho, se convierte en el verdadero monstruo moderno: invisible, omnipresente, con una lógica que se alimenta de sí misma. Y lo más terrible es que nadie se lo cuestiona. Ni siquiera los que ejecutan sus órdenes.

Lenguaje visual, puesta en escena y música

Sydney Pollack no era un director particularmente rupturista en lo formal, pero en *Los tres días del cóndor* encuentra un tono visual extremadamente coherente con el fondo político del film, una estética sobria, precisa y profundamente ansiosa, en la que cada encuadre parece estar vigilado por una cámara secundaria, por una presencia invisible que acecha. Para ello, se alía con el maestro de la fotografía Owen Roizman, que venía de firmar obras clave del cine realista de los 70 como *The French Connection. Contra el imperio de la droga* (*French Connection*, 1971), de William Friedkin, o *El Exorcista* (1973). Su estilo es inmediato, seco, nada glamuroso. Y eso es justo lo que necesita la historia: una mirada que registre el mundo con frialdad, como si lo documentara desde fuera, desde un satélite impersonal.

Nueva York, escenario central de la película, es retratada con un enfoque muy distinto al que estábamos acostumbrados. Aquí no hay romanticismo urbano, ni postales. La ciudad aparece como un territorio hostil, frío, lleno de esquinas, de fachadas cerradas, de espacios funcionales que no acogen al individuo, sino que lo exponen. Pollack recurre con frecuencia a planos generales lejanos, donde el protagonista se convierte en una figura diminuta entre edificios que lo empequeñecen, y que refuerzan la sensación de vulnerabilidad y aislamiento. La ciudad no lo protege, lo absorbe y lo borra. Así, cuando Turner recorre las calles, lo hace con el cuerpo tenso, mirando hacia los lados. La cámara, muchas veces colocada en un ángulo alto o desde una distancia incómoda, simula una mirada vigilante, como si el propio espectador fuera parte del sistema que lo observa. De ese modo hace que la puesta en escena reproduzca la paranoia del relato. Todo un acierto.

Otro elemento clave del lenguaje visual del film es el tratamiento de los interiores. Desde la oficina de la CIA hasta el apartamento de Kathy (la fotógrafa que Turner secuestra para esconderse) o los pasillos de los edificios gubernamentales, todo está diseñado para parecer funcional, gris, sin alma. No hay calidez ni detalle humano. Todo remite a un universo de burocracia, vigilancia y control. En especial, destaca el uso de las líneas rectas, los ventanales sin cortinas, los cubículos, los ascensores... La arquitectura del mundo de Turner es exactamente lo contrario de lo que uno esperaría de un espacio de inteligencia o intriga: no hay lujo ni misterio, sino sobriedad, rigidez, repetición. Todo lo que lo rodea está diseñado para que nadie deje huella. Y esa estética se convierte en símbolo de un sistema limpio, pero impersonal. Perfecto, pero inhumano.

Roizman filma esos espacios con una luz naturalista, ligeramente fría. Hay muy pocos juegos de sombras o contrastes dramáticos. Lo que predomina es una uniformidad visual que asfixia. La luz es blanca o azulada, como la de un dispensario médico. Todo parece registrado desde una lente de seguridad. No hay emoción en los planos. Y eso, precisamente, es lo que genera inquietud.

Por otro lado, Pollack evita el uso de cámara en mano, salvo en momentos muy concretos. Prefiere los *travellings* lentos, los paneos sutiles, los encuadres que se desplazan siguiendo al personaje como si lo espiaran. La cámara rara vez es protagonista, pero siempre se percibe como presencia flotante, como un testigo que no participa, pero que está ahí.

En muchas escenas clave —la primera persecución o la llegada al apartamento de Kathy, entre otras—, la cámara se adelanta o se retrasa respecto a Turner, creando la impresión de que hay alguien más que lo observa, incluso cuando está solo. Esa ligera disincronía entre la acción y el encuadre crea un efecto de sospecha permanente. Además, hay un uso muy cuidado del fuera de campo. Lo que no vemos, lo que está detrás de una puerta o al otro lado del teléfono, se vuelve tan importante como lo que está en el centro del plano. Pollack construye escenas en las que el peligro es invisible, pero inminente, y eso obliga al espectador a mantener una alerta constante. El lenguaje visual no grita, susurra con inquietud.

En un momento clave, cuando Turner entra en el apartamento de uno de los implicados y descubre documentos comprometedores, la cámara no hace *zoom* ni muestra cortes rápidos. Solo se queda ahí, mirando, como si no necesitara enfatizar nada. El peligro no viene del montaje ni de la música, está en el contenido de lo que vemos. Esa contención es, en sí misma, un posicionamiento estético y político.

En definitiva, *Los tres días del cóndor* construye su discurso tanto con la palabra como con la imagen. Su lenguaje visual es eficaz y coherente con su mensaje de fondo. La frialdad de la cámara, la distancia del encuadre, la arquitectura sin alma, el movimiento contenido... Todo contribuye a generar una experiencia que va más allá del suspense. Es una inmersión estética en la lógica del miedo moderno.

En cuanto a la música, en un *thriller* político como *Los tres días del cóndor*, podría esperarse una banda sonora dramática, intensa, repleta de *crescendos*, violines y golpes orquestales para acentuar la tensión. Pero Sydney Pollack y su compositor, Dave Grusin, deciden ir en otra dirección. Escogen una partitura que no subraya la emoción, sino que habla el lenguaje del espionaje contemporáneo: contenida, elegante, con una mezcla sofisticada de funk y jazz que aporta ritmo, pero también incomodidad, extrañamiento. Y, aún más importante, no abusan de ella. En muchas escenas clave, la música se retira para dejar paso al sonido puro del entorno. Porque en esta película, lo que se escucha (el teléfono que suena, un motor que arranca, el clic de una cerradura) es casi tan importante como lo que se ve.

Dave Grusin, entonces en pleno ascenso en Hollywood, compone una banda sonora que se aparta del clasicismo sin renunciar del todo al melodismo. Su partitura es discreta, atmosférica, en línea con las tendencias musicales del cine de los 70, pero también profundamente singular. Los vientos, los bajos eléctricos y los teclados ofrecen un sonido urbano, tenso, moderno y ligeramente irónico.

Años después, el propio Grusin comentaría: "Pollack no quería una música que le dijera al espectador cómo sentirse. Quería una música que le recordara que había algo raro en lo que estaba viendo, incluso cuando no supiera qué era". Esta elección es fundamental: la música no emociona, inquieta; no manipula, advierte. Y esa contención la convierte en un elemento clave del estilo del film.

Más allá de la música, lo verdaderamente brillante en *Condor* es el uso del sonido ambiental. Desde el primer momento, el espectador se ve sumergido en un mundo donde cada ruido cuenta. Las puertas que se abren, las teclas del teléfono, las conversaciones de fondo, el motor de un coche, los pasos sobre la acera mojada... Todo está minuciosamente orquestado para generar una sensación de amenaza constante, aunque no haya acción evidente.

En la escena de la masacre en la oficina de la CIA, por ejemplo, no hay música. Solo se escucha el zumbido del ambiente, el ruido seco de los disparos con silenciador, los pasos, el teléfono que suena... La frialdad con la que se ejecuta la escena no se subraya con cuerdas tensas ni efectos dramáticos. Se presenta como un hecho cotidiano, casi administrativo, y eso lo hace más perturbador. El sonido se convierte en lenguaje ético. Así puede apreciarse en momentos clave como cuando Turner escucha una conversación a través de una línea pinchada o descifra un ruido lejano que no debería estar ahí. El sonido, aquí, no sirve solo para ambientar, es fuente de información, pero también de confusión. Lo que se oye no siempre se entiende. Y esa ambigüedad sonora refuerza la tesis del film: en el mundo moderno, oírlo todo no significa que se pueda entender algo.

No obstante, quizás el recurso más inteligente (y osado) de Pollack en esta película es el uso del silencio como herramienta de tensión. En muchas escenas que, en otro *thriller*, estarían repletas de música ominosa o ruidos exagerados, *Condor* opta por vaciar la banda sonora, dejándonos con los sonidos naturales o con un silencio cargado de expectativas. El ejemplo más potente es el desenlace, en la calle, cuando Turner y Higgins se encaran frente a las oficinas del *The New York Times*. No hay música. Solo las voces. Solo la ciudad. Solo las dudas. Y eso hace que la tensión se potencie. El espectador no está guiado emocionalmente. Tiene que decidir por sí mismo qué sentir. Y esa libertad (ese silencio) es una forma de respeto, pero también de desafío.

En este punto, Pollack demuestra una confianza radical en la inteligencia del espectador. No necesita empujar la emoción con violines ni indicar el peligro con golpes de tambor. El mundo ya es suficientemente peligroso por sí solo. No hace falta adornarlo.

Recepción y legado

Cuando *Los tres días del cóndor* se estrena en diciembre de 1975, el público estadounidense ya ha pasado por dos grandes traumas colectivos: Vietnam y Watergate. La derrota en el sudeste asiático ha dejado al país herido en su orgullo, y el escándalo de las escuchas ilegales ha destruido la confianza en la presidencia. En ese contexto, una película que plantea que el verdadero enemigo está dentro del sistema y que incluso la CIA mata a sus propios analistas para encubrir operaciones es, además de una historia inquietante, una provocación directa.

Y, sin embargo, o precisamente por eso, el film conecta con el público. Se convierte en un éxito de taquilla, con una recaudación en

Estados Unidos de más de 41 millones de dólares (una cifra altísima para la época), y consolida a Robert Redford como uno de los actores más populares del momento. Pero más allá del éxito comercial, lo relevante es que esta cinta se impone como una obra clave en el giro cínico del cine americano de los años 70, ese que ya venía fraguándose en títulos comentados como *El único testigo* o *Acción ejecutiva*.

La recepción crítica fue mayoritariamente positiva, aunque no unánime. Muchos críticos valoraron la tensión narrativa, la actuación de Redford y el enfoque sobrio de Pollack, pero algunos señalaron que la película, pese a su superficie de *thriller*, estaba tocando nervios demasiado reales.

Roger Ebert, en su reseña de 1975, escribió: "Esta no es una historia de espías con *gadgets* ni explosiones. Es una historia sobre cómo, en el mundo moderno, incluso la información más banal puede hacerte objetivo. Y eso da más miedo que cualquier villano con pistola láser". *The New York Times*, por su parte, elogió la película, pero lanzó una crítica sutil sobre su mensaje: "Pollack sugiere que el sistema está roto, pero no ofrece una salida. Uno se va del cine con más miedo que antes".

Esta reacción es muy reveladora. La película no tranquiliza al espectador, no le da héroes con los que identificarse ni soluciones fáciles. Su protagonista sobrevive, sí, pero lo hace solo, dudando, sabiendo que podría volver a ser perseguido en cualquier momento. Esa ambigüedad, tan propia del Nuevo Hollywood, molestó a algunos, pero también cimentó su prestigio como film político de primer nivel.

Por otro lado, aunque no hubo una censura oficial ni un rechazo abierto por parte de las instituciones, la película generó incomodidad en algunos círculos del poder. En particular, por su forma de retratar a la CIA, no como una organización fallida, sino como una entidad maquiavélica, que actúa al margen de cualquier control.

En entrevistas posteriores, tanto Sydney Pollack como Robert Redford señalaron que no recibieron presiones directas, pero que sí hubo ciertos "comentarios" sobre el contenido de la película. Pollack dijo: "Nadie vino a cerrarnos el rodaje, pero sabíamos que estábamos entrando en un terreno delicado. Había cosas que no se decían abiertamente, pero se dejaban caer. Y eso fue una confirmación de que íbamos por el camino correcto."

Redford, por su parte, utilizó el éxito del film para intensificar su activismo político. A partir de *Los tres días del cóndor*, comenzó a vincular más su imagen pública a causas progresistas, la libertad de prensa o la denuncia del autoritarismo. Su compromiso con el periodismo independiente desembocaría un año después en *Todos los hombres del presidente*.

Hoy en día, *Los tres días del cóndor* es considerada una obra maestra del cine político de los 70, y suele aparecer en listas de los mejores *thrillers* de todos los tiempos. Ha sido reeditada, reanalizada y citada por directores contemporáneos como Steven Soderbergh, Tony Gilroy o incluso los hermanos Russo (que la mencionaron como una de las referencias visuales para *Capitán América: El Soldado de Invierno*, de 2014, otra historia de infiltración dentro del poder).

Claves simbólicas y subtexto

Una de las razones por las que *Los tres días del cóndor* resiste tan bien el paso del tiempo es que no se limita a contar una conspiración, la encarna simbólicamente. Su fuerza no reside solo en su guion, su puesta en escena o sus actuaciones, sino en lo que sugiere sin explicitar, en los significados que fluyen por debajo de la trama. La película habla de poder, sí, pero también de lectura, de soledad, de control, de masculinidad herida, de cuerpos vigilados y de sistemas que engullen a sus propios operarios. Es, en definitiva, un mapa del miedo contemporáneo.

Joseph Turner no es un espía, es un lector profesional. Su trabajo no es intervenir, sino interpretar. Y eso convierte su figura en un símbolo potentísimo: el lector es aquí un peligro para el sistema, no porque lo cuestione abiertamente, sino porque puede llegar a entenderlo desde dentro. Este gesto es capital. En una época en que las dictaduras del siglo XX y las democracias liberales comenzaban a parecerse en el uso de la vigilancia y el control social, esta película plantea una tesis radical: el pensamiento crítico es subversivo incluso cuando es silencioso.

Turner no filtra secretos, no roba documentos, no denuncia públicamente. Solo lee. Pero lo hace bien..., demasiado bien. El claro mensaje implícito está en que el poder teme al que comprende, no al que grita. Porque el que comprende puede desmantelar el relato. Y el poder, en el fondo, no se sostiene sobre la fuerza, sino sobre el relato.

El entorno urbano, los edificios grises, las oficinas sin personalidad, los apartamentos vacíos... Todos los espacios del film están codificados como lugares de control, no de pertenencia. Incluso el apartamento de Kathy está filmado con una frialdad inquietante y, lejos de parecer un refugio cálido, se convierte en un espacio ambiguo, intermedio, sin verdadera privacidad.

En ese sentido, la ciudad no es una jungla, como en los *thrillers* clásicos, sino una máquina reguladora. Cada esquina, cabina de teléfono o escalera está conectada con una red invisible que todo lo vigila. Esta espacialidad no se impone a través de la acción, sino de la atmósfera. *Condor* no necesita mostrar cámaras de vigilancia, somos nosotros los que empezamos a sospechar que siempre hay una.

Aunque se presenta como un *thriller*, *Los tres días del cóndor* es, en el fondo, una historia sobre la soledad del individuo frente a una estructura inabarcable. Turner está solo desde el primer minuto: sus compañeros mueren; sus jefes lo traicionan; Kathy, su única aliada, lo acoge primero por miedo, más que por convicción. Incluso cuando parece obtener cierta conexión con ella, la película sugiere que ese contacto es frágil, inestable, producto de una tensión emocional más que de una afinidad real.

A lo largo del metraje, Pollack introduce de forma sistemática símbolos visuales del control: cámaras de seguridad, líneas telefónicas, ventanales desde los que se observa sin ser visto, mapas, pantallas de radar. Incluso cuando no son esenciales para la trama, estos elementos están presentes como residuos visuales de un sistema omnipresente.

Uno de los gestos más inteligentes de la película es que no necesita mostrar la central de operaciones de la CIA para hacernos sentir su influencia. El sistema está en todas partes, porque su estética se ha infiltrado en lo cotidiano. Las cabinas telefónicas, los paneles de botones, las persianas venecianas, los ascensores... Todo en el entorno de *Condor* remite a una lógica de compartimentación, de vigilancia, de movimiento controlado.

Por otro lado, hay un uso del espacio como reflejo del estado emocional. A medida que la trama avanza, los espacios que habita Turner se hacen más estrechos, sombríos e impersonales. La casa de Kathy, que al principio parece un refugio, se convierte en un lugar donde la intimidad se ve forzada, invadida, instrumentalizada. Los cuarteles de la CIA son funcionales hasta el absurdo. Incluso los exteriores, como el parque donde Turner se encuentra con Higgins, están filmados como si fueran trampas abiertas, espacios donde lo público se vuelve vulnerable. Este uso del espacio refleja el viaje emocional del personaje: de la lógica a la paranoia, de la rutina a la sospecha, de la lectura pasiva a la acción crítica. A medida que su mente se abre, el mundo se cierra. Lo que antes parecía un entorno cotidiano, ahora revela su dimensión amenazante. Y ese tránsito se expresa visualmente, sin necesidad de explicarlo con palabras.

A nivel ideológico, se trata de una película que no denuncia escándalos puntuales, sino una forma de funcionamiento estructural. El poder ya no necesita enemigos. Ya no necesita declarar guerras. Solo necesita prevenir amenazas potenciales, incluso aunque esas amenazas no existan aún. Esa lógica, tan actual hoy como en 1975, convierte al Estado en una entidad autorreferencial, que actúa por reflejo, por simulacro, como una inteligencia artificial alimentada por informes, algoritmos y estadísticas. En ese contexto, el ser humano —el individuo— ya no es un sujeto político, sino una variable del sistema.

Turner descubre que la ficción ha contaminado la realidad, que las tramas que él analizaba en novelas están siendo replicadas por su propia agencia. Lo literario y lo político se han fusionado. Y eso lo coloca en una posición insostenible: todo lo que sabe, lo ha aprendido leyendo; pero todo lo que ha leído está empezando a hacerse real.

La escena final, en la que Turner le dice a Higgins que ha entregado la información a *The New York Times*, debería ser un gesto de victoria. Pero la respuesta de Higgins destruye toda ilusión: "¿Y si no lo publican?". Ese plano congelado de Redford, mirando con incertidumbre al vacío, no es un *cliffhanger* narrativo, sino una declaración de impotencia simbólica. Lo que está en juego ya no es la verdad, sino la posibilidad de ser escuchado. Turner ha sobrevivido, ha entendido, ha hablado, pero el sistema puede silenciar incluso la verdad más escandalosa si nadie está dispuesto a escucharla. Esa es la paranoia final. Y ese es el subtexto que convierte *Los tres días del cóndor* en mucho más que un *thriller*, en una advertencia moral y filosófica sobre el destino de nuestras democracias cuando el poder deja de responder ante la mirada pública.

Todos los hombres del presidente (All the President's Men, 1976), de Alan J. Pakula

Garganta Profunda (Hal Holbrook): Siga el dinero.

Bob Woodward (Robert Redford): ¿Qué quiere decir? ¿Dónde?

Garganta Profunda: No puedo decírselo.

Bob Woodward: ¡Pero usted podría decírmelo!

Garganta Profunda: No, tengo que hacerlo a mi manera.
Cuénteme lo que averigüe y yo lo confirmaré.
Le mantendré en la dirección correcta si puedo,
pero eso es todo. Ahora, siga el dinero.

Contexto político e histórico

Cuando la película *Todos los hombres del presidente* se estrena en 1976, el cine norteamericano no está solo contando historias, está rindiendo cuentas. Han pasado apenas dos años desde la dimisión de Richard Nixon, y el país aún digiere —con rabia, vergüenza y estupor— el mayor escándalo institucional de su historia moderna. La confianza en el gobierno ha sido devastada. Las grabaciones ilegales, el espionaje doméstico, la guerra sucia contra disidentes y adversarios políticos... Todo ha salido a la luz. Y lo que se ha revelado es que el corazón del sistema late con podredumbre.

Watergate no fue un episodio menor. Fue una demolición en directo de la arquitectura moral de la presidencia. Una demostración de que el poder, cuando se siente impune, no solo miente, se organiza para mentir mejor. Y que la verdad, cuando logra abrirse paso, no lo hace gracias a mecanismos institucionales, sino gracias a la obstinación de individuos que deciden no mirar hacia otro lado. En ese contexto, la figura del periodista —antes decorativa y funcional, casi burocrática— se convierte en protagonista moral de la historia.

La sociedad estadounidense de mediados de los 70 está desengañada, exhausta. Vietnam ha terminado en derrota, el movimiento por los derechos civiles ha sido parcialmente desactivado y la juventud ha dejado atrás la utopía *hippie* para entrar en un realismo desencantado. En ese caldo de cultivo emerge un nuevo cine político: crítico, urgente, pesimista, dispuesto a cuestionar todos los mitos nacionales. *Chinatown*, *Nashville*, *El padrino II*, *Tarde de perros*, *Taxi Driver*, *La conversación*, *Los tres días del cóndor*... Todas ellas forman parte de ese mismo impulso. Pero *Todos los hombres del presidente* es especial, porque no fabula, no interpreta, documenta.

Basada en el libro de Bob Woodward y Carl Bernstein —los dos jóvenes reporteros del *Washington Post* que destaparon el caso Watergate—, la película narra los hechos con una fidelidad casi quirúrgica. No hay en ella dramatización innecesaria, música manipuladora ni escenas fabricadas para el clímax. Lo que hay es una reconstrucción minuciosa de cómo la verdad se armó fragmento a fragmento, llamada a llamada, nota a nota... Y ahí está su gran logro: convertir el trabajo periodístico —lento, dudoso, invisible— en una epopeya moral.

El año de su estreno, Estados Unidos celebra el bicentenario de su independencia. Pero la conmemoración suena hueca. Ya no hay orgullo, sino sospecha y melancolía. Y en mitad de esa atmósfera, llega esta película a recordarle al país que su única salida está en la transparencia, en la vigilancia al poder, en la dignidad de los que preguntan. *Todos los hombres del presidente* no solo pone en imágenes el caso Watergate, lo consagra como una advertencia permanente.

Por otra parte, el film llega en un momento clave para el cine de Hollywood: el sistema de estudios ha colapsado, el Nuevo Hollywood vive su apogeo, y los directores tienen por fin el control. Alan J. Pakula —ya curtido en la denuncia política con *El último testigo* y *Klute*— dirige con sobriedad, nervio y una inteligencia poco común. Gordon Willis, como director de fotografía, aporta su maestría de claroscuros para transformar las redacciones en trincheras, los pasillos en laberintos, las oficinas en lugares donde la luz no siempre alcanza.

En suma, *Todos los hombres del presidente* es la respuesta estética y moral a una crisis histórica. No es solo una película sobre periodistas, es una película sobre el precio de la verdad en un sistema que prefiere no oírla. Y ese precio, como veremos en los próximos apartados, se paga con miedo, soledad y dudas. Pero también —y eso es lo que la convierte en un clásico— con dignidad.

Inspiración real / Base documental

La génesis de *Todos los hombres del presidente* está en una redacción, en un despacho, en una cafetería con olor a café recalentado, en el sudor de los dedos al marcar teléfonos en una época sin móviles, en las citas anotadas con bolígrafo Bic en los márgenes de papeles arrugados. Es, en definitiva, la historia de un oficio: el periodismo entendido como forma de resistencia ante la maquinaria del engaño.

El libro que da origen a la película, *All the President's Men*, fue publicado en 1974 por Bob Woodward y Carl Bernstein, los dos jóvenes reporteros del *Washington Post* que, durante más de dos años, desentrañaron el escándalo Watergate hasta llegar a la mismísima Casa Blanca. El texto se convirtió rápidamente en un *best seller*, y no solo por el morbo del escándalo, lo que fascinaba era el proceso. La forma en que dos periodistas sin credenciales políticas ni experiencia en grandes tramas tejieron una red de datos, nombres, silencios y fuentes que acabó tumbando a un presidente.

El actor Robert Redford, consciente de la dimensión histórica del asunto, compró los derechos del libro incluso antes de que este saliera publicado. Su intención era clara: hacer una película que honrase el trabajo periodístico sin convertirlo en una caricatura heroica. Redford no quería una historia de intriga, sino de método. Por eso, desde el primer momento, involucró a Woodward y Bernstein en el proceso y les pidió que colaboraran en el guion, en el tono, en los detalles. El objetivo era convertir el cine en una segunda investigación, una que pudiera llegar a quienes nunca leerían el libro.

El encargo del guion fue a manos de William Goldman, uno de los mejores escritores del Hollywood de los 70, conocido por su precisión narrativa y por su alergia al artificio. Goldman se sumergió en cientos de páginas de investigación, en grabaciones y en notas manuscritas. Su reto era titánico: convertir la minucia del trabajo de dos periodistas en una estructura cinematográfica sin sacrificar la verdad. Y lo consiguió. Porque en lugar de adaptar toda la historia del caso Watergate decidió centrarse en los primeros siete meses de la investigación, en ese momento en que nadie sabía hasta dónde llegaba el asunto, cuando todo parecía demasiado turbio para ser cierto.

Esa decisión (contar solo el inicio, el origen, la duda) es lo que le da a la película su tono singular. No hay un gran clímax. No hay escenas espectaculares. Hay encuentros incómodos en portales, llamadas telefónicas truncadas, fuentes que niegan saber lo que saben. Y en el centro, dos hombres que escriben, que corrigen, que tachan, que se preguntan si se están equivocando. Ahí está el corazón documental de la película, mostrando cómo se construye la verdad cuando no hay certezas, solo indicios.

Cada localización fue recreada con exactitud obsesiva. La redacción del *Washington Post* fue reconstruida en un plató de la Warner con una fidelidad enfermiza: se trajeron papeleras, sillas, máquinas de escribir, alfombras y hasta los ceniceros de la redacción original. Los actores y técnicos convivieron durante semanas con los periodistas reales. Dustin Hoffman (Bernstein) y Robert Redford (Woodward) aprendieron los gestos, el ritmo, la jerga. El resultado no es una imitación, sino una encarnación.

Y luego está la figura mítica de Garganta Profunda (*Deep Throat*, traducido como "El Ronco" en la versión española... Nosotros somos así), la fuente anónima que alimentó la investigación desde las sombras. En la película, su presencia es casi espectral: aparece en aparcamientos, envuelto en penumbra, hablando en voz baja. Pero su rol en la narración es clave pues representa esa parte del poder que, aunque atrapada dentro del sistema, aún conserva un resquicio de conciencia.

Su testimonio no solo empuja la historia, le da una textura ética. Su identidad real —el número dos del FBI, Mark Felt— no se conocería hasta el año 2005, y en el film podemos adivinar entre las sombras el rostro del siempre magnífico Hal Holbrook dándole vida.

El rigor documental de la película va más allá de los hechos. Está en el lenguaje, en la atmósfera, en el tiempo que dedica a los procedimientos. No hay trampas visuales. No hay malvados caricaturescos. No hay frases grandilocuentes. Lo que hay es un respeto absoluto por la materia prima: el dato, la fuente, la confirmación. Y eso convierte a *Todos los hombres del presidente* en algo más que una película sobre Watergate. La convierte en una lección de cómo se defiende la verdad cuando el poder juega a ocultarla. No hay ficción aquí, hay representación. Eso ha hecho que la película siga siendo, cincuenta años después, un referente insuperable del cine periodístico y político. Porque nada envejece tan bien como los hechos.

Argumento y estructura narrativa

Pocas películas han logrado hacer del periodismo de investigación una experiencia tan absorbente como *Todos los hombres del presidente*. Lo que a simple vista podría parecer una sucesión de entrevistas, llamadas telefónicas, reuniones y correcciones editoriales se convierte en una estructura dramática de tensión creciente, que no depende de grandes revelaciones, sino de la fragilidad misma del proceso de búsqueda. Aquí no hay persecuciones ni balas, pero cada portazo o cada fuente que se calla y se retira en mitad de una frase vale más que una explosión.

Reiteramos que uno de los mayores aciertos de la película es que no narra todo el caso Watergate. El guion de William Goldman se centra exclusivamente en los primeros siete meses de investigación, desde el asalto al cuartel general del Partido Demócrata, en el edificio Watergate, hasta el momento en que los periodistas consiguen conectar el escándalo con la cúpula del Comité para la Reelección del Presidente (el célebre CRP o CREEP). No vemos el juicio, ni la dimisión de Nixon, ni el final del proceso. Porque esta no es una película sobre el final del poder, sino sobre cómo se empieza a sospechar de él.

La estructura narrativa es esencialmente una cronología de obstáculos. Cada intento de obtener información se topa con el miedo, el silencio, la intimidación. Woodward y Bernstein son como dos boxeadores que avanzan a golpes, sin saber bien contra quién pelean. Y esa incertidumbre se vuelve motor narrativo. Lo que en otros relatos sería un callejón sin salida, aquí se convierte en tensión: ¿qué se oculta tras ese silencio?, ¿por qué no quieren hablar?, ¿quién los está observando?

Coppola y Pakula entienden que el verdadero enemigo no es un personaje, es la opacidad institucional. Por eso la película no tiene una figura malvada central. Nixon no aparece más que como una voz de fondo, en imágenes de archivo. El poder no grita, se oculta. Y lo hace a través de funcionarios grises, recepcionistas, empleados que "no pueden hablar de eso". La estructura de la película es la del muro que se agrieta milímetro a milímetro, hasta que uno puede asomarse y otear que hay algo monstruoso del otro lado.

El guion es meticuloso en su forma de construir tensión sin artificios. Hay escenas donde un pequeño dato —una firma, un nombre en una agenda, una inicial al margen de un cheque— genera una onda expansiva. Todo se sostiene sobre la obsesión por la confirmación: cada información debe ser contrastada con tres fuentes, cada detalle debe cuadrar. Esa insistencia en el procedimiento es también una declaración de principios: la verdad no se encuentra, se construye. Se levanta con dudas, con pasos en falso, con redacciones nocturnas, con manuscritos tachados.

Uno de los aciertos más brillantes del relato es el contrapunto entre los dos protagonistas: Bernstein es más agresivo, impulsivo, intuitivo; Woodward, más metódico, diplomático, estratégico. Esa dinámica no solo humaniza la historia, también le confiere ritmo y conflicto. No son héroes, son periodistas jóvenes, inexpertos, que a menudo no saben si están metiendo la pata, pero tienen algo que el sistema no puede controlar, la obstinación moral.

La película también explora con sutileza la soledad del que investiga. A medida que avanzan, Woodward y Bernstein van perdiendo apoyos...

Compañeros que se desentienden, fuentes que desaparecen, editores que dudan. Incluso su redacción —ese espacio luminoso y lleno de vida al principio— empieza a parecerse a una celda. La sensación de peligro crece, no porque se vean amenazas explícitas, sino porque la atmósfera se vuelve más espesa, densa e inquietante. Como si algo o alguien empezara a acechar desde fuera del plano.

El uso de los espacios refuerza esa sensación: los apartamentos donde se hacen entrevistas son asfixiantes, las oficinas gubernamentales despersonalizadas y los garajes donde les cita Garganta Profunda son templos del miedo. Cada secuencia está diseñada para recordarnos que hay un poder oculto que no quiere ser tocado, que cada paso hacia la verdad les acerca más al peligro.

El clímax no llega con una revelación explosiva, sino con una certeza silenciosa: la red de corrupción alcanza a la presidencia. Los periodistas escriben la noticia, la máquina de teletipo escupe el texto. Y mientras en la televisión vemos cómo Nixon jura su cargo por segunda vez, Woodward y Bernstein siguen tecleando, imperturbables. Porque el trabajo no ha terminado. Porque la verdad no es un instante, es una tarea.

Protagonistas frente al poder

Si algo distingue a *Todos los hombres del presidente* dentro del cine conspiranoico es que sus protagonistas no son héroes clásicos. No son espías iluminados, ni testigos traumatizados, ni vengadores solitarios. Son dos periodistas jóvenes, de poco prestigio, que escriben notas breves en la sección de sucesos y que, por azar y por terquedad, se ven arrastrados hacia el mayor escándalo político del siglo XX. Y, sin embargo, lo que hacen es más valiente, difícil e importante que disparar una pistola o escapar de un atentado... Deciden no rendirse. Deciden preguntar. Deciden escribir.

Bob Woodward y Carl Bernstein son el corazón moral del film. Pero lo son no por lo que saben, sino por lo que no saben. Desde el primer minuto se mueven en la penumbra, tanteando, sin mapas, sin certezas. Y, sin embargo, tienen algo que los define, una brújula ética que no permite el cinismo ni la complacencia. Su compromiso no es ideológico. No militan en ningún partido. No tienen una agenda oculta. Lo único que quieren es entender. Y, en ese sentido, representan una figura, la del profesional decente, que el cine rara vez ha retratado con tanto respeto.

Bernstein es el más impulsivo. El que reescribe los textos de Woodward sin permiso, el que saca más partido a los silencios que a las palabras, el que se lanza al terreno sin red. Woodward es más sobrio, más cuidadoso, más estratégico. Sabe cuándo callar, cuándo esperar, cuándo retroceder un paso. Juntos forman un tándem imperfecto pero poderoso. Porque lo que comparten es algo más fuerte que sus diferencias, una fe incorruptible en que, si uno hace bien su trabajo, puede detener el daño.

En la tradición del cine político, hay algo de David contra Goliat. Pero aquí David no tiene honda, solo un cuaderno. Y Goliat no es una figura concreta, sino una atmósfera de ocultamiento, de miedo, de silencio perfectamente engranado. No hay persecuciones ni amenazas directas, pero sí llamadas inquietantes, fuentes que se niegan a hablar "por miedo a perderlo todo", funcionarios que repiten frases como escudos: "No tengo autorización para hablar de eso", "Eso no me concierne". Y entre esas fisuras, se filtra la verdad.

El verdadero enemigo de Woodward y Bernstein es la desinformación estructural. No la mentira activa, sino la verdad rota, incompleta, desfigurada. La información que no llega, que se esconde, que se convierte en rumor. Por eso, cada escena en la que llaman a una fuente, cada conversación a media voz, cada anotación garabateada, adquiere el peso de una declaración de principios: en un sistema que se protege mintiendo, el acto de preguntar ya es una forma de disidencia.

Pero los protagonistas no están solos. Junto a ellos, el personaje de Ben Bradlee, director del *Washington Post* (interpretado por un majestuoso Jason Robards), ofrece una de las figuras más imponentes y memorables del cine político, la del editor que cree en sus periodistas... Incluso cuando no puede garantizarles que saldrán vivos. Bradlee no es un héroe paternalista. Es duro, sarcástico, exigente. Pero cuando se da cuenta de que lo que Woodward y Bernstein están destapando es más grande de lo que se atreven a nombrar, les da la cobertura institucional necesaria para que sigan adelante. Les presta su espalda, su prestigio.

Esa escena en la que Bradlee, tras leer en voz alta la última versión del reportaje, les da luz verde para publicar, no es solo un momento editorial, es un acto político. Es un salto al vacío. Es un diario que decide poner la verdad por encima del miedo. En ese instante, la redacción se convierte en una trinchera. Y el periodismo, en barricada. Es de justicia citar aquí también a Martin Balsam, como el subdirector Howard Simons, y a Jack Warden, como el redactor jefe de la sección de noticias locales Harry Rosenfeld, dos actores que ofrecen encarnaciones brillantes de otros dos periodistas clave en el apoyo al trabajo de Woodward y Bernstein.

A diferencia de otros protagonistas del cine conspiranoico, estos dos periodistas no llegan al final de la historia con una revelación final ni con un ajuste de cuentas, lo hacen tecleando. Mientras Nixon aparece en la televisión jurando su cargo, ellos escriben. Porque saben que el asunto aún no ha terminado. De hecho, solo acaba de empezar. Entienden que lo que han logrado no es una victoria, sino un paso más. Y ahí reside la grandeza de estos personajes: en que no salvan el mundo, no tumban al presidente con una bala ni con una escena explosiva. Lo hacen con persistencia, con método, con honestidad.

En tiempos de descrédito, de *fake news*, de opinadores y *youtubers* con agenda, la figura del periodista como protagonista moral vuelve a cobrar fuerza. Y *Todos los hombres del presidente* sigue siendo su retrato más puro. Porque sus héroes no visten capa. Visten americana (de pana), se equivocan al marcar el número... y vuelven a intentarlo.

El enemigo invisible (o no tanto)

Todos los hombres del presidente es una de las películas más brillantes jamás rodadas sobre el poder sin rostro. A lo largo de más de dos horas de metraje no vemos una sola escena en la Casa Blanca. Nixon solo aparece en imágenes reales, fragmentarias, en la televisión del fondo. No hay escenas de conspiración en despachos con cortinas pesadas. No hay reuniones secretas entre hombres de traje que deciden el destino del país. Porque el poder, aquí, no se exhibe, se oculta.

La película lo tiene claro: lo más inquietante del poder es su capacidad para actuar sin dejar huella. No necesita levantar la voz. Le basta con hacer que todos bajen la suya. El miedo no se impone con amenazas abiertas, sino con gestos mínimos: una negativa educada, una mirada que esquiva, un portazo que parece casual... Esa es la sustancia con la que Alan Pakula moldea a su enemigo, no como un sujeto, sino como una atmósfera.

El Comité para la Reelección del Presidente (CREEP), pieza central de la investigación periodística, se convierte en un nudo oscuro del que parten hilos que alcanzan lo más alto. Pero nadie ha visto tirar de ellos. Nadie puede probarlo... por ahora. Esa falta de pruebas absolutas es lo que mantiene el sistema funcionando. El poder opera por delegación, por negación, por silencio compartido.

Lo magistral está en cómo la película convierte esa opacidad en tensión cinematográfica. La amenaza está en todas partes, pero no se manifiesta como ataque físico. No hay coches que explotan. No hay persecuciones. Hay llamadas que no se devuelven, fuentes que reculan, testimonios que se disuelven en el miedo... Y mientras tanto, la sombra del presidente (ese ser invisible, omnipresente, cuya voz emerge en grabaciones reales) se convierte en una presencia fantasmagórica que contamina cada rincón del relato.

La escena con Garganta Profunda en el aparcamiento subterráneo condensa esa estética del enemigo sin rostro. Allí, en la penumbra, el informante no expone certezas, ofrece pistas. Advierte sin afirmar. Lanza frases como proyectiles ("Sigue el dinero", "Tienen a gente en la CIA, en el FBI, en Justicia..."), pero el escalofrío no viene de lo que dice, sino de lo que se ve obligado a callar; de cómo lo dice; de la conciencia de que los engranajes del poder están contaminados hasta el tuétano, y que nadie —ni siquiera él— puede hablar abiertamente sin pagar un precio.

Pero ese enemigo que no se ve, sin embargo, tiene herramientas muy precisas: el chantaje, el despido, el descrédito, la manipulación de los medios. la filtración interesada... Todo forma parte del arsenal. Y aunque no se utiliza como una bomba, se aplica como una bruma, como una presencia constante que asfixia sin asaltar. Por eso, el miedo que atraviesa la película no es solo el de los periodistas, sino el de todos los ciudadanos que prefieren no hablar, no recordar, no implicarse. Porque el poder, aquí, no necesita matar, le basta con que callemos.

Hay un momento brillante en el que un personaje secundario le dice a Bernstein: "No me da miedo hablar contigo. Me da miedo que se enteren de que he hablado contigo". Esa línea sintetiza todo el mecanismo del enemigo: el sistema ha logrado convertir la simple idea de contar la verdad en un acto suicida. Y eso es más eficiente que cualquier sistema de represión visible.

Pakula, junto a Gordon Willis, refuerza esta concepción a través del lenguaje visual: oficinas impersonales, amplios planos generales con figuras pequeñas rodeadas de arquitectura institucional, encadenamientos de pasillos sin fin, carpintería gris... El espacio se vuelve opresivo no por lo que muestra, sino por lo que oculta. Las decisiones reales no se toman en esos despachos, pero desde ellas se gestionan las lealtades, los ascensos, los silencios. El poder (y eso es lo verdaderamente siniestro) no aparece como un monstruo, sino como un administrador, como una maquinaria bien engrasada. Y eso explica su eficacia: no necesita rostros, le basta con procesos.

Pero el retrato más escalofriante del enemigo llega en las secuencias más anodinas: una secretaria que se niega a dar un nombre, un funcionario que cuelga el teléfono sin motivo, un compañero de partido que dice "yo no sé nada" con los ojos puestos en la alfombra... Esa es la conspiración, la suma de obediencias silenciosas que permiten que la corrupción respire. Por eso *Todos los hombres del presidente* no se enfrenta a un antagonista concreto, sino a un ecosistema, a una cultura, a una estructura de poder que se protege a sí misma no con violencia, sino con retórica, con evasivas, con complicidad pasiva.

Y ahí radica su lucidez, en mostrarnos que el verdadero enemigo no necesita dar órdenes explícitas, le basta con que todos sepan qué no deben decir.

Lenguaje visual, puesta en escena y música

Uno de los grandes méritos de *Todos los hombres del presidente* es que convierte un proceso esencialmente abstracto —la investigación periodística— en una experiencia sensorial cargada de tensión. Lo consigue sin efectos especiales, sin movimientos bruscos, sin violencia explícita. Lo consigue (como los grandes) con un lenguaje cinematográfico puro: luz, composición, ritmo, espacio y sonido al servicio de una idea que vertebra toda la película: la verdad está ahí, pero está enterrada bajo capas de miedo, burocracia y mentira. Y desenterrarla es peligroso.

La fotografía de Gordon Willis es central en esa construcción. Willis había trabajado ya con Coppola en *El Padrino*, y en esta película da un giro visual prodigioso: pasa del claroscuro barroco de la mafia a una estética mucho más sobria, funcional, pero no menos inquietante. Aquí la oscuridad no es ornamental, sino metafórica, representa los espacios donde el poder se esconde, los silencios que dominan la trama, las zonas de sombra que los periodistas intentan alumbrar.

La cinta alterna dos mundos. Por un lado, la redacción del *Washington Post*, iluminada con luz blanca, fluorescente, casi quirúrgica. Por otro, los lugares donde se cuece la conspiración: pasillos en penumbra, *parkings* subterráneos, despachos sombríos, pisos en los que nadie quiere hablar. Y ese contraste visual no es solo estético, es un mapa moral del relato. La claridad no está donde se pronuncian los grandes discursos, sino donde se repiten los datos, se hacen llamadas, se tachan frases. La penumbra no está en la noche, sino en los protocolos, en las evasivas, en el "no puedo hablar de eso".

Como ya explicamos, la redacción fue reconstruida con exactitud obsesiva: misma distribución, mismos materiales, incluso las máquinas de escribir originales. Pakula y Willis filman ese espacio con planos largos, a menudo estáticos o con movimientos lentos, creando una sensación de rutina, de repetición, pero también de concentración. Cada personaje está rodeado de papeles, de carpetas, de teléfonos que suenan sin descanso. Y en medio de ese caos funcional, la cámara encuentra orden. La puesta en escena transforma el desorden informativo en tensión dramática.

El plano secuencia es otra herramienta fundamental. Hay escenas donde Woodward y Bernstein cruzan la redacción de un extremo a otro, entre colegas que trabajan, editores que fuman y secretarias que mecanografían. Pero la cámara no corta, acompaña. Una decisión que genera un efecto sutil pero potente: todo ocurre en tiempo real, sin trampas, como en la investigación, como en la vida.

Y luego están los exteriores, filmados con una composición milimétrica. Uno de los planos más famosos de la película —y del cine político en general— es aquel en el que Woodward y Bernstein trabajan de noche en la redacción mientras, al fondo, en una pequeña pantalla, Nixon jura su cargo. La cámara está fija. No hay música. No hay énfasis. Solo dos hombres escribiendo, la historia real avanzando en televisión y la verdad tecleada con dedos que no se detienen. Una imagen que condensa toda la ideología del film: el poder hace ruido. La verdad se escribe en silencio.

El diseño de sonido también es sobrio, pero calculado al milímetro. Las llamadas telefónicas, los susurros, los taconeos por los pasillos, el golpeteo de las teclas... se convierten en una partitura. Porque aquí, el suspense no se construye con lo que se dice, sino con cómo suena el silencio entre una frase y otra. No hay banda sonora grandilocuente. Solo una música discreta, de piano minimalista, firmada por David Shire, que aparece en momentos puntuales, como si se disculpara por interrumpir (y que David Fincher querrá replicar treinta años después en *Zodiac* fichando al propio Shire).

En esta película la música es la excepción, no la norma. Pakula no quiere que la emoción venga impuesta, sino que el espectador la construya. Por eso evita subrayados ni clímax sonoro. La emoción está en la acumulación, en la progresión, en el rumor que se convierte en certeza, en la intuición que guía, en la palabra "confirmado" escrita a lápiz en una libreta.

La cámara, por su parte, es discreta, pero no sumisa. Cuando se encuentra con el poder, se vuelve ligeramente más agresiva. En los sótanos donde aparece Garganta Profunda, por ejemplo, la iluminación es casi expresionista. Hay sombras cruzadas, humo, escalones mal iluminados. Todo en ese espacio sugiere que la verdad no solo está oculta, está siendo protegida por capas de miedo físico y simbólico.

En definitiva, *Todos los hombres del presidente* no hace de la forma un ornamento. La convierte en herramienta. No embellece, interroga. No estiliza, denuncia. Y en ese gesto, logra lo más difícil, transformar la estética del dato en una épica del conocimiento. Nos recuerda que escribir bien un párrafo, encuadrar con sobriedad, iluminar con precisión y montar con ritmo justo también es hacer cine político. Porque si el poder se oculta en la oscuridad, el cine (como el periodismo) tiene el deber de encender una lámpara. Aunque solo alumbre una esquina del mapa.

Recepción y legado

Todos los hombres del presidente se estrenó en abril de 1976, apenas veintiún meses después de que Richard Nixon dimitiera de la presidencia de Estados Unidos. Era imposible estar más cerca del acontecimiento histórico que narraba. Y, sin embargo, la película no fue recibida como un producto apresurado u oportunista. Al contrario, fue saludada como una obra sobria, rigurosa y necesaria, un ejercicio de memoria reciente que no pretendía ajustar cuentas, sino mostrar el proceso que hizo posible que se supiera la verdad.

La crítica se rindió a sus pies. Roger Ebert dijo que era "una lección sobre cómo el periodismo puede cambiar el mundo sin necesidad de levantar la voz". Pauline Kael, habitualmente áspera, la reconoció como "el retrato más lúcido del miedo institucionalizado en la América moderna". Y los grandes periódicos (incluido, claro, el *Washington Post*) elogiaron, además de la precisión con que se había reconstruido la redacción, la honradez con la que se representaba el oficio periodístico sin romantizarlo.

A nivel de premios, la película se convirtió en uno de los títulos clave de la temporada. Fue nominada a ocho Oscar, incluyendo mejor película, director, guion adaptado, montaje, sonido y actor de reparto.

Ganó cuatro: mejor guion (William Goldman), mejor actor de reparto (Jason Robards, como Ben Bradlee), mejor sonido y mejor dirección artística. Aunque perdió el premio a mejor película frente a *Rocky* (John G. Avildsen, 1976) quedó clara su posición: era la película del momento, la que hablaba del país no como lo que soñaba ser, sino como lo que acababa de descubrir que era.

Pero su legado va mucho más allá de los premios. Lo que *Todos los hombres del presidente* hizo fue consolidar un nuevo arquetipo cinematográfico, el del periodista como protagonista moral. No como decorado, no como testigo, no como recurso narrativo, sino como eje ético del relato. Esa figura, hasta entonces poco representada con hondura, pasó a ser central en el cine político posterior. Desde *El dilema* hasta *Spotlight*; pasando por *Veronica Guerin* (2003), de Joel Schumacher; *La sombra del poder* (*State of Play*, 2009), de Kevin Macdonald; *La verdad* (*Truth*, 2015), de James Vanderbilt; o incluso series como *The Newsroom*... Todas deben algo (o mucho) a Pakula y su equipo.

La película también marcó el tono visual y narrativo del subgénero "*thriller* de redacción", caracterizado por largas conversaciones telefónicas, oficinas caóticas, cafés fríos, *deadlines* angustiantes, y el placer del descubrimiento a base de fichas, biblioratos y testimonios contradictorios. Esa estética —fría, sobria, masculina, de gabardinas y máquinas de escribir— se volvió inmediatamente reconocible. Y, más importante aún, se convirtió en un símbolo cultural de integridad periodística.

En el terreno político, *Todos los hombres del presidente* ayudó a consolidar una narrativa histórica, la del periodismo como contrapeso del poder, como última línea de defensa ante la corrupción institucional. Para toda una generación de espectadores, la película se convirtió en el manifiesto visual de una vocación que ya no era simplemente contar historias, sino proteger la democracia. Y eso por no hablar de las varias generaciones de jóvenes que se decidieron por cursar la carrera de Periodismo inspirados por esta película.

El impacto no se limitó a Estados Unidos. En países con censura, con democracias frágiles o con regímenes autoritarios, la película fue (y sigue siendo) vista como un emblema de lo que puede lograrse cuando se investiga con rigor, cuando se publica con valentía, cuando se escribe no para complacer al poder, sino para controlarlo. No es casual que muchos periodistas latinoamericanos, europeos del Este o árabes citen esta película como una inspiración directa. De hecho, no son pocos periodistas los que fantasean con conseguir su "Watergate", ese "escándalo descubierto" capaz de encumbrar una carrera.

En términos más amplios, el film sirvió para dignificar el relato de los hechos frente a la ficción embellecida. En una época en que el Nuevo Hollywood apostaba por la ambigüedad moral, Pakula, Goldman y Redford hicieron algo valiente: defender la claridad, la ética, la responsabilidad, sin caer en el panfleto ni en la hagiografía. Woodward y Bernstein no son santos, no son invulnerables, no son infalibles, pero siguen adelante. Se equivocan, corrigen, dudan. Y escriben. Escriben como quien cava una zanja, como quien siembra en tierra seca. Y de esa escritura nace la verdad.

Por todo ello, *Todos los hombres del presidente* no solo ha envejecido bien, sino que incluso ha rejuvenecido con el tiempo. En una era marcada por la desinformación, la saturación mediática, los bulos virales y los ataques a la prensa, su mensaje ha cobrado una urgencia renovada. Ya no se trata solo de mirar al pasado, sino de recordar que los mecanismos del encubrimiento siguen operando. Que la verdad sigue siendo incómoda. Y que los periodistas que la persiguen siguen siendo los guardianes de la cordura democrática.

Medio siglo después de su estreno, en 1976, sigue pareciendo que fue hecha ayer. Porque cuando la historia se cuenta con rigor, con tensión, con imágenes limpias y conciencia sucia, no envejece. Se queda vibrando. Como un teletipo que no deja de sonar.

Claves simbólicas y subtexto

Detrás de su fachada austera, casi ascética, *Todos los hombres del presidente* está llena de símbolos, de metáforas y de gestos cargados de sentido. Es una película que no necesita subrayar sus mensajes porque los encarna. No los enuncia, los deja respirar en cada plano, en cada gesto, en cada pausa incómoda. Y lo primero que late en ella es la idea de que la democracia no es un estado natural, sino una construcción frágil, siempre al borde del colapso, y sostenida (cuando todo lo demás falla) por quienes se atreven a contar lo que vieron.

Uno de los símbolos más potentes es el teletipo, que aparece como una especie de metrónomo de la verdad. Lo vemos al principio, al final, e incluso como fondo constante del trabajo de redacción. Ese chasquido rítmico, impersonal, incesante, tiene una función casi ritual: es la máquina que transforma la investigación en hecho público. No hay épica ni redención, solo papel saliendo de una máquina. Y, sin embargo, ahí está la auténtica acción. Ahí está la historia cambiando.

La redacción misma es otro gran símbolo: un espacio sin puertas, sin jerarquías visibles, sin banderas ni retratos. Es el antídoto visual del palacio presidencial. Frente al mármol, la moqueta. Frente al despacho, el escritorio compartido. Frente a la distancia del poder, la cercanía del dato. Todo en ella respira horizontalidad, trabajo colectivo, imperfecto pero libre. Esa redacción no es solo un lugar físico, es la encarnación de un ideal democrático donde la verdad se construye entre muchos, y donde el error se asume, se corrige y se imprime.

Los personajes, a su vez, encarnan distintas actitudes ante la verdad. Woodward y Bernstein representan la ética del trabajo sostenido, del rigor, de la sospecha constructiva. No son idealistas ingenuos, son trabajadores del dato. Y eso los convierte en figuras poderosamente contemporáneas, pues no buscan la gran revelación, sino la acumulación precisa que desborda la mentira. En un mundo dominado por la ansiedad del titular, la película reivindica el valor de la espera, del cruce de fuentes, del borrador que se tacha cinco veces antes de imprimirse.

El personaje de Ben Bradlee no es solo un editor, simboliza la institucionalidad crítica. Es el garante de que lo que se publica tenga sentido, peso y consecuencias. Representa la vieja guardia, pero no como freno, sino como responsabilidad. Es el que dice "esto hay que confirmarlo", y también el que, cuando llega la hora, asume el riesgo de publicar y afrontar lo que venga. Es la voz de la historia, pero también su testigo incómodo.

Pero el símbolo más sutil (y más inquietante) es el enemigo ausente. Nixon no aparece. La Casa Blanca no se ve. Todo lo que amenaza a los protagonistas está fuera de campo. Y eso no es un error, es un mensaje. Nos dice que el poder, cuando está podrido, no necesita mostrarse para operar. Basta con que todos sepan que está ahí. Y por eso la atmósfera está llena de ecos, de puertas cerradas, de frases inconclusas. Es la estética del miedo civilizado, del miedo que no grita, pero que se instala. El que se esconde tras el "mejor no te metas en eso".

En ese paisaje, la película levanta una tesis simbólica demoledora: la libertad depende de lo que se publica, pero también de lo que se decide no ocultar. La verdad, en este universo, no es una revelación divina, es una construcción humana, frágil, amenazada desde dentro por el cansancio, la autocensura, el cinismo. Y frente a eso, *Todos los hombres del presidente* levanta una bandera sin ondearla, la del trabajo riguroso como acto de resistencia.

El propio título del film es irónico y simbólico. *All the President's Men* casi suena a cuento de hadas, pero aquí se refiere a la red invisible de hombres (y mujeres) que sostienen, protegen y encubren al poder caído. Es un título que habla del servilismo, de la cadena de complicidades, de los engranajes que permiten que el crimen no parezca crimen. Y también, claro, de lo que ocurre cuando algunos de esos engranajes se oxidan y empiezan a hablar.

Pero si de simbolismo hablamos es imposible pasar por alto una de esas escenas que quedan para siempre en la memoria cinéfila del espectador. Se rodó en la sala de lectura del edificio Thomas Jefferson de la Biblioteca del Congreso de los Estados Unidos, en Washington. La escena arranca con un plano picado que enfoca las manos de Woodward y Bernstein que, siguiendo una pista, están revisando varias pilas de centenares de fichas de préstamo de los libros solicitados por la Casa Blanca en los dos últimos años sobre el presidente Kennedy.

La cámara retrocede iniciando un suave ascenso y vemos a los periodistas sentados de lado, con las americanas en el respaldo de las sillas respectivas, las mangas de las camisas remangadas, una azul y otra blanca —símbolo de poder y autoridad—, concentrados, pasando las tarjetas deprisa. Se escucha, a todo volumen, el sonido del parpadeo del papel en un compás acelerado superponiéndose a la música que acompaña la escena hasta el final de la toma. La cámara sigue subiendo, vemos la mesa y, a continuación, el plano se abre progresivamente mostrando todo lo que les rodea hasta situarse cerca de la cúpula del techo. Se usan un par de disoluciones que acortan el tiempo hasta poder ver una panorámica cenital en la que a lo lejos distinguimos a los protagonistas como dos hormiguitas dentro de un laberinto.

El simbolismo de esta sublime escena es patente porque manifiesta, en los 45 segundos que dura, el trasfondo de la película, es decir, el intento de dos hombres por desenmascarar las fechorías cometidas por el gobierno estadounidense. La imagen de las mesas concéntricas de la sala de lectura recuerda las redes del poder. Por primera vez en la cinta, tenemos la sensación de que, finalmente, los dos reporteros han encontrado el camino correcto.

Por último, la escena final —los periodistas escribiendo mientras Nixon jura su cargo por televisión— es quizá uno de los planos más simbólicos de la historia del cine político. No hay música. No hay aplauso. No hay "The End". Solo dos hombres escribiendo. Y una nación que sigue girando. La historia grande mintiendo. La historia pequeña trabajando. Es el plano que nos recuerda que el periodismo no detiene la historia, pero puede corregirla.

En definitiva, *Todos los hombres del presidente* no solo es una película sobre el caso Watergate. Es un relato sobre la tensión permanente entre poder e información, entre ocultamiento y transparencia, entre miedo y responsabilidad. Es una historia que no termina con una caída, sino con una pregunta: ¿y ahora quién contará la próxima verdad?

Network, un mundo implacable (Network, 1976), de Sidney Lumet

Arthur Jensen (Ned Beatty): Lo he elegido a usted, Sr. Beale, para predicar este evangelio.

Howard Beale (Peter Finch): ¿Por qué yo?

Arthur Jensen: ¡Porque sale en televisión, imbécil!

Contexto político e histórico

Cuando *Network* se estrenó en 1976, Estados Unidos se miraba en el espejo con resaca de década dura y el reflejo empezaba a resultar insoportable. La confianza institucional, devastada por el escándalo Watergate, había dado paso al cinismo generalizado. Nixon ya no estaba, pero su sombra aún se proyectaba sobre el Capitolio. Vietnam había terminado en derrota. Las ciudades estaban al borde del colapso económico. La inflación mordía los bolsillos, el petróleo condicionaba la política exterior, y la promesa del sueño americano parecía cada vez más un eslogan reciclado en la pantalla.

Pero si algo definía el espíritu de la época era la televisión. Más que un medio, era ya una atmósfera. Todo ocurría en la tele, todo pasaba por la tele, todo debía ser visto para existir. Los noticiarios no eran todavía el circo que son hoy, pero ya comenzaban a exhibir signos de transformación: cámaras más móviles, editores más agresivos, productores más dispuestos a mezclar información y entretenimiento en nombre del *rating*. El periodismo, tal como lo habían concebido los héroes del *New York Times* y del *Washington Post*, empezaba a parecer lento, gris, caro... y, sobre todo, poco rentable.

Network llega en ese punto exacto de inflexión. Sidney Lumet, cineasta de mirada implacable, y Paddy Chayefsky, guionista con alma de profeta airado, firman una película que no pretende ser realista. Busca ser veraz. No representa cómo son las cosas, sino cómo están a punto de ser. Y lo hace desde dentro del monstruo: la redacción de un canal de televisión ficticio, UBS, que decide sacrificar lo que queda de su ética periodística en nombre del espectáculo, la audiencia y, claro, los ingresos publicitarios.

La historia parte de un hecho inquietantemente humano: Howard Beale (interpretado por un memorable Peter Finch), veterano presentador de informativos, es despedido por bajo rendimiento de audiencia. Hundido, anuncia en directo que se va a suicidar ante las cámaras en su última emisión. Lo que sigue, lejos de ser un escándalo, se convierte en un fenómeno. El público se engancha. La audiencia sube. Y el canal, en lugar de frenar a Beale, lo convierte en un profeta televisivo, un loco que grita verdades, un bufón mesiánico que canaliza el hartazgo colectivo. Así nace *El show de Howard Beale*. Y con él, un nuevo tipo de televisión: la televisión de la furia, del desahogo, de la emoción sin filtro. La televisión como exorcismo nacional.

El contexto en que esta historia se plantea no es el del golpe militar, ni el del crimen político encubierto, ni el de la represión institucional. Es algo más perverso: la conversión del malestar en espectáculo. El poder ya no necesita ocultarse. Puede comprarse, producirse, emitirse en *prime time*. La denuncia ya no se censura, se monetiza. Y el ciudadano ya no es perseguido por lo que dice, sino usado como parte del decorado. Lo que Z contaba con rabia judicial, *Network* lo cuenta con sarcasmo homicida.

La crítica a los medios de comunicación no es nueva en 1976. Ya *El gran carnaval* (*Ace in the Hole*, 1951), de Billy Wilder, había mostrado cómo un periodista podía explotar la tragedia de otro ser humano en busca de fama. Pero *Network* va un paso más allá: no critica al periodista aislado, sino al sistema mediático entero. El canal ya no actúa como distorsionador ocasional de la verdad, sino como su reemplazo. No importa si algo es cierto. Lo que importa es si funciona en pantalla.

Y en ese sentido, la película también habla del nacimiento de una nueva forma de poder: el conglomerado mediático-empresarial. La red UBS no responde a criterios periodísticos, ni siquiera a intereses ideológicos, responde a los mercados. Los directivos que aparecen en la película hablan como economistas, piensan como *brokers*, actúan como tecnócratas. Su lógica no es la de la información, sino la de la eficiencia. La televisión se convierte así en una herramienta de moldeado cultural. No educa, no informa, no entretiene. Gestiona emociones, canaliza frustraciones, administra el tiempo de atención... Y, lo más importante, vende.

Así, *Network* no se inserta en una conspiración clásica, sino en una mutación cultural. No denuncia un crimen del Estado, sino una transformación del lenguaje, del rol del periodismo, del lugar del espectador. Nos advierte no solo de que los medios mientan, también de algo peor, que los medios han dejado de tener relación alguna con la verdad, y que el público, lejos de rebelarse, lo ha aceptado como parte del paisaje. Porque mientras haya algo que ver, algo que gritar, algo que sentir... nadie se levantará del sofá.

La profecía de *Network* fue recibida con estupor en su día. Muchos pensaron que era una sátira hiperbólica. Nadie imaginaba que apenas unas décadas después, personajes reales gritarían desde platós muy similares, que los canales de noticias harían política en directo, y que la ira popular sería medida en *shares* y *ratings*. Pero Chayefsky lo vio antes que nadie. Supo que la televisión no iba a reflejar el mundo. Iba a reemplazarlo.

Y en 1976, cuando *Network* encendió la pantalla, lo hizo como quien prende una bengala en una caverna. Para que los demás vieran la forma del monstruo antes de que fuera demasiado tarde.

Inspiración real / Base documental

Network no se basa en un suceso real. No hay una muerte en directo que inspirara el guion. No hay un presentador que se atrincherara en la pantalla con delirios proféticos. Y, sin embargo, pocas películas han resultado tan documentadas en su diagnóstico. Porque lo que Chayefsky construye no es una recreación de hechos, es una cartografía del desastre. No denuncia un crimen cometido, sino uno por cometer. No adapta una noticia, la predice.

Paddy Chayefsky, guionista de la película y figura clave de la televisión en vivo de los años 50 y 60, conocía el medio desde dentro. Había trabajado como autor en programas de éxito y sido testigo de la transición del directo a la cinta grabada, del periodismo clásico a la cultura del entretenimiento, del contenido serio al enfoque en la audiencia. Lo que le preocupaba no era sólo que la televisión mintiera. Lo que realmente lo horrorizaba era la frivolidad con la que empezaba a tomarse a sí misma. El modo en que la ética informativa era desplazada por una sola pregunta: ¿esto vende?

Network nace de ese hartazgo. Chayefsky no necesitaba documentarse en periódicos. Su fuente eran las redacciones, las reuniones de producción, las conversaciones con ejecutivos de las cadenas. En los años previos a escribir el guion, recopiló anécdotas, frases, casos límite. Visitó estudios, habló con productores, recogió los primeros síntomas de una industria en plena mutación. Supo leer lo que estaba ocurriendo en las salas de control de los canales generalistas: el presentador estrella que se convertía en "marca", el editor que priorizaba los segmentos que hacían llorar al público, el directivo que medía el éxito moral de un contenido por los picos de audiencia. Y supo (como muy pocos) hacia dónde conducía todo eso.

Una de las principales inspiraciones para el personaje de Howard Beale fue el comentarista John Chancellor, de la NBC, un hombre de fuertes convicciones éticas que en varias ocasiones se mostró visiblemente alterado en pantalla por acontecimientos políticos. Pero Beale también bebe de la figura de Arthur Godfrey, uno de los primeros presentadores de la televisión estadounidense en hablar directamente a la cámara como si se dirigiera a un amigo íntimo, creando ese estilo de confesión personal que luego derivaría en el *talk show* emocional. Y, por supuesto, hay en Beale algo del grito desesperado de Joseph Welch, el abogado que en 1954 interpeló a Joseph McCarthy con la frase: "¿No tiene usted sentido del decoro, señor?". Esa mezcla de integridad quebrada y espectáculo moral recorre al personaje.

Pero más allá de las referencias personales, Chayefsky se inspiró en el clima general de descomposición cultural que empezaba a envolver a la televisión estadounidense. En 1974, apenas dos años antes del estreno, había tenido lugar el escándalo del *Quiz Show* en el que se descubrió que concursos como *Twenty-One* habían sido amañados por las cadenas. El impacto fue brutal: por primera vez, se revelaba que lo que ocurría en la pantalla no era del todo cierto. Y eso cambió la percepción del público. La televisión dejó de ser un espejo de confianza para convertirse en una máquina sospechosa. Chayefsky entendió que esa grieta no era el final, sino el comienzo de una transformación profunda en la que los medios, en lugar de responder a la realidad, la modelaban.

El personaje de Diana Christensen (Faye Dunaway), la ambiciosa y cínica productora de contenidos, está inspirado en varias figuras reales del emergente mundo de la programación sin escrúpulos. Mujeres y hombres jóvenes, formados en *marketing* más que en periodismo, que veían en la televisión un campo de batalla por la atención del espectador. Diana no quiere informar, quiere impactar. Y por eso sugiere, sin pestañear, que el canal emita un programa de extrema izquierda con imágenes reales de atentados, asesinatos y secuestros. Es decir, pretende convertir la subversión política en material de entretenimiento. Si el hecho genera miedo, morbo, polémica... mejor. Lo que importa no es lo que pasa, sino lo que hace subir el *rating*.

También es significativa la inspiración del personaje de Arthur Jensen, el directivo de la multinacional CCA que hace uno de los monólogos más escalofriantes del cine estadounidense. En él, Jensen explica a Beale que ya no hay naciones, ni ideologías, ni ciudadanos. Hay corporaciones. Hay mercados. Y que el mundo se rige por una lógica económica inapelable. Este discurso, que podría parecer hiperbólico en 1976, se ha convertido en una descripción exacta del capitalismo financiero global. No es casual que muchos analistas contemporáneos lo citen como uno de los alegatos más lúcidos sobre el neoliberalismo y su visión despersonalizada del mundo.

En definitiva, *Network* no nace de un caso ni de un escándalo. Nace de una mirada larga. De la capacidad de Chayefsky para detectar cómo el periodismo se estaba deslizando hacia el entretenimiento, cómo la televisión estaba empezando a reemplazar la experiencia real por el consumo emocional y cómo el poder ya no necesitaba censurar... porque podía producir sus propias verdades a través del espectáculo. La profecía, que entonces parecía exagerada, hoy se ha cumplido punto por punto.

Y lo más terrible es que, como decía Beale, nadie parece querer cambiarlo. Porque estamos demasiado entretenidos para estar indignados.

Argumento y estructura narrativa

Network no es una historia de conspiración sino de rendición. De cómo una red de televisión, en su afán por mantener la atención de un público saturado, decide sacrificar la verdad, la ética, el periodismo... y finalmente, la cordura. Pero lo más perturbador es que no lo hace desde el mal ni desde la ideología, lo hace desde la lógica. Desde una lógica feroz, implacable, perfectamente argumentada. Porque cada paso que da la cadena UBS hacia el abismo está sustentado en una racionalidad fría: las cifras bajan, el mercado se retrae, los inversores presionan. Y entonces, la única opción es convertir la desesperación en espectáculo.

La historia arranca con un gesto que hoy nos parecería casi común, pero que en 1976 resultaba escandaloso: un presentador de informativos, Howard Beale, anuncia en directo que va a suicidarse la próxima semana, en plena emisión. No se trata de un ataque de nervios, sino de un último acto de dignidad, o eso cree él. Ha sido despedido, está acabado, y quiere despedirse del público con un gesto radical. Lo que no espera es que ese gesto produzca una reacción imprevista: la audiencia se dispara. El canal, que iba a retirarlo inmediatamente, decide entonces dejarlo unos días más. Para valorar.

Y entonces ocurre el milagro macabro: Beale se convierte en un fenómeno. El público no quiere ver noticias. Quiere ver a un hombre roto, en directo, hablando sin filtros, llorando, profetizando, denunciando.

Quiere un chamán, un loco lúcido, un viejo cascado que grite lo que todos sienten y nadie se atreve a decir. Beale empieza a emitir sus "sermones" cada noche, en horario estelar. Ahora lidera *El show de Howard Beale* y ya no presenta informativos. Habla de la alienación, del poder corporativo, de la soledad, del absurdo. Su frase "¡Estoy más que harto y no pienso seguir soportándolo!" se convierte casi en un himno (en la película y para los espectadores de esta). El canal recoge el grito y lo transforma en *merchandising*.

La estructura de *Network* se construye como una sátira, pero se mueve con la precisión de un *thriller*. Cada acto implica una cesión, una línea que se cruza, un límite que se borra. Primero se sacrifica la credibilidad del presentador, luego la integridad de los contenidos y, después, el concepto mismo de verdad. Cada personaje tiene un papel en esa caída: Diana Christensen (Faye Dunaway), la productora joven, ambiciosa, que ve en Beale una oportunidad para revolucionar la parrilla; Frank Hackett (Robert Duvall), el ejecutivo que representa al capital, al consejo de administración, al beneficio como única ética; Max Schumacher (William Holden), el director de informativos, que actúa como la conciencia derrotada del sistema, el último romántico que aún cree en el periodismo como servicio público.

La tensión no está en saber si Beale será detenido o silenciado. Está en ver hasta dónde permitirán que siga hablando. Y, sobre todo, en entender por qué no pueden detenerlo: porque da dinero, porque grita lo que otros callan y porque su desesperación conecta con una masa de espectadores tan desorientada como él. El espectáculo se vuelve adictivo. Y lo peor, se vuelve real. Beale empieza a creerse su personaje. Se convierte en un mesías mediático. Y entonces empieza a decir verdades incómodas... incluso para los dueños del canal.

Y ahí es donde la estructura del relato da un giro brutal. El personaje de Arthur Jensen (Ned Beatty), el CEO de la corporación dueña del canal, se reúne con Beale en una de las escenas más estremecedoras del cine político. En ella, Jensen no le amenaza ni le censura. Tan solo le habla sobre el funcionamiento del mundo. Le dice que ya no existen los países, ni los pueblos, ni las ideologías, sólo el flujo del dinero y las corporaciones. El mercado es como un dios y la audiencia es su profeta. Y Beale debe actuar en consecuencia. El monólogo de Jensen es tan aterrador porque es impecable. No grita ni acusa, explica, y lo hace con una lógica tan pulida que no deja escapatoria.

Por cierto, que la de Ned Beatty en esta escena sigue siendo la actuación más corta jamás nominada al Óscar a Mejor Actor de Reparto, con tan solo 5 minutos y 53 segundos de tiempo en pantalla. Le supuso tan solo un día de rodaje. Lo curioso es que el papel más corto por el que nadie ha conseguido una estatuilla, en este caso el premio a Mejor Actriz de Reparto, fue para Beatrice Straight, por su trabajo en esta misma película (5 minutos y 40 segundos).

Pero volviendo con Howard Beale, la cuestión es que empieza a perder audiencia. Ya no es el loco furioso que denunciaba el caos, ahora es el profeta resignado que predica la rendición. Y como ya no genera beneficios... el canal decide eliminarlo. ¿Cómo? En directo, como final de temporada, como espectáculo perfecto. Lo matan en la emisión del informativo, y lo hacen a manos de unos revolucionarios que ya tenían un programa propio en la misma cadena. La violencia ya no viene de fuera, se produce, se enmarca, se televisa.

El final de la película es una obra maestra de ironía negra: Beale muere y el narrador nos informa de que fue “el primer presentador asesinado en directo durante una emisión... por sus bajos índices de audiencia”. Todo está dicho.

La estructura de *Network* no busca giros de guion, sino un descenso controlado al infierno. Desde el primer minuto sabemos que esto va a ir mal, pero lo seguimos viendo. Como el público del programa, como los ejecutivos, como nosotros... Porque, como advertía la película, hay un momento en que la televisión deja de reflejar la realidad y empieza a modelarla. Y lo peor es que lo hace con nuestro consentimiento.

Protagonistas frente al poder

En *Network*, el poder no se combate a tiros ni se infiltra en despachos oscuros. Se emite. Se programa. Se monetiza. No tiene un rostro único, sino una parrilla de programación. Y frente a ese poder, los protagonistas no son héroes ni mártires, son profesionales atrapados entre la convicción y la necesidad, entre la verdad y el *rating*. Cada uno, a su modo, representa una forma de resistir, de adaptarse o de sucumbir. Lo más escalofriante es que todos están, de algún modo, condenados.

Howard Beale es el eje trágico del relato. Un hombre roto, al que su propio canal utiliza primero como presentador crepuscular, luego como espectáculo delirante y, finalmente, como profeta peligroso. Beale comienza como un profesional superado por los tiempos: antiguo, desactualizado, desplazado por nuevas formas de hacer televisión. Su intento de suicidio en directo no es solo un acto de desesperación, también una forma de recuperar el control. Es su última noticia, su último titular.

Pero cuando esa desesperación conecta con el público, Beale ya no es dueño de sí mismo. El canal lo convierte en un producto. Lo viste como predicador, lo ilumina como a un mesías, lo coreografía como a un *showman*. Beale pasa de periodista a símbolo, de símbolo a producto, y de producto a amenaza. Su rabia es útil mientras es rentable. Pero cuando su discurso empieza a atacar a los propios intereses del conglomerado que lo emite, deja de ser funcional. Su locura, entonces, ya no es poética, es un problema. Y como tal, debe ser eliminado.

Beale es el profeta desechable, la voz sincera convertida en meme, la ira canalizada y luego silenciada. Y su tragedia es doble: primero por ser usado, y luego por comprender —demasiado tarde— que su clamor no tenía destinatario. Que el público lo aplaudía, sí, pero desde el sofá. Sin moverse, sin cambiar nada.

Frente a él está Diana Christensen, una de las figuras femeninas más fascinantes y despiadadas del cine de los 70. Productora joven, brillante, sin escrúpulos, representa el nuevo orden mediático: el de la televisión como espectáculo integral. Para ella, no existen noticias ni géneros ni límites. Todo es material aprovechable. Todo puede convertirse en contenido. Su relación con Beale es meramente instrumental. Lo ve, lo mide, lo explota. Su forma de mirar el mundo es puramente estratégica: qué impacto tiene, cuántos puntos de audiencia genera, cuánto dura antes de agotarse... No es malvada, es eficaz.

Diana es el poder reconfigurado. No da órdenes, da ideas. No impone, propone. Y en esa aparente ligereza se esconde su capacidad destructiva. No mata con violencia, sino con entusiasmo. No censura a Beale, lo promueve hasta desgastarlo y luego pasa al siguiente formato. Su lógica no es política, ni moral, ni ética. Es una lógica de programación. Y por eso es tan inquietante. Porque hoy domina el mundo.

En el centro de este enfrentamiento entre la televisión que grita y la que calcula, está Max Schumacher, el director de informativos de la vieja escuela. Él representa al periodista clásico, al hombre que cree en los hechos, en la redacción, en la dignidad del oficio. Al principio intenta proteger a Beale, luego se indigna por lo que está ocurriendo y, finalmente, se aparta. Porque entiende que ya no hay lugar para él. Su relación con Diana (una aventura emocional y simbólica) es también la metáfora de su derrota. El viejo mundo intenta abrazar al nuevo, pero no puede. No lo entiende, no lo soporta, y lo pierde todo en el proceso. Max es el último testigo lúcido, el que ve venir la tormenta y decide salirse del plató. Pero su salida no es épica sino melancólica, resignada. Porque comprende que la batalla ya no es entre la verdad y la mentira, sino entre la relevancia y la irrelevancia. Y él ha caído en el segundo grupo.

Finalmente, Arthur Jensen, el CEO del conglomerado que posee la cadena, aparece como el rostro más abstracto y, al mismo tiempo, más aterrador del poder. No grita. No amenaza. Explica. Su monólogo ante Beale —una clase magistral de teología neoliberal— convierte al mercado en un dios, a los datos en dogma, a la economía en mística. Es el poder que ya no se oculta, porque no necesita justificar nada. El poder que no se disfraza de ideología, sino de necesidad. No censura a Beale, lo reeduca. Le muestra el orden invisible que rige el mundo. Y cuando Beale lo acepta, cuando lo predica... deja de ser útil. Porque ya no genera tensión, sino resignación.

En conjunto, estos cuatro personajes (Beale, Diana, Max y Jensen) componen un retrato coral del individuo frente a un sistema mediático que ha dejado de ser vehículo de verdad para convertirse en maquinaria de distracción y control. No hay resistencia armada. No hay rebelión. Hay gritos, sí, pero también aplausos, *ratings* y publicidades. En *Network*, el poder no se impone, se emite. Y frente a él, cada protagonista debe decidir si habla, si calla o si apaga el televisor.

El enemigo invisible (o no tanto)

En *Network*, el enemigo no conspira, produce. No encarcela, emite. No silencia, amplifica... hasta agotar. El poder ya no está en un despacho oscuro, ni en una sala de juntas donde se deciden guerras. Está en el plató, en la sala de edición, en los informes de audiencia, en la publicidad que se vende por segundos de atención. Y eso lo hace infinitamente más eficaz.

Tampoco esta película tiene un villano tradicional. No hay una figura todopoderosa que controle la red de televisión con mano de hierro. Lo que hay es un sistema, un flujo, una red de intereses, hábitos y prioridades que se retroalimentan. El auténtico antagonista de *Network* es la lógica de la televisión cuando deja de preguntarse por el contenido y se obsesiona por el impacto... Cuando el objetivo ya no es contar el mundo, sino retener al espectador. Cuando se deja de hablar de verdad y se empieza a hablar de formato.

Sidney Lumet y Paddy Chayefsky entendieron que el enemigo del siglo XXI no iba a llevar uniforme, sino traje de ejecutivo. Que no iba a usar la violencia, sino el lenguaje de las métricas. Y que no iba a reprimir al ciudadano, sino a convertirlo en consumidor pasivo de su propia frustración. Esa es la máquina que retrata *Network*, un organismo vivo y perfectamente integrado, donde el discurso crítico se recicla como espectáculo, y donde incluso el grito puede ser empaquetado y vendido.

El personaje de Arthur Jensen representa ese poder con una claridad escalofriante. Su discurso —pronunciado con una calma apocalíptica ante Howard Beale— es verdaderamente revelador. Le explica que el mundo no lo gobiernan los países, ni los partidos, ni las religiones, lo hacen las corporaciones multinacionales. Y que el orden global no es ideológico, sino económico. Que no existe la democracia ni el comunismo, sino la IBM, la Exxon, la AT&T. Que el dólar es el principio y el fin de toda lógica. Y que quien no lo entienda, está fuera del juego.

Ese discurso no es una amenaza, es una lección, una catequesis. Jensen no quiere convencer a Beale, busca reconvertirlo. Convertir su ira en resignación y su rabia en predicación funcional. Y lo logra. Porque Beale, tras escuchar esa verdad brutal, se convierte en una especie de apóstol del cinismo. Repite el mensaje del sistema. Y con ello, pierde su filo, su furia, su poder de conmoción. El grito ha sido absorbido. Y cuando deja de servir, es eliminado. No con censura, sino con programación, con un final impactante, medido, rentable... El asesinato en directo como clímax de temporada.

Pero lo más perverso es que el verdadero rostro del enemigo no es Jensen, es Diana. Es la ejecutiva que convierte todo en contenido. Es el proceso de transformar incluso el terrorismo real —a través del programa protagonizado por un grupo de guerrilleros revolucionarios— en entretenimiento televisivo. La idea de que no hay diferencia entre realidad y espectáculo si ambos generan audiencia. La violencia como línea editorial, el crimen como guion y la política como decorado.

En este sistema, nadie da órdenes, nadie conspira, todos hacen "lo que deben". La cadena necesita subir la audiencia, la productora busca innovar, el accionista exige beneficios, el espectador quiere emociones... Y entre todos, sin querer —o queriendo— producen un monstruo. Un monstruo que no se oculta, se publicita. Que no se impone, se consume.

Ese es el gran giro de *Network*: el enemigo ya no se esconde, está en nosotros. En nuestra complicidad, en nuestra pasividad, en nuestro apetito por lo espectacular. Por eso la película no nos deja indignados sino incómodos. Porque, al final, seguimos mirando. Aunque sepamos que lo que vemos no es verdad. Aunque sepamos que nos están vendiendo la furia reciclada. Aunque sepamos que, cuando el grito deje de funcionar, vendrá otro. Y otro. Y otro. El poder, en *Network*, no necesita castigar. Le basta con entretener. Y en ese modelo, la indignación ya no es subversiva, es rentable.

Lenguaje visual, puesta en escena y música

En *Network*, la imagen es todo. No sólo en la televisión que retrata, sino en el propio lenguaje con que Sidney Lumet decide contarla. La forma no es un decorado, es ideología. Y la puesta en escena de la película se construye como una prolongación visual del discurso de fondo. Cada plano, cada movimiento de cámara, cada luz tiene un propósito: desenmascarar, mostrar que detrás del espectáculo hay una maquinaria precisa, helada, funcional. Y que la emoción que vemos en pantalla está cuidadosamente producida... incluso cuando parece espontánea.

Lumet, cineasta forjado en el directo televisivo de los años 50 y 60, sabía cómo se construye una emisión. Y en *Network*, lo que hace no es una imitación de la televisión, sino una disección. Filma los platós, las salas de realización y las reuniones de ejecutivos con una sobriedad que roza lo clínico. No busca la belleza. Busca la verdad del artificio. Por eso la película está llena de espacios cerrados, de encuadres estáticos, de oficinas sin alma, de decorados que parecen jaulas. El estudio de televisión se convierte en una catedral moderna donde se predica cada noche ante una cámara y donde el altar es la mesa del presentador.

Los colores son fríos, apagados, dominados por una paleta de grises, beiges y tonos metálicos. Nada vibra. Nada respira. Incluso los espacios más íntimos —la casa de Max, la habitación de Diana— están contaminados por ese mismo lenguaje visual: planos cerrados, luz cenital, decorados impersonales. El mundo que retrata *Network* es uno donde ya no hay calor humano. Donde las emociones existen, sí, pero se programan, se distribuyen y se monetizan.

Una de las decisiones más brillantes de Lumet es no alterar el estilo visual entre los segmentos "de ficción" y los "televisivos". Todo se filma con el mismo tono, la misma composición, el mismo lenguaje. No hay diferencia entre lo que ocurre "en el mundo real" y lo que ocurre en el plató. La cámara de cine y la cámara de televisión están alineadas. Esto no es casual, es un comentario, un modo de decirnos que ya no podemos distinguir, que la imagen televisiva se ha impuesto como verdad y que la vida misma, para existir, necesita una audiencia.

La construcción del personaje de Howard Beale en plató es una de las piezas maestras de esa puesta en escena. Lumet lo muestra primero como un presentador clásico: sentado, trajeado, iluminado con sobriedad. Pero a medida que su personaje se transforma en profeta televisivo, el decorado se vacía, la cámara se aleja, el espacio se vuelve simbólico. Beale empieza a hablar de pie, bajo una luz cenital, rodeado de sombras. Grita, señala al vacío, se arrastra como un predicador pentecostal. Y la cámara lo sigue, pero sin exaltarlo. Como si supiera que estamos viendo una *performance*, un ritual, un espectáculo perfectamente iluminado para parecer verdad.

El montaje, a cargo de Alan Heim, es afilado, preciso, sin estridencias. No hay cortes rápidos ni sobresaltos estilísticos. La tensión se construye por acumulación, no por impacto. Cada secuencia se desarrolla con un *tempo* controlado. Los diálogos se dejan respirar. Las escenas no buscan el clímax, sino la incomodidad. Y eso permite que los grandes monólogos —como el de Beale cuando grita "¡Estoy más que harto y no pienso seguir soportándolo!", o el de Jensen explicando la nueva religión del mercado— tengan el peso de una liturgia.

La música, firmada por Elliot Lawrence, es casi inexistente. Una elección nada inocente. No hay partitura que guíe las emociones del espectador. No hay *crescendo*, ni énfasis, ni manipulación sentimental. En su lugar, hay silencio. O ruido de estudio. O murmullos de redacción. Esa ausencia sonora refuerza la sensación de verdad, de inmediatez. Porque Lumet sabe que la televisión, cuando es efectiva, no necesita música, le basta con una cara, una voz, una luz. Y eso es lo que ofrece *Network*: una puesta en escena que se niega a seducirnos, porque su intención es sacudirnos.

Hay una crudeza deliberada en todo el diseño visual de la cinta. Desde la oficina de Jensen —una catedral oscura de mármol corporativo donde el capital habla como un dios antiguo— hasta el montaje publicitario del Ejército Ecuménico de Liberación —un grupo revolucionario convertido en formato—, todo está filmado como si fuera real... y por tanto, aún más inquietante. Porque lo que vemos no nos parece una película, nos parece una emisión en directo. Y esa confusión es el mensaje.

En última instancia, *Network* demuestra que la imagen no es neutra. Que la forma en que se filma una historia también dice algo sobre quién la controla, quién la difunde y quién la consume. Y por eso Lumet filma esta historia como lo haría la propia televisión: con frialdad elegante, con eficiencia narrativa, con sobriedad impactante. Porque sabe que el verdadero horror no está en lo que ocurre tras bambalinas. Está en lo que todos, cada noche, decidimos ver.

Recepción y legado

Network no fue una película menor, ni un descubrimiento tardío. Desde su estreno en 1976, fue recibida como un torpedo en la línea de flotación de la industria televisiva y como una de las sátiras más afiladas jamás rodadas sobre los medios de comunicación. Y, sin embargo, su verdadero impacto no se comprendió del todo en ese momento. Porque lo que Chayefsky y Lumet estaban mostrando no era exactamente una crítica al presente sino un retrato del futuro. Ambos insistieron siempre en que *Network* no era una sátira, sino pura realidad. Años después, el guionista Aaron Sorkin definió el guion de Chayefsky como una gran influencia: "Ningún predictor del futuro, ni siquiera Orwell, ha acertado tanto como Chayefsky al escribir *Network*".

La película fue un éxito inmediato en crítica y público. Obtuvo 10 nominaciones al Oscar y ganó cuatro: Mejor Guion Original (para Chayefsky), Mejor Actor (Peter Finch), Mejor Actriz (Faye Dunaway) y Mejor Actriz Secundaria (Beatrice Straight). La estatuilla a Finch, fallecido poco después del estreno, fue la primera otorgada de forma póstuma a un actor principal en la historia de la Academia, y su interpretación de Howard Beale quedó inscrita en la memoria colectiva con una fuerza difícil de igualar.

Pero más allá de los premios, lo que impresionó fue la audacia del guion. Chayefsky fue celebrado —y temido— por su capacidad de diseccionar el lenguaje mediático con una exactitud quirúrgica. Muchos críticos reconocieron que la película no era simplemente una sátira. Era una radiografía, una advertencia, un espejo que deformaba... pero no tanto. Pauline Kael dijo que era "una obra de indignación controlada". Roger Ebert la calificó como "brillante y aterradora". Incluso medios más conservadores, como *Time*, admitieron que era incómoda porque no atacaba desde fuera, sino desde dentro. Hablaba con conocimiento de causa.

Sin embargo, hubo también quien la tachó de exagerada. Algunos ejecutivos de televisión protestaron por su "caricatura cínica" del sector. Se argumentó que Chayefsky había llevado su crítica demasiado lejos, que la televisión no podía llegar a esos extremos, que nadie permitiría jamás un suicidio en directo o un show protagonizado por un grupo terrorista. Lo que nadie imaginaba es que la realidad, décadas después, superaría con creces aquella "exageración".

Y ahí está la verdadera estatura de *Network*, en su capacidad para anticipar, para diagnosticar con tal claridad las fuerzas culturales, económicas y emocionales que empezaban a modelar la televisión —y por extensión, la sociedad—, que hoy parece menos una película que un documento. Un texto fundacional sobre el siglo XXI mediático.

Porque ¿qué es Howard Beale sino el antecedente directo de los predicadores televisivos, los tertulianos viscerales, los *influencers* de la rabia? ¿Qué es Diana Christensen sino la madre de la televisión basura, de los *reality shows*, de los formatos donde todo vale si genera clics? ¿Qué es Arthur Jensen sino el portavoz invisible de los algoritmos que hoy deciden qué vemos, qué creemos, qué consumimos?

Con el tiempo, *Network* ha sido reivindicada no solo como una obra maestra del cine político, sino como una de las películas más proféticas jamás escritas. Su legado es inmenso. Ha sido referenciada por académicos, periodistas, filósofos de la comunicación y activistas de medios. En el año 2000, el American Film Institute la incluyó entre las 100 mejores películas de la historia. Su proclama "*I'm as mad as hell, and I'm not going to take this anymore!*" (¡Estoy más que harto y no pienso seguir soportándolo!) se ha convertido en lema de protesta, en meme, en consigna para generaciones hastiadas. Y la figura de Howard Beale, con su batín y su cabello descompuesto, gritando bajo una lluvia de focos, ha quedado como símbolo universal del ciudadano colapsado que grita contra un sistema que ya no escucha.

La ironía —trágica e inevitable— es que muchas de las prácticas que la película denunciaba se volvieron realidad. Lo que era sátira se convirtió en estándar. Y lo que parecía locura, en programación habitual. Hoy, cuando un político da un mitin en forma de espectáculo, cuando un presentador rompe a llorar en directo por el estado del mundo, cuando un canal emite el sufrimiento en bucle porque da audiencia, *Network* deja de parecer ficción.

Y, sin embargo, sigue siendo cine. Cine del bueno, del que no sermonea ni se disfraza de tesis. *Network* es una película viva, incómoda, cargada de humor negro, rabia lúcida y ternura triste. Porque detrás de su cinismo no hay frialdad, hay dolor. El dolor de ver cómo una sociedad, en lugar de despertar, decide sintonizar el siguiente programa.

Por eso, a cincuenta años de su estreno, en estos días de *influencers* vacuos, *Network* no ha envejecido. Por el contrario, ha madurado y ganado vigencia. Nos sigue hablando, como Howard Beale, desde el otro lado de la pantalla.

Claves simbólicas y subtexto

Network es muchas cosas a la vez: sátira, tragedia, comedia negra, profecía..., pero por encima de todo, es una fábula moral, una en la que los héroes están cansados, los villanos sonríen y el altar no es la patria, ni la ley, ni la verdad, sino la pantalla. Lumet y Chayefsky no solo contaron una historia sobre la televisión, construyeron un sistema simbólico completo, donde cada personaje, escenario y encuadre habla de un nuevo orden social. Uno que ha sustituido la conciencia por el consumo y la ética por el *rating*.

La primera gran clave simbólica es el propio Howard Beale. En su transformación de presentador a profeta hay un arco sacrificial: Beale es el bufón que se convierte en visionario, el payaso que, al decir la verdad, se vuelve peligroso. Su figura remite directamente a los predicadores televisivos, pero también al loco shakesperiano, ese personaje que, por estar fuera del sistema, puede hablar con una lucidez que los cuerdos no alcanzan. Beale grita, pero lo que dice tiene sentido. Y por eso se convierte en un problema.

En el plató donde emite su programa, Beale está solo, de pie, bajo un foco, rodeado de oscuridad. No hay decorado, no hay mesa, no hay periodistas... Solo él y su discurso. Es un púlpito moderno. Un altar vacío donde el presentador ya no informa, revela. Y el público no se informa, se conmueve. La televisión se convierte así en la nueva iglesia civil. Y Beale, en su sacerdote. Un sacerdote que no ofrece redención, sino catarsis. Que no salva, pero grita. Y cuyo sermón se mide, no por su verdad, sino por su capacidad de generar emoción.

La inflamada proclama de Beale no es un eslogan político, más bien una oración desesperada, un grito colectivo que funciona porque no pide cambio. El periodista no convoca a la acción, pide que se grite desde la ventana, que se comparta la furia, que se escenifique el colapso. Y en ese sentido, *Network* señala con precisión el lugar simbólico del ciudadano contemporáneo, no como agente, sino como audiencia. No como sujeto político, sino como espectador emocional.

El personaje de Diana Christensen, por su parte, es la alegoría perfecta de un nuevo tipo de poder, el de lo programable. Diana no cree en nada, solo en la eficiencia. Representa el vacío ideológico del espectáculo. Su mirada sobre el mundo es puramente instrumental: todo puede ser convertido en formato, desde un atentado hasta un romance. Diana es el sistema sin alma, la máquina que avanza sin detenerse a preguntar qué significa lo que emite. Si Howard Beale es el profeta sacrificado, Diana es la sacerdotisa del algoritmo, la que alimenta a la bestia de la atención sin preguntarse a quién devora.

Arthur Jensen, el CEO de la corporación, lleva ese simbolismo un paso más allá. Él es el dios del nuevo orden. Su escena, en la que explica a Beale que el mundo ya no pertenece a las naciones, sino a las corporaciones, es el corazón ideológico de la película. Y está rodada como una aparición divina: luz cenital, eco en la voz, tono hipnótico. Jensen no amenaza, revela que el sistema no tiene intención de ocultarse. Al contrario, quiere ser creído. Su religión es el mercado. Su liturgia, el crecimiento. Su mandamiento, la rentabilidad.

En ese contexto, el asesinato final de Beale —decidido con frialdad escalofriante en una junta directiva— no es un crimen, sino un simple ajuste de programación. Su muerte se decide por los índices de audiencia. Porque ya no funciona, su personaje se ha agotado. Y esa lógica es la más perversa de todas: no se elimina al que miente, sino al que aburre. La ética no cuenta. La verdad no importa. Solo el rendimiento.

Network nos habla, en el fondo, de la colonización simbólica de lo real, de cómo la televisión —y hoy podríamos decir los medios digitales, las redes sociales, los algoritmos— han ocupado el lugar que antes tenían la religión, la política o incluso la familia. Nos dice que el espectáculo no es un escape, sino una forma de gobierno. Y que el espectador ya no ve el mundo, sino una versión del mundo producida para su consumo, con música, con cortes, con presentadores. Con todo, menos con compromiso.

En esa distopía sin robots, sin distopías explícitas, lo que se pierde no es la libertad física, sino la capacidad de distinguir entre verdad y simulacro, de actuar, de querer algo distinto. Por eso el desenlace es tan devastador: Beale es ejecutado en directo, el programa sigue, la audiencia aplaude y todo continúa como si nada. El *show* debe continuar. Siempre. La televisión, nos dice *Network*, no necesita manipularnos. Le basta con convencernos de que estamos sintiendo algo. La frase de cierre (justo es recordarla de nuevo), enunciada de manera aséptica por un locutor televisivo, es de las que dejan huella: "Esta es la historia de Howard Beale, el primer caso que se conoce de un hombre que fue asesinado porque bajó su índice de popularidad".

UN
ST

Capricornio Uno (Capricorn One, 1978), de Peter Hyams

Vicepresidente (David Huddleston): Hollis, hay gente que cree que tenemos problemas aquí en la Tierra que merecen nuestra atención antes de gastar miles de millones en el espacio.

Congresista (James Karen): Vicepresidente, hay gente que cree que no hay problemas más urgentes que el declive de nuestra posición de liderazgo mundial.

Contexto político e histórico

Cuando *Capricornio Uno* aterriza en los cines en 1977, lo hace en un país que ya no se fía de nada. Ni de la televisión, ni del gobierno, ni de sus propias hazañas científicas. El escándalo Watergate ha hecho estallar la confianza institucional. Nixon ha dimitido. La CIA y el FBI han sido expuestos como maquinarias de espionaje interior. La guerra de Vietnam ha terminado, pero el trauma sigue supurando. Y la gran epopeya nacional —la carrera espacial— empieza a parecer, para muchos, no tanto un triunfo de la ciencia como una puesta en escena para distraer al pueblo.

En ese caldo de cultivo, *Capricornio Uno* conecta como un misil. La premisa es tan simple como poderosa: la NASA ha preparado la primera misión tripulada a Marte, con cobertura televisiva mundial, pero en el último momento descubren que el sistema de soporte vital del módulo no funciona. La misión fracasaría. Los astronautas morirían. El programa espacial colapsaría. Y entonces, alguien en las altas esferas decide que la solución no es cancelar, sino simular. Los astronautas son retirados del cohete antes del lanzamiento, llevados a una base secreta en el desierto, y obligados a participar en una gigantesca farsa mediática. Desde allí, filmarán las supuestas escenas en Marte, mientras la nave (vacía) cumple su trayectoria. Todo por el bien del país, por mantener viva la ilusión, por conservar los presupuestos.

La historia plantea preguntas explosivas: ¿y si la verdad fuera tan inconveniente que el sistema necesitara reemplazarla?, ¿y si la televisión, en lugar de ser una herramienta de información, fuera el instrumento perfecto para fabricar consensos? *Capricornio Uno* parte del terreno de la ciencia ficción, pero pisa con fuerza el suelo del cine conspiranoico más político. Lo que pone en duda no es la ciencia, sino el relato.

La desconfianza en las instituciones es el gran motor temático del film. Peter Hyams, que venía del periodismo y tenía una relación directa con el mundo televisivo, no oculta su rabia: lo que se pone en juego aquí no es solo la integridad de un programa espacial, sino el contrato moral entre poder y ciudadanía. El Estado ya no protege, engaña. La televisión ya no informa, enmascara. Y el individuo que intenta desvelar esa mentira es tratado como una amenaza.

La película llega en plena efervescencia de teorías sobre la falsedad del alunizaje de 1969. Aunque Hyams siempre negó que su guion se inspirara en esas hipótesis, lo cierto es que el clima cultural estaba saturado de sospechas. En bares, radios y fanzines empezaban a circular argumentos sobre las sombras de las fotos, las inconsistencias del vídeo o el papel de Stanley Kubrick como supuesto director del montaje. *Capricornio Uno* no recoge directamente esas teorías, pero se alimenta de su potencia simbólica, de la idea de que la mayor conquista tecnológica de la humanidad pudo haber sido... una emisión.

Hyams no filma una película paranoica sino una sátira feroz. *Capricornio Uno* no es un *thriller* opresivo como *El único testigo*. Tiene humor, ironía, y momentos que rozan lo absurdo. El poder que retrata no es monolítico. Es chapucero, cínico, funcional. La mentira se sostiene no por su sofisticación, sino por la obediencia. Porque todos aceptan su papel. Porque nadie quiere que el sistema se desplome.

En el fondo, la película canaliza el gran miedo de los 70, que la realidad sea solo una escenografía, que el relato oficial no sea una versión edulcorada de los hechos, sino una producción completa. *Capricornio*

Uno recoge el trauma de Watergate, el desencanto post-Apolo, la frustración tras Vietnam, y lo convierte en una fábula audiovisual donde la verdad es sacrificada en el altar de la televisión en directo (algo que la conecta de manera evidente con *Network*).

No es casual que el cohete despegue con éxito... sin nadie dentro. Es una imagen perfecta del poder simbólico que la imagen ha adquirido. No importa lo que ocurre. Importa lo que se ve. Y eso, en los Estados Unidos de 1977, era una revelación tan inquietante como real.

Inspiración real / Base documental

Capricornio Uno parte de una premisa ficticia —la simulación de una misión tripulada a Marte—, pero lo que la alimenta no es la ciencia ficción, sino la duda. La sospecha instalada desde finales de los años 60 sobre si el gobierno de Estados Unidos, en su carrera desesperada por vencer a la Unión Soviética, fue capaz de mentir al mundo entero. Peter Hyams nunca afirmó que su película fuera una crítica directa al alunizaje del Apolo 11, pero sabía perfectamente que el eco era inevitable. Porque la base documental del film no está en los archivos clasificados, sino en la cultura popular, en los rumores, en la creciente conciencia de que la imagen puede mentir... Y el poder, también.

La teoría de que el hombre nunca llegó a la Luna no es un invento moderno. Comenzó a circular prácticamente desde 1969, poco después de que Armstrong y Aldrin pisaran el Mar de la Tranquilidad. La carrera espacial había sido una cuestión de prestigio nacional, y muchos ciudadanos, tras años de ver cómo el gobierno les mentía sobre Vietnam, sobre asesinatos políticos y sobre escándalos financieros, comenzaron a preguntarse si también les estaban mintiendo sobre las estrellas. No ayudó que la retransmisión del alunizaje tuviera fallos técnicos, que las imágenes fueran difusas, que hubiera "cortes" extraños y que la NASA no permitiera que se viera el lanzamiento del módulo desde la superficie lunar. Todo eso, sumado al secretismo habitual de las agencias gubernamentales, fue calando en un sector de la población.

Entre los elementos más citados por los defensores de esta teoría se encuentran:

- Las sombras: en las fotos del Apolo 11, las sombras proyectadas por los astronautas y los objetos no siguen una dirección coherente, lo que llevó a algunos a afirmar que había más de una fuente de luz, como en un estudio de televisión.
- La bandera que ondea: en una secuencia célebre, se ve la bandera estadounidense ondeando como si hubiera viento, lo que sería imposible en la Luna, al carecer de atmósfera.
- Ausencia de estrellas: en las fotografías tomadas desde la superficie lunar no se ven estrellas en el cielo, lo que llevó a algunos a pensar que las imágenes eran falsas.
- Otras fotografías: algunos han señalado fotos casi idénticas atribuidas a misiones diferentes, lo que alimenta la idea de que se utilizaron decorados y se recicló material.
- Errores en los reflejos de los visores: en los cascos de los astronautas se reflejan objetos o luces que algunos interpretaron como focos de un estudio.

Todo esto fue sistematizado en libros como *We Never Went to the Moon* (1974), de Bill Kaysing, considerado el "padre" de esta teoría, quien aseguraba que todo había sido rodado en secreto por la NASA en un hangar militar en el desierto. Su argumento principal era que la tecnología de la época no era lo suficientemente segura para llevar y traer a los astronautas vivos. Por tanto, según él, el gobierno optó por un montaje para evitar una debacle pública.

La figura de Stanley Kubrick fue también arrastrada a esta marea. La teoría —ya directamente pop y sin base factual alguna— afirmaba que el director de *2001: A Space Odyssey* había sido contratado para filmar el falso alunizaje en un plató, aprovechando su conocimiento sobre efectos visuales y fotografía espacial. En los años 90 y 2000, esta hipótesis se convirtió casi en un subgénero dentro de la cultura conspiranoica, con documentales como *Room 237* (2012), de Rodney Ascher, o parodias como el *mockumentary* *Operación Luna* (*Dark Side of the Moon*, 2002), de William Karel, donde se juega con la idea de que Kubrick dejó pistas sobre el engaño en su película *El resplandor* (1980).

En ese contexto, *Capricornio Uno* actúa como una especie de piedra de toque. No afirma directamente que la llegada a la Luna fuera un montaje, pero instala la duda en el corazón del espectador. Lo interesante es que Hyams no apunta a los errores técnicos, sino a la lógica política. La película nos muestra que no es la falta de medios lo que lleva al fraude, sino la presión institucional: el miedo al fracaso, la necesidad de justificar presupuestos millonarios, la exigencia de generar adhesión nacional. El montaje del viaje a Marte en la película se justifica con una frase demoledora: "Si esta misión fracasa, el Congreso cortará los fondos, y se acabó el programa espacial".

Ahí está el corazón documental de la película: la desconfianza. La certeza de que el sistema tiene más miedo a la caída del relato que a la verdad, que preferiría simular un éxito a admitir un error y que dispone de los medios técnicos, humanos, mediáticos y logísticos para hacerlo. Hyams entendía, como pocos en su época, que la televisión era ya un escenario de poder. Y que, si algo se ve en directo, con aplausos, con himnos, con fuegos artificiales... entonces se convierte en verdad. Aunque no haya nadie en el cohete.

Curiosamente, la propia NASA fue ambigua en su reacción ante el film. Nunca hizo una declaración oficial de protesta, pero se negó a colaborar con Hyams, a diferencia de con otros cineastas. La película no pudo usar logotipos oficiales ni acceder a archivos de la agencia. Y aunque no acusa directamente a la NASA, su retrato de la institución como una entidad más preocupada por la imagen que por la verdad resultó molesto para muchos. Tanto, que durante años se consideró una película "incómoda", a pesar de su éxito de taquilla.

Argumento y estructura narrativa

La historia de *Capricornio Uno* arranca con un despegue... falso. Desde el primer minuto, Peter Hyams subvierte la lógica clásica del relato épico espacial. No asistimos a la preparación de una gran hazaña, sino a su coreografía. La misión Capricornio 1, supuestamente la primera tripulación humana en aterrizar en Marte, despega con honores, música patriótica y cámaras retransmitiendo al mundo entero. Pero lo que nadie sabe es que el cohete va vacío. Los tres astronautas (interpretados por James Brolin, Sam Waterston y O.J. Simpson) han sido retirados en secreto y transportados a una base militar camuflada en el desierto, donde deberán filmar, plano a plano, la "misión marciana" para que todo el país crea que el sueño continúa.

Desde aquí, el argumento se articula en dos líneas narrativas en paralelo que se tensan mutuamente. Por un lado, tenemos la experiencia de los astronautas, atrapados en una mentira que no eligieron y enfrentados al dilema ético más demoledor: o colaboran con la farsa, o serán acusados de traición, poniendo en riesgo a sus seres queridos. Por otro, seguimos a Robert Caulfield (Elliott Gould), un periodista sarcástico, algo torpe pero tenaz (Elliott Gould haciendo de Elliott Gould), que empieza a detectar anomalías en la cobertura de la misión y decide investigar por su cuenta. La película se mueve ágilmente entre ambos frentes, construyendo una tensión creciente que mezcla claustrofobia, persecución y revelación.

Hyams juega con las convenciones del *thriller* conspiranoico de los 70, pero con una ligereza que lo distingue de títulos más sombríos como *El único testigo* o *Los tres días del cóndor*. Aquí hay momentos de humor, diálogos cínicos, secundarios excéntricos (como el piloto interpretado por Telly Savalas) y una conciencia clara de que el relato es tan verosímil como delirante. Esta mezcla de gravedad y sarcasmo permite que la película critique el sistema sin perder agilidad narrativa. La conspiración no se presenta como una red oculta de genios del mal, sino como una cadena de decisiones mediocres tomadas por burócratas asustados que, poco a poco, van hundiéndose en su propio embuste.

Uno de los grandes aciertos de la estructura es que el espectador sabe desde el principio lo que está ocurriendo. No hay giro sorpresa. No hay revelación final. Lo que importa no es descubrir la conspiración, sino ver cómo se sostiene, cómo se fabrica y cómo empieza a resquebrajarse. La tensión se construye por la doble carrera contrarreloj: los astronautas deben escapar antes de que la nave vacía se desintegre al reingresar en la atmósfera (lo que los convertiría oficialmente en "muertos"), y el periodista debe encontrar pruebas suficientes antes de que lo silencien. No hay pruebas materiales. Todo es imagen. Y esa idea —que sin imagen no hay verdad— es una de las grandes obsesiones del film.

El guion utiliza con inteligencia los recursos del género. Hay sabotajes, amenazas veladas, teléfonos pinchados, desapariciones sospechosas. Pero todo está filtrado por un tono casi de comedia negra. El poder no mata con saña, lo hace con protocolo. Los asesinos no son sicarios oscuros, son funcionarios con corbata. El jefe del programa espacial (interpretado por Hal Holbrook con su carisma habitual) es uno de los mejores villanos silenciosos del cine de los 70: habla con dulzura, argumenta con lógica, pero mantiene a tres hombres encerrados mientras su organización los da por muertos.

La elección de un periodista como protagonista no es casual. En pleno auge del escepticismo hacia los medios y las instituciones, el personaje de Elliot Gould representa el último resquicio de curiosidad no domesticada. No es un héroe. Es más bien un hombre que hace preguntas que nadie quiere escuchar. Pero es precisamente esa torpeza, ese punto de obstinación casi infantil, lo que le convierte en un peligro para el sistema. Porque no se calla. Porque sigue preguntando. Y eso basta para poner en marcha la maquinaria del encubrimiento.

La estructura narrativa alcanza su clímax con la persecución final en el desierto: los astronautas escapan, los helicópteros los persiguen, y Caulfield, sin saberlo, se acerca al corazón de la mentira. El ritmo se acelera, pero el tono no cambia. Seguimos dentro de una película que se divierte desmontando la épica del relato oficial. En lugar de héroes, tenemos hombres agotados. En lugar de un rescate heroico, una carrera sucia. Y al final, como en todo buen *thriller* conspiranoico, la verdad solo puede revelarse en directo: el periodista consigue llevar a uno de los astronautas a irrumpir en su propio funeral televisado. El golpe de efecto perfecto. El momento en que la farsa se desmorona... ante las cámaras.

La escena final —ese cruce de miradas entre el astronauta "resucitado" y el presentador que está dando la noticia de su muerte— es demoledora. Porque el periodista ha ganado y el sistema ha sido expuesto, pero la televisión sigue emitiendo. Y eso deja preguntas en el aire: ¿se ha roto el sistema?, ¿o simplemente se reconfigurará para absorber también esta verdad?

Protagonistas frente al poder

Capricornio Uno no tiene un solo protagonista. Tiene dos frentes humanos que encarnan, cada uno a su manera, la fragilidad del individuo frente al aparato institucional: los astronautas, atrapados en una mentira de la que no pueden escapar; y el periodista, que comienza a atar cabos por intuición, sin saber que está metiendo las manos en la maquinaria del engaño. Lo que los une no es la valentía, ni el heroísmo clásico, sino la incomodidad. La sensación de que el poder ha dejado de tener rostro humano y que lo único que pueden hacer es resistir como puedan.

Los astronautas son, en cierto modo, los personajes más trágicos de la película. Han entrenado durante años, han sacrificado su vida privada, han confiado en la ciencia, en la disciplina, en el relato de que son pioneros de la humanidad... Y de repente, se encuentran secuestrados por su propio país. Su misión ya no es explorar Marte, es representar una hazaña que no existe. Lo que antes era orgullo nacional se convierte en teatro forzado. Y lo más cruel es que se les pide su colaboración en nombre de un bien mayor. "Piensen en todo lo que hay en juego", les dicen. "Ayuden a evitar un desastre político".

Peter Hyams juega con esta contradicción: los astronautas son patriotas, pero son traicionados por la patria; son profesionales, pero los tratan como actores; son científicos, pero los meten en un estudio de televisión. Esa humillación, esa conversión del mérito en mercancía, es uno de los motores emocionales de la película. Los vemos debatirse entre la obediencia y la indignación, entre el miedo y la integridad. No son revolucionarios, ni ideólogos. Son hombres decentes en un sistema que ha dejado de serlo. Y eso basta para convertirlos en amenazas.

A medida que la farsa se prolonga, los astronautas pasan del desconcierto al rechazo. Intentan negociar, buscan vías de escape, discuten entre ellos. El más carismático (James Brolin) se erige como figura de resistencia, pero sin convertirse en un líder clásico. No hay arengas, no hay grandes discursos. Solo cansancio, desesperación, y una decisión final, huir. Pero incluso eso es una ilusión. Porque el sistema no puede permitirse que vivan. Su muerte "en el reingreso de la nave" ya ha sido escrita. Y en ese sentido, su condena es estructural: si el espectáculo debe continuar, sus cuerpos son prescindibles.

En paralelo, seguimos a Robert Caulfield, el periodista encarnado por Elliott Gould. A diferencia del modelo de Woodward y Bernstein en *Todos los hombres del presidente*, Caulfield es más bien un tipo corriente. Tiene sentido del humor, no tiene fuentes importantes ni acceso privilegiado. Pero cuenta con algo más valioso, instinto. Percibe que algo no cuadra. Y aunque nadie le cree, sigue tirando del hilo. Es la clásica figura del periodista como *outsider*, como molestia institucional. No representa la verdad con mayúsculas, sino el derecho a preguntar cuando todos han decidido que es mejor callar.

Su rol es clave dentro del arquetipo conspiranoico. Es el civil que decide no mirar hacia otro lado. Y por eso, el sistema responde con el reflejo habitual: primero se ríe de él, luego lo ignora y, cuando se acerca demasiado, lo amenaza. Le quitan el acceso. Le sabotean el coche. Lo desacreditan. Le pisan los talones. Pero él sigue. No porque sea un héroe, sino porque algo dentro de él le dice que, si no lo hace, entonces sí habrán ganado.

El contraste entre los protagonistas y el poder que los enfrenta es brutal. Los astronautas, símbolo de la excelencia científica y del espíritu de exploración, son reducidos a peones. El periodista, representante del cuarto poder, es tratado como un bufón. La ironía está servida: el sistema que debería protegerlos es el que los elimina. Y no lo hace con rabia, sino con eficiencia. No porque los odie, sino porque estorban.

Hyams plantea así una idea inquietante: en el nuevo orden de la imagen, el individuo solo es útil si refuerza el relato. Cuando lo contradice, debe ser borrado. Los astronautas no mueren por accidente. Son sacrificados para que la ficción no se derrumbe. Y Caulfield, si no logra llegar a tiempo al funeral televisado, será el siguiente.

Por ello es en estos personajes donde la película encuentra su centro ético. Ninguno se define por su fuerza sino por su negativa a aceptar la mentira. Esa resistencia íntima, casi inútil, es lo que los convierte en protagonistas del conflicto. Porque en un mundo donde todo se puede fabricar, la única verdad posible es la que alguien decide sostener a pesar de todo.

El enemigo invisible (o no tanto)

En *Capricornio Uno*, el enemigo no actúa desde las sombras ni necesita cubrirse el rostro. No es una organización secreta ni una red internacional. Es la NASA. Es el gobierno. Es un conjunto de instituciones públicas y oficiales que, presionadas por la necesidad de mantener la fe pública, optan por fabricar una mentira masiva. No para enriquecerse. No por sadismo. Sino por algo más escalofriante, porque creen que es lo correcto.

El rostro más claro de ese poder institucional es el personaje interpretado por Hal Holbrook, el director del programa espacial. No es un villano clásico. No grita, no amenaza, no dispara. Es un hombre sereno, inteligente, incluso amable. Su tono es razonable. Su discurso, persuasivo. Cuando les explica a los astronautas por qué deben colaborar en la farsa, no lo hace como un tirano, sino como un padre decepcionado que necesita que sus hijos entiendan la gravedad del momento. Y eso lo convierte en un antagonista especialmente perturbador. Es peligroso porque se cree bueno.

Este es uno de los grandes hallazgos de *Capricornio Uno*: mostrar que el poder puede ser devastador sin perder la compostura. No hace falta un dictador para destruir a un hombre. Basta un comité, una cadena de decisiones técnicas, una estructura que privilegia la narrativa sobre la realidad. Lo que lleva a estos burócratas a orquestar el fraude no es la codicia, sino el pánico institucional, el miedo a perder el prestigio, los fondos, la cohesión social. De ahí que la mentira no sea un acto puntual, sino una política.

La normalidad del mal atraviesa todo el relato. Los técnicos que manipulan las transmisiones falsas no se cuestionan nada. Los soldados que custodian la base en el desierto cumplen órdenes. Los funcionarios que borran pistas lo hacen con eficiencia, sin histeria. No hay escena de "descubrimiento" del complot, porque el complot se presenta desde el principio como una extensión lógica del sistema. La conspiración no surge de una célula secreta, sino de una burocracia que ha decidido que la verdad es un problema que puede solucionarse con buena producción audiovisual.

Y como ocurre en muchas grandes películas del ciclo conspiranoico de los 70, la mayor amenaza no es la violencia directa, sino el borrado de la realidad. En *Capricornio Uno*, el gobierno no quiere matar por placer. Mata porque necesita que el relato siga su curso. Si los astronautas escapan y cuentan la verdad, el edificio simbólico de la NASA —y por extensión, de la superioridad tecnológica estadounidense— se desmorona. Y eso, para el sistema, es un precio inaceptable. No se puede permitir que la gente deje de creer. Porque si dejan de creer en esto..., ¿en qué creerán después?

El periodista, por su parte, no es perseguido por saber demasiado, sino por hacer demasiadas preguntas. Su insistencia lo convierte en blanco. En ese sentido, el enemigo se comporta como un sistema inmunológico: ataca a quien perturba la armonía del relato oficial. No porque tenga algo personal contra él, sino porque la disidencia activa una respuesta automática. El poder no odia. El poder corrige.

Otro detalle fundamental es que la televisión forma parte del aparato enemigo, sin necesidad de ser consciente de ello. Los medios no aparecen como cómplices directos, pero tampoco cuestionan nada. Retransmiten, celebran, amplifican. La ceremonia en la que se rinde homenaje a los astronautas caídos es casi religiosa. El presentador narra con voz grave. El público se emociona. La cámara en directo transmite solemnidad. Todo funciona. Nadie sospecha. Y esa es la victoria del poder: que ni siquiera necesita esconderse. Porque cuando el espectáculo funciona, la verdad se vuelve irrelevante.

En *Capricornio Uno* el enemigo no necesita esconderse porque ha ocupado el centro del relato. Ha sustituido los hechos por imágenes, la épica por un decorado y a los protagonistas por actores. Es un poder que no golpea con fuerza bruta, sino con coreografía. Que no aniquila con tanques, sino con transmisiones en vivo. Y eso es lo que lo hace tan peligroso, que no se presenta como enemigo..., sino como productor de una historia necesaria.

Al final, cuando el astronauta escapa y el periodista logra romper la burbuja con una aparición en directo, el sistema colapsa, sí. Pero no sabemos si para siempre. La película no nos muestra qué ocurre después. Porque el verdadero antagonista no es una persona ni una agencia. Es una idea: que la verdad puede ser sustituida si la mentira está bien contada. Y eso, en los años 70, era una sospecha. Hoy, es una certeza.

Lenguaje visual, puesta en escena y música

Peter Hyams dirige *Capricornio Uno* como quien monta una trampa. La película parece, en muchos momentos, un *thriller* de manual: fotografía cuidada, ritmo fluido, personajes bien delineados, persecuciones aéreas, suspense progresivo. Pero bajo esa forma reconocible (incluso cómoda para el espectador) se esconde un mensaje corrosivo: lo que ves puede estar completamente manipulado, incluso cuando parece veraz. El dispositivo visual está pensado precisamente para que confiemos en él... y así entender mejor la magnitud de la traición que Hyams está retratando.

Uno de los aspectos más brillantes del film es que la mentira (el falso alunizaje) no se rueda con oscuridad ni con estética turbia, como cabría esperar en un *thriller* conspiranoico. Todo lo contrario: las escenas del "plató de Marte" están iluminadas con precisión, los colores son claros, los planos son amplios y simétricos. El decorado es convincente no porque sea espectacular, sino porque imita con exactitud la estética de las transmisiones de la NASA. El grano de la imagen, los ángulos fijos, el uso del plano medio: todo evoca el lenguaje televisivo de la época. Y por eso funciona, porque la mentira imita a la perfección la verdad ya institucionalizada.

Ese es uno de los grandes logros de Hyams: comprender que, en la era audiovisual, la forma no solo acompaña al contenido, lo define. Si algo parece "NASA", si suena a "directo", si se ve como lo que vimos en 1969, entonces es creíble. No importa que no haya gravedad, ni atmósfera, ni vértigo. Si la cámara lo dice, nosotros lo creemos. Y eso convierte al lenguaje visual en el gran cómplice de la conspiración.

La dirección de fotografía, también a cargo del propio Hyams, mantiene una estética funcional y brillante. Hay una limpieza casi publicitaria en los planos: la base secreta en el desierto está filmada como un centro de convenciones y los interiores de la NASA son asépticos, organizados, luminosos. Todo parece "profesional". Esa neutralidad visual refuerza el discurso de que no hay sombras porque no hay culpa aparente. El poder no se esconde, se maquilla de eficiencia.

Cuando la acción se traslada al exterior —especialmente durante la persecución en el desierto— la película cambia de registro. Los planos se amplían, el paisaje abruma, la cámara se aleja de los rostros. El desierto, como en *Punishment Park*, vuelve a ser un escenario simbólico, un espacio donde el Estado borra a los cuerpos incómodos. Aquí no hay líneas de diálogo, solo esfuerzo físico, sudor, polvo y helicópteros amenazantes. La persecución está rodada con nervio, pero sin artificio. No hay música épica, ni ralentí, solo una especie de documental de supervivencia. Y en esa crudeza, *Capricornio Uno* nos recuerda que la épica es un privilegio del relato oficial. La disidencia, en cambio, solo tiene calor y piedras.

El montaje alterna con inteligencia las líneas narrativas: los astronautas, el periodista, la NASA. Cada línea tiene su propio *tempo* visual. Las escenas en la base secreta son lentas, casi teatrales. Las del periodista son dinámicas, con muchos cortes, encuadres cerrados, interiores pequeños. Las de la NASA son limpias, amplias, institucionales. Y al alternarlas, Hyams crea un contraste entre la imagen controlada del poder y la improvisación del individuo. Un contraste que no se resuelve nunca del todo, porque la película sabe que el relato oficial siempre tiene ventaja estética.

Por su parte, la banda sonora, compuesta por el maestro Jerry Goldsmith, refuerza este juego de dualidades. Hay pasajes de música grandilocuente, casi irónica, que acompañan la falsa misión espacial como si fuera una epopeya. Goldsmith se burla de la épica sin dejar de componer con calidad. Pero cuando la película se interna en el suspense, la música se vuelve tensa, seca, minimalista. En las persecuciones, por ejemplo, la partitura desaparece durante largos tramos, dejando que el sonido del helicóptero o los pasos en la grava construyan la angustia.

Y no podemos dejar de mencionar un recurso visual clave: las transmisiones en directo, que funcionan como símbolo absoluto de la manipulación. La película nos muestra varias veces cómo se fabrican estas emisiones. Vemos las cámaras, los monitores, las falsas señales desde Marte. Y eso transforma al espectador en cómplice visual. Sabemos que lo que se está emitiendo es falso. Pero también entendemos que, visto desde el salón de casa, parecería perfectamente real. Hyams nos recuerda así que el engaño no está solo en el contenido..., sino en la confianza ciega en el medio que lo transmite.

Recepción y legado

Cuando *Capricornio Uno* llegó a las salas en el verano de 1978, el público aún vivía con el zumbido de Watergate en los oídos y con la vista clavada en una televisión que ya no era solo entretenimiento, también sospecha. La película de Peter Hyams supo aprovechar ese clima de desconfianza institucional creciente, aunque lo hizo desde un lugar peculiar: no como un *thriller* político denso y sombrío, sino como una cinta de aventuras con ritmo de serial, humor socarrón y una historia tan inverosímil como sugestiva.

La recepción crítica fue desigual. Algunos la acusaron de excesos narrativos y giros poco creíbles. Otros, en cambio, celebraron su capacidad para combinar sátira, tensión y crítica social sin necesidad de caer en el tono solemne. Lo que estaba claro era que, pese a no tener el aura de prestigio de otras películas conspiranoicas de la década, *Capricornio Uno* tocaba una fibra sensible en el imaginario colectivo:

la posibilidad de que incluso los mayores logros tecnológicos fueran una puesta en escena diseñada para mantener intacto el relato oficial.

El reparto ayudó a captar la atención del público. Elliott Gould aporta su carisma irónico y Hal Holbrook ofrece una interpretación inquietante como el funcionario que orquesta el engaño con una mezcla de cinismo y resignación. Pero fue la presencia de O. J. Simpson, en el papel del astronauta John Walker, la que generó algunas de las reacciones más curiosas. En plena era post derechos civiles, ver a un hombre negro como parte de una tripulación espacial de élite tenía, quizá, un componente simbólico que la película no explora, pero que sin duda no pasó desapercibido. La elección de Simpson, figura mediática por su pasado deportivo más que por su experiencia actoral, añadía además una capa de ambigüedad que algunos vieron como un guiño al espectáculo televisivo que la propia trama denunciaba.

Desde su estreno, *Capricornio Uno* ha ocupado una posición ambigua pero persistente en la historia del cine conspiranoico. No fue la más influyente ni la más premiada, pero ha sabido mantenerse viva en la memoria colectiva gracias a su premisa provocadora y a su tono entre juguetón y subversivo. Durante años, ha sido citada (a veces con excesiva seriedad) por los defensores de teorías negacionistas sobre la llegada del hombre a la Luna, y se la ha vinculado con otras narrativas que apuntan a la falsificación de grandes hitos tecnológicos o científicos por parte de gobiernos y corporaciones. Irónicamente, una ficción que se presentaba como sátira terminó reforzando creencias reales en la manipulación institucional.

Más allá de su influencia directa, la película anticipó un modelo de *thriller* ligero pero corrosivo que más tarde adoptarían producciones como *El informe Pelícano* (*The Pelican Brief*, 1993), de Alan J. Pakula, o incluso ciertas tramas de la serie *Expediente X*, en las que la verdad oficial era solo una versión más de un guion bien montado. También dialoga, desde la distancia con clásicos del género como *Network* o *Todos los hombres del presidente*, aunque prefiera el ritmo del entretenimiento al verbo incendiario. Su legado no está tanto en el prestigio como en la persistencia: sigue siendo redescubierta, analizada y citada como ejemplo de cómo el cine puede sembrar la duda sin necesidad de perder la sonrisa.

Y aun planteando preguntas que, casi cincuenta años después, siguen incomodando. Porque lo más inquietante no es que el gobierno pueda mentir, sino que lo haga delante de las cámaras.

Claves simbólicas y subtexto

A primera vista, *Capricornio Uno* es un *thriller* ingenioso, una sátira afilada sobre la burocracia espacial y los engranajes del poder. Pero bajo su superficie entretenida late un subtexto denso y poderoso: la idea de que la verdad, en la era de los medios de masas, es tan frágil como el relato que se imponga sobre ella. Y que las democracias modernas, por muy civilizadas que se presenten, pueden optar por la mentira si el espectáculo lo exige.

Como indicábamos al principio, uno de los símbolos más potentes del film es el propio cohete vacío que despega ante millones de espectadores. Es una metáfora perfecta del aparato institucional contemporáneo: ruidoso, brillante, solemne..., pero vacío por dentro. No hay tripulación, no hay misión. Solo imagen. Y, sin embargo, todos lo celebran. Porque la celebración no depende de los hechos, sino de su representación. Lo que cuenta no es lo que ha ocurrido, sino lo que parece haber ocurrido. Esa es la gran tesis del film: el relato ha sustituido a la experiencia.

La base en el desierto donde se simula el planeta Marte funciona como un decorado simbólico. El entorno natural es invadido por la ficción institucional. Es un espacio sin tiempo, sin contexto, sin historia. Como la televisión. Allí, los astronautas actúan: dicen sus líneas, saltan, recogen muestras... y el mundo aplaude. El decorado se convierte en territorio político. Porque allí se juega no solo una mentira técnica, sino un pacto nacional: preferimos la ilusión a la desilusión, una conquista espacial inventada a reconocer que hemos fracasado.

Otro símbolo crucial es el funeral de Estado para los astronautas, que culmina el plan de la conspiración. Es la escena más solemne y cruel de la cinta. Mientras se emite por televisión un acto de duelo nacional (con banderas, honores, lágrimas), los supuestos muertos están huyendo para salvaguardar su vida. La imagen ha suplantado a la realidad. Y lo más terrible es que esa suplantación no produce indignación en el universo diegético de la película. Nadie la cuestiona. Porque el espectáculo funciona. Y cuando el espectáculo funciona, lo real ya no importa.

En este contexto, el periodista representa algo más que la curiosidad o el oficio informativo. Es un símbolo de resistencia al simulacro. Su búsqueda no es solo profesional, es existencial. Busca algo que sea verdad, que no esté manipulado, que no haya sido producido. Su aparición final en el funeral, más que heroica, es desesperada. Y, sin embargo, es lo más cercano a la justicia que ofrece la película. Porque rompe el marco. Irrumpe en el relato. Grita en mitad de la emisión. Interrumpe la ficción. Y en esa interrupción, por un momento, el sistema tambalea.

También hay una lectura simbólica sobre la sacralización del fracaso convertido en éxito. En vez de asumir que la misión a Marte ha fallado, el gobierno elige inventarla. Y al hacerlo, convierte a los astronautas en mártires... de una mentira. Su muerte es útil. Produce cohesión, patriotismo, emoción colectiva. En esa lógica, la verdad deja de ser deseable. Es funcionalmente inconveniente. Es más rentable —más eficiente— fabricar una narrativa heroica. Y si hay que sacrificar a tres hombres para sostenerla, se hace. No por crueldad, sino por necesidad narrativa.

Finalmente, *Capricornio Uno* plantea una pregunta incómoda al espectador: ¿cuánto estás dispuesto a aceptar solo porque se ve bien? La película no solo critica a las instituciones. También interpela al público. Nos recuerda que el engaño no tiene éxito solo porque sea sofisticado, sino porque hay una voluntad colectiva de creerlo. Porque estamos cansados de la incertidumbre. Porque preferimos una mentira bonita a una verdad compleja. Y eso nos convierte —a nosotros, los espectadores— en parte del problema.

En esa tensión entre imagen y verdad, entre espectáculo y realidad, entre producción y testimonio, es donde *Capricornio Uno* encuentra su corazón simbólico. Más que sobre el espacio, es una película sobre la imposibilidad de saber si lo que estamos viendo ha ocurrido de verdad.

Y en tiempos de redes sociales, IA generativa, vídeos manipulados y cámaras omnipresentes, el mensaje no ha perdido ni un ápice de vigencia. Más bien al contrario: hoy se ha convertido en advertencia profética.

El síndrome de China (The China Syndrome, 1979), de James Bridge

Jack Godell (Jack Lemmon): ¿Qué te hace pensar que están buscando un chivo expiatorio?

Ted Spindler (Wilford Brimley): La tradición.

Contexto político e histórico

A finales de los años 70, Estados Unidos se encontraba en un momento de tensión acumulada, una mezcla de frustración, desconfianza y pánico latente. Tras el escándalo Watergate, la renuncia de Nixon, la derrota en Vietnam y la crisis del petróleo, el país vivía una larga resaca moral e institucional. El viejo pacto social que había sostenido la confianza del ciudadano medio se tambaleaba. Las grandes estructuras —gobierno, medios de comunicación, corporaciones, ejército— ya no eran vistas como protectoras del bien común, sino como entidades autónomas, capaces de mentir, ocultar y, si era necesario, sacrificar al individuo en nombre del beneficio o la estabilidad.

En ese clima, la energía nuclear se convirtió en el nuevo símbolo del progreso... y de la amenaza. Las centrales atómicas, presentadas como la gran solución al colapso energético de los años 70, generaban promesas de abundancia y modernidad, pero también una ansiedad profunda. ¿Qué pasaría si algo fallaba? ¿Qué margen de error podría haber cuando se manipulaba un poder capaz de destruir una ciudad? En el imaginario colectivo, la energía nuclear dejó de ser la hija pacífica del átomo y empezó a parecerse demasiado a su prima militar. La frontera entre lo civil y lo devastador se difuminó.

El síndrome de China se estrena en marzo de 1979, en medio de esa inquietud. Y, en una coincidencia que roza lo profético, apenas doce días después de su lanzamiento comercial en Estados Unidos tiene lugar el accidente nuclear de Three Mile Island en Pensilvania, el más grave en la historia del país hasta entonces. De repente, lo que parecía un *thriller* de denuncia se convirtió en una pesadilla plausible. La ficción había anticipado con escalofriante precisión el tipo de negligencia, encubrimiento y colapso técnico que la realidad estaba a punto de confirmar.

Pero incluso antes de ese accidente, la película ya sintonizaba con los grandes miedos de la época. El título mismo hace referencia a una teoría —científicamente dudosa, pero culturalmente eficaz— que sostenía que, si el núcleo de un reactor nuclear se fundía sin control, podía literalmente atravesar la corteza terrestre hasta "llegar a China". Una exageración, sí, pero también una metáfora perfecta del temor a que la tecnología, despojada de controles humanos efectivos, pudiera desencadenar una catástrofe sin vuelta atrás.

La película no sólo recoge el miedo a la energía nuclear, también la desconfianza hacia quienes supuestamente deben vigilarla: empresas privadas, organismos de control, periodistas. Todos aparecen bajo sospecha. ¿Quién controla al que controla? ¿Quién vigila al vigilante? Es la misma pregunta que recorre otras obras de la era post-Watergate, pero aplicada aquí a un terreno aún más inquietante: el de la amenaza técnica, invisible, capaz de convertir un error de cálculo en una tragedia de dimensiones inabarcables.

El síndrome de China se inscribe así en un contexto político donde la confianza en las instituciones se ha erosionado hasta lo irreparable. La amenaza ya no viene del enemigo externo, del espía ruso o del terrorista extranjero, sino de dentro: de los ingenieros, de los ejecutivos, de los periodistas que negocian la verdad. Y el miedo, en lugar de nacer del conflicto armado, se origina en la posibilidad de que una máquina, diseñada para iluminar ciudades, termine arrasándolas. Es la pesadilla del progreso sin ética, del desarrollo tecnológico sin humanidad.

La elección de situar la acción en una central nuclear no es accidental. Representa un nuevo tipo de poder: oculto, técnico, frío. No se puede ver, ni oler, ni tocar. Pero si se escapa, mata. Es el símbolo perfecto del nuevo orden que se impone en la posmodernidad. Un orden donde las decisiones críticas no se toman en los parlamentos ni en las guerras, sino en salas de control, en juntas directivas, en despachos sellados donde la palabra "beneficio" pesa más que la palabra "vida".

El síndrome de China llega para advertir que hay verdades demasiado peligrosas para ser reveladas... y que, a veces, el sistema está diseñado no para evitarlas, sino para ocultarlas hasta que ya es demasiado tarde.

Inspiración real / Base documental

El síndrome de China no surge de la nada. No es una historia fantasiosa nacida en el laboratorio de un guionista con ínfulas apocalípticas. Es, más bien, el resultado de una inquietud documentada, de un miedo alimentado por ingenieros, técnicos, inspectores y científicos que, a finales de los 70, empezaban a advertir que el sueño nuclear norteamericano descansaba sobre cimientos peligrosamente agrietados. La película toma prestados elementos de la realidad con tanta precisión que, cuando el accidente de Three Mile Island estalla apenas unos días después de su estreno, muchos se preguntan si James Bridges y su equipo sabían más de lo que contaban. O peor aún, si sabían lo que nadie quería escuchar.

La idea del guion parte de una investigación del actor y, en este caso sobre todo, productor Michael Douglas, que desde principios de los años 70 buscaba una historia de denuncia con fuerza dramática y fondo político. No era casual: venía del éxito de *Alguien voló sobre el nido del cuco*, y creía firmemente en el cine como herramienta de agitación social. En colaboración con el guionista Mike Gray (activista, documentalista y con formación en ingeniería), descubrieron que las centrales nucleares, lejos de ser fortalezas infalibles, acumulaban un historial preocupante de errores, informes ignorados y sistemas de seguridad defectuosos. Lo que más les llamó la atención fue la cultura del silencio que rodeaba estas instalaciones: los operarios que daban la voz de alarma eran despedidos o apartados, y las empresas que gestionaban los reactores hacían todo lo posible por evitar auditorías independientes. El guion, entonces, comenzó a tomar forma no como un drama técnico, sino como una historia sobre el encubrimiento, el miedo y el precio de la verdad.

El personaje de Jack Godell, interpretado por Jack Lemmon, se inspira en numerosos testimonios de ingenieros reales. En especial, en los llamados "whistleblowers", empleados de empresas energéticas que intentaron alertar a la opinión pública de fallos en el diseño de los reactores o negligencias en el mantenimiento de equipos críticos. Godell, que al principio es un tipo meticuloso y obediente, termina por convertirse en un mártir silencioso, consciente de que está rodeado por un sistema que no busca resolver los problemas, sino taparlos. Su evolución está basada en perfiles reales: trabajadores que, tras años de lealtad a la compañía, descubrían que la seguridad era sacrificada en nombre de los beneficios económicos o de los plazos de entrega.

La figura de la periodista interpretada por Jane Fonda también bebe de fuentes reconocibles. En plena ebullición del periodismo post-Watergate, muchas cadenas locales y reporteros de segunda fila empezaban a enfrentarse a la censura, la autocensura y las presiones corporativas cuando intentaban investigar a fondo temas sensibles. Su personaje de Kimberly Wells encarna esa tensión. Es una profesional ambiciosa, pero atrapada en un medio que solo quiere noticias ligeras, y que no ve con buenos ojos que una mujer joven y atractiva se meta en temas "serios". Su lucha por que el reportaje sobre la central nuclear salga a la luz refleja las tensiones reales en muchas redacciones de la época, donde los intereses publicitarios y políticos pesaban más que el compromiso con la verdad.

Y luego está el título, *El síndrome de China*. Aunque el fenómeno que describe —la ya comentada supuesta posibilidad de que un reactor fundido atraviese la Tierra hasta "llegar a China"— es científicamente improbable, sí se basa en una idea real: la fusión del núcleo. En el peor de los casos, un fallo en la refrigeración puede provocar que el combustible nuclear se derrita, penetre el suelo y libere cantidades masivas de radiación. Aunque el "viaje a China" era una metáfora grotesca, el miedo era legítimo. Y más aún lo era la pregunta implícita:

¿qué ocurre cuando el sistema de seguridad no funciona y además se miente al respecto?

En este punto, la película no inventa, se documenta. Toma informes de ingenieros, recoge declaraciones de técnicos silenciados, se alimenta de rumores persistentes en la comunidad científica y los convierte en materia dramática. El guion, lejos de ser un panfleto, es un compendio de inquietudes técnicas transformadas en cine. Y ahí está su mayor logro: haber dramatizado una amenaza real sin caer en el sensacionalismo, haber retratado la complejidad del encubrimiento sin recurrir a conspiraciones de cartón piedra.

Lo que *El síndrome de China* anticipa con una lucidez escalofriante no es solo un accidente nuclear. Es la manera en que las instituciones, los medios, las empresas y los gobiernos pueden organizarse —sin necesidad de villanos explícitos— para negar lo evidente, protegerse a sí mismos y dejar que la verdad se oxide en una cinta de vídeo que nunca verá la luz.

Argumento y estructura narrativa

La película está construida como una olla a presión. Desde los primeros compases, la tensión no nace de lo espectacular, sino de lo invisible. No hay explosiones, no hay persecuciones, no hay conspiraciones rimbombantes. Lo que hay es algo mucho más inquietante, una sospecha técnica que se convierte en una amenaza existencial. La película administra su narrativa como si se tratara de una fuga radiactiva: al principio imperceptible, luego cada vez más difícil de contener, hasta desembocar en un clímax tan emocional como brutal.

El punto de partida es sencillo y cotidiano. Kimberly Wells (Jane Fonda), reportera de una cadena de televisión de Los Ángeles, acude con su equipo a hacer un reportaje de rutina sobre la energía nuclear. Un tema técnico, institucional, poco sexy. Pero mientras graban desde la sala de control de la central, se produce un incidente. Algo sale mal. Se encienden alarmas. Los técnicos dudan. Y aunque desde fuera parece que todo ha vuelto a la normalidad, el operador jefe, Jack Godell (Jack Lemmon), comienza a sospechar que lo que ha ocurrido no es un simple fallo, sino el síntoma de algo más profundo, una serie de negligencias, falsificaciones y atajos que podrían desembocar en una catástrofe.

A partir de ahí, la película se bifurca en dos líneas narrativas: por un lado, la investigación de Kimberly y su cámara, Richard Adams (Michael Douglas), para intentar sacar a la luz las imágenes del incidente y las prácticas irregulares de la empresa; por otro, la evolución interior de Godell, que pasa de ser un ingeniero que confía en el sistema a un hombre completamente solo, enfrentado a la posibilidad de que, si no actúa, puede ser responsable de víctimas mortales... y que, si lo hace, será descartado, desacreditado o algo peor.

La estructura del guion es impecable. Cada secuencia suma tensión. No hay tiempos muertos. Cada personaje tiene un arco claro, una función precisa. Pero lo más notable es cómo la película transforma una cuestión técnica en un *thriller* emocional. Los planos de botones, válvulas, instrumentos de medición, que podrían ser fríos o aburridos, se convierten aquí en auténticos detonadores narrativos. La duda de Godell al revisar un informe, el gesto de un operario que miente sin saber por qué, la opacidad del comité de seguridad... Cada detalle va sembrando la sensación de que hay una bomba invisible que está a punto de estallar. Y lo peor es que nadie quiere verla.

La tensión crece no solo por lo que está en juego (una posible fusión del núcleo), sino porque los protagonistas no tienen herramientas reales para combatir el sistema. Kimberly se enfrenta a sus jefes, que prefieren mirar hacia otro lado por miedo a perder patrocinadores. Godell intenta canalizar sus sospechas a través de procedimientos internos que se muestran inútiles. Y cuando ambos deciden actuar por su cuenta, ya es demasiado tarde. El relato oficial se ha cerrado, la maquinaria empresarial ha desplegado sus defensas, y todo está listo para silenciar la verdad. La narración, entonces, vira del drama laboral al *thriller* puro: una carrera contrarreloj para evitar una catástrofe y, al mismo tiempo, desenmascarar un encubrimiento perfectamente diseñado.

El clímax es uno de los más impactantes del cine político de los 70. Godell, desesperado, se atrinchera en la sala de control. No tiene bombas, ni aliados, ni un plan brillante. Tiene la verdad. Y una cámara de televisión a la que intenta contarla. Pero el sistema no se inmuta. Rodeado por fuerzas de seguridad, ridiculizado por los portavoces de la empresa, acusado de estar mentalmente inestable, Godell es finalmente abatido. Su testimonio queda cortado, su imagen manchada, y su muerte empaquetada como un incidente lamentable pero aislado.

La estructura narrativa, entonces, se cierra con la lógica cruel del sistema: los hechos son absorbidos, reinterpretados y neutralizados. Kimberly, en el último plano, intenta recomponer su papel como periodista, mientras el espectador comprende que la verdad —esa verdad radiactiva que amenazaba con contaminar el relato oficial— ha sido confinada, sellada, sepultada. De momento.

El gran mérito de *El síndrome de China* es convertir una historia sobre válvulas y radiación en una tragedia humana. No hace falta que ocurra el desastre para que sintamos su amenaza. No necesitamos ver la nube tóxica para saber que ya está ahí, flotando sobre las conciencias de quienes eligieron callar. La película no narra un accidente nuclear. Relata algo peor: el momento en que una sociedad decide que la verdad es demasiado incómoda para ser contada.

Protagonistas frente al poder

Los protagonistas de *El síndrome de China* no son héroes por vocación. No llevan capa ni eslóganes. Son personas normales empujadas hacia una posición de resistencia por una acumulación de verdades incómodas. Lo que los convierte en figuras trágicas no es solo su coraje, sino la constatación de que están solos, desarmados frente a un poder que no necesita alzar la voz para vencer. En esta historia no hay villanos caricaturescos, ni salvadores providenciales, hay técnicos, periodistas, ejecutivos, relaciones públicas. Todos atrapados en una lógica en la que el bien común ha quedado relegado frente a la rentabilidad y la reputación corporativa.

Jack Godell es el corazón moral de la película. Ingeniero jefe de la planta nuclear, representa al profesional íntegro, obsesionado por los procedimientos, comprometido con la seguridad, pero también inocente en su fe inicial en el sistema. Al principio, Godell no es un disidente, es parte de la maquinaria. Su mundo se rige por manuales, controles de calidad, gráficos, sensores. Cree que los sistemas funcionan porque están diseñados para funcionar. Pero cuando algo no termina de encajar —una vibración anómala, un informe alterado, una soldadura sospechosa—, empieza a cuestionar no solo el protocolo técnico, sino la moral del entorno que lo rodea.

Su evolución es dolorosa y contenida. No se convierte en denunciante por heroísmo, sino por desesperación. Intenta usar todos los canales establecidos —auditorías internas, comités de revisión—, pero rápidamente descubre que esos canales están diseñados para neutralizar, no para resolver. Godell es un personaje profundamente humano: se muestra frágil, inseguro, incluso torpe al principio, pero su sentido ético lo convierte en un gigante. Sabe que, si habla, lo perderá todo. Pero también sabe que, si calla, puede que mueran miles de personas. Frente al cinismo de la empresa, él responde con responsabilidad y conciencia, y por eso debe ser destruido. Todo esto a cargo de un Jack Lemmon en verdadero estado de gracia.

Kimberly Wells es también un personaje complejo, cuyo arco de transformación resulta igualmente revelador. Al principio, Jane Fonda se nos presenta como una periodista encasillada en reportajes superficiales (zoológicos, cumpleaños de famosos, noticias intrascendentes). Su trabajo está condicionado por su imagen, por el machismo implícito en la redacción, por una dirección que desconfía de su criterio. Pero el accidente en la planta le ofrece una oportunidad: por primera vez, puede hacer un reportaje importante. Lo que empieza como una ambición profesional se convierte poco a poco en una toma de conciencia personal.

Kimberly está lejos de ser una periodista de investigación. No tiene experiencia, no tiene fuentes, no tiene apoyo editorial. Pero tiene una cualidad que la hace peligrosa para el sistema: está dispuesta a escuchar. Y cuando escucha a Godell, cuando intuye que lo que ha ocurrido no es un fallo técnico sino un síntoma sistémico, se compromete. Lo arriesga todo —su carrera, su reputación, su futuro— para tratar de contar la historia. Y aunque no puede evitar la tragedia, su mirada final —serena, firme, limpia— sugiere que algo ha cambiado. No triunfa, pero tampoco se doblega.

El tercer vértice es Richard Adams (Michael Douglas), el cámara. Más radical, más visceral, más desconfiado desde el principio. Es quien se enfrenta físicamente a los jefes, quien roba la cinta, quien actúa sin pedir permiso. Si Godell representa la ética profesional y Kimberly la conciencia en construcción, Adams es la intuición de que el sistema está podrido, y que no se puede jugar limpio con quien hace trampas desde el principio. Su figura es clave porque introduce una tensión constante, entre el periodismo como institución y el periodismo como acto de rebelión.

Lo más poderoso de estos tres personajes es que ninguno de ellos tiene poder real. No pertenecen a ninguna élite, no forman parte de un grupo de presión, no cuentan con una red de apoyo. Son profesionales individuales que intentan cumplir con su deber y que, al hacerlo, se convierten en enemigos del orden establecido. La película no los presenta como mártires conscientes, sino como personas que han llegado demasiado lejos para dar marcha atrás. Y en esa vulnerabilidad está su grandeza.

El enfrentamiento entre los protagonistas y el poder es desigual porque el poder no tiene rostro. No hay un antagonista claro, sino un entramado de intereses que actúa por omisión: oculta, retrasa, neutraliza. El enemigo es la empresa, sí, pero también el silencio institucional, la burocracia anestesiante, la lógica del beneficio, la cobardía de los medios, la hipocresía del aparato legal. Nadie dispara a Godell directamente, pero todos contribuyen a que muera. Nadie le dice a Kimberly que calle, pero todos esperan que no hable.

El síndrome de China dibuja así así un nuevo y estremecedor retrato de los nuevos héroes del siglo XX tardío: solitarios, incómodos, condenados al descrédito o al olvido. Héroes que no vencen, pero que se niegan a colaborar. En su fracaso está su victoria. Porque, aunque no cambien el mundo, impiden que el mundo les cambie a ellos.

El enemigo invisible (o no tanto)

En *El síndrome de China*, el poder no lleva uniforme ni esconde su rostro detrás de una cortina de humo. No hace falta. No es un general, ni un político, ni un magnate megalómano. Es algo más sutil, más cotidiano, más escalofriante: una estructura burocrática, empresarial y mediática que, sin necesidad de articular una gran conspiración, consigue silenciar la verdad, proteger sus intereses y destruir a quienes incomodan. No necesita violencia visible. Le basta con la indiferencia organizada.

El gran antagonista de la película no es un personaje, sino una lógica: la del beneficio por encima de la seguridad, la reputación por encima de la transparencia, la gestión de imagen por encima de los hechos. Esa lógica habita en los despachos de los ejecutivos de la empresa eléctrica, pero también en las redacciones, en los comités reguladores, en los pasillos del poder institucional. Es un ecosistema, no una cabeza. Y esa descentralización lo hace invulnerable. Si todo el mundo hace "lo que debe", nadie es culpable. Si cada engranaje cumple su función, el conjunto puede arrasar con la verdad sin que nadie tenga que dar la orden.

El retrato que hace la película de la empresa propietaria de la central nuclear es de una frialdad brutal. No necesita personajes malvados ni escenas de cinismo explícito. Lo que muestra es peor, la rutina del encubrimiento: directivos que no mienten, pero omiten; técnicos que no manipulan, pero no hacen preguntas; responsables de comunicación que maquillan los hechos sin pestañear. La empresa no niega que haya fallos en la planta, simplemente no permite que salgan a la luz. La prioridad es que la nueva central, aún en construcción, entre en funcionamiento a tiempo para que no peligre la financiación. La vida humana es un margen de riesgo aceptable. Lo intolerable es un titular.

Uno de los aspectos más escalofriantes de ese enemigo invisible es su capacidad para generar versiones. La empresa domina la narrativa. Cuando Godell se atrinchera en la sala de control para evitar un posible desastre, la respuesta no es la violencia inmediata, sino la estrategia del descrédito. Se pone en duda su salud mental, se presenta como un empleado estresado, se filtran detalles ambiguos sobre su comportamiento. El objetivo no es refutar sus argumentos, sino erosionar su credibilidad. En un mundo donde la imagen pesa más que los hechos, esa operación es letal. La empresa no necesita tener razón. Le basta con que nadie crea a quien sí la tiene.

También el periodismo aparece como una pieza clave en ese entramado de poder. La cadena para la que trabaja Kimberly, lejos de convertirse en aliada de la verdad, actúa como agente de contención. Presionada por sus anunciantes —entre ellos, la propia empresa energética— y por la necesidad de evitar el escándalo, prefiere enterrar la historia. El enemigo, entonces, no sólo está "fuera" del periodismo, sino dentro: en la autocensura, en el miedo a perder privilegios, en la aceptación tácita de que hay temas con los que no se juega. La libertad de prensa, en este ecosistema, es una idea bonita, hasta que choca con la cuenta de resultados.

Lo más perturbador de este enemigo es su normalidad. No hay ritos oscuros, ni sótanos con pantallas de vigilancia. Lo que hay son salas de reuniones, trajes bien planchados, informes técnicos, sonrisas de relaciones públicas. La mentira no se impone, se gestiona. La verdad no se combate, se desactiva. Y cuando alguien como Godell insiste en señalar lo que nadie quiere ver, no hace falta matarlo a escondidas, basta con dejar que el procedimiento siga su curso. El disparo final no es una ejecución, es una consecuencia. Como si el sistema dijera: "No querías ser parte de esto, Jack. Ahora no estás en nada".

La central nuclear es, en ese sentido, más que un escenario, una alegoría del propio poder. Un monstruo contenido, sostenido por capas de acero, burocracia y silencio. Nadie ve la radiación. Nadie la huele. Pero si escapa, contamina todo. Así funciona el enemigo en esta historia, como un reactor aparentemente estable, pero siempre al borde del colapso. Y lo más siniestro es que, incluso si estalla, siempre habrá alguien dispuesto a decir que fue un accidente, un caso aislado, un error humano.

El síndrome de China muestra con una lucidez pasmosa que el poder contemporáneo no necesita ocultarse tras el miedo. Le basta con ser parte del paisaje, con estar en los contratos, en los protocolos, en la falsa cortesía. Ya no necesita oprimir. Le basta con convencerte de que todo está bajo control. Incluso cuando empieza a arder.

Lenguaje visual, puesta en escena y música

El síndrome de China es una película de amenazas invisibles. No hay monstruos, no hay persecuciones espectaculares, ni siquiera un crimen que el espectador pueda ver con claridad. Lo que hay es tensión, silencio, gestos que no se interpretan del todo, planos que no revelan, sino que insinúan. Y esa decisión estética —filmar lo invisible, convertir lo técnico en dramático, hacer del detalle una bomba— es lo que convierte a la película en una obra maestra del cine político.

La dirección de James Bridges se caracteriza por su sobriedad analítica. No hay barroquismo visual, ni movimientos de cámara que pretendan deslumbrar. Hay una voluntad firme de mostrar los hechos con claridad... y dejar que sea el espectador quien sienta la presión. La cámara observa, se mantiene a la distancia justa, a menudo más cerca de los personajes que de los espacios, como si buscara no tanto registrar lo que ocurre como capturar lo que sienten. Esa cercanía emocional contrasta con la frialdad de los entornos: oficinas acristaladas, salas de control llenas de paneles, despachos asépticos... Lugares donde todo parece ordenado, pero donde se cuece el caos.

La central nuclear es uno de los grandes escenarios del cine de los 70. Un espacio clínico, casi quirúrgico, donde todo está etiquetado, medido, calculado. Pero esa aparente perfección genera más inquietud que calma. La iluminación fluorescente, blanca, sin contrastes, crea una atmósfera de asepsia inquietante. Es un lugar donde nada parece fuera de lugar... hasta que lo está. Bridges filma la sala de control como si fuera un quirófano sin bisturíes: tenso, pulcro, con operarios que se mueven como autómatas y que, cuando dudan, revelan todo el miedo contenido bajo su aparente profesionalidad.

Los planos largos y las composiciones simétricas refuerzan la sensación de encierro. A menudo, los personajes aparecen enmarcados por cristales, ventanas, monitores o estructuras metálicas que los aíslan, que los reducen a piezas dentro de un engranaje. La puesta en escena transforma el decorado en una jaula de acero y plástico, donde lo humano parece fuera de lugar. No es casual que la secuencia clave —el atrincheramiento de Godell en la sala de control— se desarrolle en un espacio tan cerrado, con luz blanca y sin apenas música. La tensión no se subraya, se deja respirar.

Uno de los grandes logros visuales del film es cómo convierte lo técnico en narrativo. Un botón, una válvula, un indicador que titila pueden generar más angustia que un disparo. La mirada de Jack Lemmon mientras observa una pequeña vibración en una tubería tiene la intensidad de una secuencia de acción. La puesta en escena nos enseña que el suspense no necesita velocidad, sino gravedad. Cada plano está cargado de una electricidad silenciosa, como si en cualquier momento algo pudiera explotar, pero nadie supiera exactamente qué.

La televisión como elemento escénico también juega un papel central. No solo porque gran parte del conflicto gira en torno a lo que puede o no puede emitirse, sino porque Bridges introduce televisores dentro del encuadre como recordatorio constante de que todo está siendo observado, editado, filtrado. La cámara dentro de la ficción se convierte en símbolo de la vigilancia y del relato: lo que se muestra es tan importante como lo que se omite. Y la batalla entre los protagonistas y el poder se libra también en ese terreno: el del control de la imagen.

Por otro lado, la banda sonora, compuesta por Michael Small, es un ejemplo magistral de contención. No hay melodías heroicas, ni subrayados emocionales. La música aparece de forma intermitente, como una corriente subterránea, casi imperceptible, que refuerza la claustrofobia del entorno. El uso de instrumentos solistas, como la flauta o el piano, subraya la soledad de los personajes, su aislamiento dentro de un sistema que no permite fisuras. La música no guía al espectador, lo acompaña como una respiración ansiosa, como un pulso que se acelera sin saber por qué.

A veces, lo más angustiante es lo que no se oye. En la secuencia final, cuando Godell se dirige a la cámara de televisión para denunciar lo que ha descubierto, la tensión no está en lo que dice, sino en la posibilidad de que no llegue a decirlo. Y cuando finalmente es abatido, no hay fanfarria, ni dramatismo exacerbado, solo un ruido sordo, seco, final. Como si el sistema hubiera decidido cerrar la válvula de presión antes de que estallara. Y nosotros, como espectadores, nos quedamos con el silencio más inquietante, el de lo que nunca será emitido.

Recepción y legado

Pocas películas han tenido el extraño privilegio —o la carga— de ser validadas por la realidad con la rapidez con que lo fue *El síndrome de China*. Cuando se estrenó en marzo de 1979, fue recibida como un *thriller* sólido, bien interpretado, con una trama verosímil y una denuncia técnica interesante. Pero apenas doce días después de su lanzamiento, un accidente nuclear real en la central de Three Mile Island, en Pensilvania, convirtió lo que parecía una obra de ficción en un espejo insoportable. La coincidencia fue tan inquietante que la película se transformó, de un día para otro, en una suerte de advertencia ignorada. Como si el cine hubiera intentado decir algo antes de que ocurriera... y nadie hubiera querido escucharlo.

Antes de ese accidente, la crítica había valorado positivamente el film, aunque sin exaltación. Se destacaba la sobriedad del guion, el compromiso del reparto (especialmente Jack Lemmon, en uno de los papeles más intensos de su carrera) y el equilibrio entre tensión narrativa y denuncia social. Pero también hubo cierta desconfianza. Algunos sectores consideraban que la película exageraba los peligros de la energía nuclear, que caía en alarmismos sin base científica, que promovía el miedo sin ofrecer soluciones. Esa discusión duró exactamente hasta el 28 de marzo de 1979, cuando el reactor número 2 de Three Mile Island sufrió una fusión parcial que obligó a evacuar a decenas de miles de personas y puso en jaque la industria nuclear estadounidense.

A partir de ese momento, *El síndrome de China* dejó de ser una simple película. Se convirtió en una referencia cultural. Su título fue citado en los telediarios, sus escenas analizadas por expertos en seguridad nuclear, sus personajes convertidos en símbolos. Lo que antes parecía ficción empezó a parecer documentación anticipada. Y eso cambió la manera en que se entendía el cine político de los 70: ya no era solo entretenimiento con conciencia, sino una herramienta de advertencia, una forma de narrar lo que estaba a punto de pasar.

El impacto social fue inmediato. La película alimentó el crecimiento del movimiento antinuclear en Estados Unidos y en Europa. Se reactivaron debates parlamentarios, se exigieron auditorías, se multiplicaron las manifestaciones. El propio Michael Douglas, productor y actor del film, se convirtió en portavoz ocasional de esa causa, subrayando que no se trataba de una película contra la tecnología, sino contra la opacidad, la negligencia y la falta de controles democráticos sobre el poder corporativo.

A nivel industrial, la película también generó tensiones. Las grandes eléctricas presionaron para que no se reeditara tras el accidente. Algunas cadenas de televisión se negaron a emitirla. Y durante un tiempo, hablar del "síndrome de China" era invocar no solo un temor técnico, sino una crítica política de fondo: la desconfianza radical hacia los sistemas que, amparados en la complejidad tecnológica, actúan sin supervisión ciudadana.

Con el paso de las décadas, *El síndrome de China* ha mantenido su vigencia. Aunque la energía nuclear ha ido cambiando de imagen —a veces vista como una alternativa verde frente a los combustibles fósiles—, las preguntas que plantea la película siguen siendo actuales: ¿quién controla las tecnologías de alto riesgo?, ¿quién decide qué información se hace pública?, ¿qué ocurre cuando la rentabilidad se antepone a la seguridad? Y, sobre todo, ¿qué margen tiene un individuo, por informado o ético que sea, para hacer frente a una estructura opaca que se protege a sí misma?

Hoy, vista con perspectiva, la película no ha perdido ni un ápice de fuerza. Más bien al contrario, se ha convertido en un ejemplo de cómo el cine puede anticipar, advertir, molestar. Y si bien sus imágenes no tienen la espectacularidad digital de las producciones actuales, su tensión narrativa, su rigor moral y su capacidad para retratar la soledad del individuo frente al engranaje siguen golpeando con precisión quirúrgica.

El síndrome de China no sólo sobrevivió a su época. La trascendió. Y en un mundo donde los riesgos tecnológicos son cada vez más abstractos, invisibles e incontrolables, su mensaje sigue brillando con luz de emergencia: no basta con que las cosas funcionen... si nadie se atreve a preguntar cómo.

Claves simbólicas y subtexto

Bajo la superficie técnica de *El síndrome de China* late una poderosa red de símbolos. No es sólo una película sobre energía nuclear, es una alegoría del poder moderno, del control narrativo, del miedo como forma de gestión social. Cada elemento, desde el título hasta la puesta en escena, opera en dos niveles: el factual y el simbólico. Y lo que cuenta es tan inquietante por lo que dice como por lo que sugiere.

El primer gran símbolo es el propio reactor nuclear. No es sólo una instalación industrial, sino una metáfora del sistema: opaco, tecnocrático, cargado de energía contenida y potencialmente devastadora si algo se sale del protocolo. El reactor representa al Estado corporativo, al capitalismo tardío, al aparato institucional que mantiene su funcionamiento a costa del silencio, la obediencia y la ocultación. Como el reactor, el sistema parece estable... hasta que algo cruje. Y entonces, quienes se acercan demasiado a la verdad corren el riesgo de ser irradiados por ella.

La radiación, invisible pero letal, es el símbolo perfecto de la amenaza contemporánea. Ya no se trata de un enemigo visible, de un asesino con cara, sino de un peligro intangible que se filtra; que no se puede ver ni oler, pero que transforma la vida de forma irreversible. Así opera también la corrupción sistémica que retrata la película: no con escándalos a gran escala, sino con pequeñas renuncias, con omisiones, con procedimientos que convierten el daño en una externalidad asumible. No hace falta que haya un villano, basta con que nadie haga preguntas.

La muerte de Jack Godell funciona como una parábola sobre el destino del individuo que se enfrenta al engranaje. No se trata sólo de una tragedia personal, es la visualización de una verdad incómoda. El sistema no necesita eliminarlo físicamente (aunque lo haga); lo que verdaderamente hace es aislarlo, ridiculizarlo, convertirlo en un "caso", en una anomalía que se puede archivar. Su lucha final por emitir su testimonio, por hablar ante una cámara, por contar lo que ha descubierto, tiene algo de grito desesperado en un mundo donde la verdad ya no basta. No muere sólo un hombre, muere la posibilidad de que el sistema se escuche a sí mismo.

Kimberly, por su parte, representa un tránsito simbólico: el paso de la información blanda, decorativa, funcional, al periodismo como acto de resistencia. Su transformación es también la de una sociedad que empieza a entender que no basta con estar informada: hay que luchar por el derecho a saber. Su mirada final —tras la pantalla, sabiendo que el directo ha sido cortado— condensa toda la impotencia del ciudadano frente al relato oficial. La cámara, ese símbolo de la transparencia democrática, ha sido desconectada. Y ella, como nosotros, sólo puede mirar.

Otro de los grandes temas simbólicos de la película es la gestión del riesgo. No sólo el riesgo técnico, sino el político y el moral. La idea de que todo sistema de poder moderno opera bajo una lógica probabilística: ¿cuánto vale una vida frente al coste de una reparación?, ¿cuánta verdad se puede permitir sin dañar la confianza del consumidor?, ¿cuánta disidencia se puede tolerar antes de que se vuelva peligrosa? La planta nuclear, en este sentido, es un gran laboratorio de cálculo: la ética ha sido sustituida por algoritmos.

La cinta también habla del control narrativo como forma de dominación. Lo que importa no es lo que ha ocurrido, sino lo que se cuenta que ha ocurrido. Por eso el reportaje televisivo es tan importante, por eso la imagen de Godell en directo resulta intolerable para la empresa. Porque, en el fondo, lo que se gestiona no es un reactor, sino una historia. La batalla ya no es por los hechos, sino por el relato. Y en ese campo, el poder lleva ventaja. Tiene los medios, los portavoces, los tiempos. Puede esperar. El testigo, en cambio, se agota.

Por último, *El síndrome de China* puede leerse como una meditación sobre la soledad del individuo ético en una estructura sin alma. Godell,

Kimberly, Richard: ninguno tiene una red real. Sus entornos —el trabajo, los amigos, la jerarquía— los abandonan o se vuelven contra ellos. El sistema no castiga la mentira sino a quien no colabora con ella. Y así, la película traza un mapa sombrío de la modernidad: el bien no fracasa por falta de razones, sino por falta de aliados.

El legado simbólico de *El síndrome de China* no está sólo en su denuncia concreta, sino en su diagnóstico implícito. El verdadero peligro no es la energía nuclear, es la cultura del silencio, la normalización de lo inaceptable, la docilidad con la que aceptamos que alguien más decida cuánto de la verdad podemos soportar. Y en ese sentido, pocas películas han sido tan radiantes en su oscuridad.

Veredicto final (The Verdict, 1982), de Sidney Lumet

La verdad es que esa pobre chica puso su confianza en... en manos de dos hombres que le quitaron la vida. Está en coma. Su vida se ha ido. No tiene hogar ni familia. Está conectada a una máquina. No tiene amigos, y las personas que deberían cuidarla —sus médicos... y usted y yo— han sido sobornadas para que hagan la vista gorda. Nos han pagado para hacer la vista gorda. Vine aquí a quitarles su dinero. Traje fotos para mostrárselas y así poder quitarles su dinero. Pero no puedo hacerlo, no puedo aceptarlo. Porque si lo acepto, estoy perdido. Solo seré un... estafador rico. No puedo hacerlo. No puedo aceptarlo.

Frank Gavin (Paul Newman) al obispo Brophy (Edward Binns)

Contexto político e histórico

Cuando *Veredicto final* se estrena en 1982, el cine conspiranoico como tal ya ha vivido su edad de oro. Quedan lejos los escándalos que lo alimentaron: el asesinato de JFK, Vietnam, el caso Watergate, la represión de los alumnos de la Universidad Kent State, los Papeles del Pentágono... Pero sus efectos siguen presentes. La confianza en las instituciones se ha erosionado. La figura del héroe solitario, enfrentado a una maquinaria insensible y corrupta, se ha convertido en un arquetipo. Y Sidney Lumet, uno de los grandes cronistas de ese malestar democrático, vuelve a colocar el foco no en Washington, sino en los tribunales. Y no por ello con menos contundencia.

La era Reagan está en plena consolidación. Estados Unidos ha virado (aún más) hacia la derecha, con un discurso de orden, prosperidad y restauración moral. Pero bajo ese barniz, persisten las mismas estructuras opacas: grandes corporaciones con impunidad, pactos de silencio en las élites, sistemas judiciales diseñados más para proteger intereses que para hacer justicia... *Veredicto final* se inscribe en esa herencia, es una película sobre lo que ocurre cuando la ley ya no sirve al ciudadano, sino a quienes pueden pagarla.

El personaje de Frank Galvin —colosal Paul Newman en el papel de un abogado fracasado, alcohólico y desacreditado— encarna esa crisis: es un hombre que ya no cree en nada, ni en sí mismo, ni en la posibilidad de que la justicia exista. Y es precisamente desde esa derrota existencial desde donde se construye su redención, no como triunfo, sino como resistencia, como último acto de dignidad ante un sistema que prefiere silenciar a una víctima antes que manchar la reputación de un hospital vinculado a la Iglesia y al poder político.

Lo conspiranoico, en este caso, no viene de una trama geopolítica ni de un complot internacional. Viene de lo cotidiano, de la manera en que la verdad puede ser sepultada por un informe médico falso, un juez parcial, una abogada infiltrada o un bufete millonario que utiliza el derecho como arma de ocultación. Aquí el poder no se presenta con violencia, sino con argumentos legales, con tecnicismos, con modales educados. Y es ahí donde reside su fuerza más insidiosa.

Lumet ya había retratado el sistema judicial en otras obras memorables (*Doce hombres sin piedad*, *Serpico*, *El príncipe de la ciudad*), pero en *Veredicto final* lo lleva a su expresión más íntima, más amarga. No es un ataque frontal al Estado, sino a una cultura de encubrimiento que se ha hecho invisible. Una cultura donde el individuo que decide no callar se convierte en un problema. Y donde la justicia, si se logra, es a pesar del sistema, no gracias a él.

Así, en 1982, cuando el cine conspiranoico parecía haber agotado sus grandes temas, Lumet devuelve el género a su origen moral: la defensa del ser humano frente al cinismo institucional. Sin conspiraciones espectaculares, sin documentos clasificados, solo un hombre, un expediente y una mujer en coma cuya historia no debe ser contada. Porque en estos nuevos tiempos, el silencio ya no se impone con amenazas, se compra. Se reviste de legalidad. Se convierte en rutina. Y ahí, más que nunca, la conspiración es lo normal.

Inspiración real / Base documental

Aunque *Veredicto final* no parte de un caso real concreto, su argumento está inspirado en docenas de historias similares, muchas de ellas documentadas en la prensa y en literatura legal: casos de negligencia médica encubiertos por hospitales, con la complicidad de aseguradoras, abogados, jueces y obispos. La situación que plantea —una mujer que entra en coma tras una anestesia mal aplicada durante un parto, y un sistema que intenta acallar el escándalo con un acuerdo económico— no es excepcional. Es estadística.

David Mamet, que debutaba aquí como guionista cinematográfico, parte de esa realidad para construir un relato judicial que se aleja de lo melodramático. No hay giros milagrosos, ni confesiones de última hora. Hay algo mucho más potente: una acumulación de pequeñas trampas legales, de tecnicismos perversos, de estrategias profesionales diseñadas para evitar que la verdad llegue a un jurado. En otras palabras, hay una conspiración sistémica, no personal.

La historia del caso —el intento de cerrar el asunto con dinero, la destrucción de pruebas, la intimidación a testigos, el uso de una infiltrada para manipular al abogado— puede parecer una ficción negra, pero todo eso ha ocurrido, y sigue ocurriendo, en los entresijos de sistemas judiciales donde la verdad no es lo que pasó, sino lo que se puede probar. Mamet construye su guion precisamente desde ese vacío: no sobre el crimen, sino sobre el encubrimiento.

El personaje de Frank Galvin también tiene resonancias reales. Aunque no esté basado en nadie concreto, representa a toda una generación de abogados arrastrados por la desilusión, por la corrupción cotidiana, por el fracaso moral. Exfuncionarios, expenalistas, profesionales que dejaron de creer en la ley cuando vieron para quién trabajaban realmente. Mamet lo define con tres frases, pero Lumet y Paul Newman lo elevan a una figura trágica: el hombre que ha caído tan bajo que solo puede levantarse si vuelve a creer que una vida vale más que una firma.

La película está basada en la novela homónima de Barry Reed, un abogado especializado en casos de negligencia médica que conocía muy bien las prácticas internas de los hospitales y sus asesores jurídicos. Reed había escrito el libro con la intención de denunciar un fenómeno estructural: el modo en que muchas víctimas eran convencidas de no denunciar o de aceptar indemnizaciones que evitaban cualquier reconocimiento de culpa.

Ese trasfondo real es lo que da solidez al guion de Mamet. Porque no inventa un mundo cerrado como en muchos *thrillers* judiciales, sino que reproduce con dolorosa precisión cómo funciona la maquinaria del silencio, desde el primer contacto con los familiares hasta la construcción de un caso imposible de ganar. La infiltración de la abogada interpretada por Charlotte Rampling en la vida personal de Galvin es uno de los pocos elementos dramáticos del relato, pero incluso ahí se insinúa que estas estrategias, por más crueles que parezcan, forman parte de la lógica profesional cuando hay mucho dinero en juego.

Veredicto final se convierte, en ese sentido, en una denuncia tan feroz como sobria del poder corporativo y eclesiástico, así como de su capacidad para manipular el sistema legal a su favor. No se trata solo de proteger a los médicos, sino de evitar el escándalo, conservar la reputación del hospital —gestionado por la Iglesia—, proteger a las aseguradoras, y prevenir futuras demandas. El proceso judicial no busca justicia. Busca cerrar una herida con elegancia y sin ruido.

Por eso el personaje de Galvin, cuando decide no aceptar el acuerdo millonario que le ofrecen, está cometiendo una herejía. No solo contra sus propios intereses, sino contra todo el entramado que espera que el caso se diluya, se archive y se olvide. Su negativa, su empeño en llegar a juicio y su insistencia en buscar una verdad legal son vistos como una amenaza. Y, por tanto, será atacado desde todos los ángulos posibles. El precio de la dignidad, en este sistema, es la soledad y el descrédito.

En definitiva, *Veredicto final*, más que un ejercicio de ficción sobre lo que podría considerarse "un caso interesante", es un relato de combate sostenido sobre documentación real, sobre décadas de encubrimientos médicos y manipulaciones jurídicas, sobre una certeza que recorre todo el género conspiranoico, que cuando el sistema protege al poder antes que a la verdad, el individuo que se rebela está solo. Pero su soledad es la prueba de que tiene razón.

Argumento y estructura narrativa

La estructura de *Veredicto final* sigue, en apariencia, el esquema clásico del drama judicial: un abogado caído en desgracia, un caso que parece imposible, una verdad oculta, un juicio donde todo está en contra. Pero Lumet, fiel a su estilo, desmonta cualquier tentación de heroísmo fácil. Aquí no hay redención melodramática, ni discursos para la posteridad, ni pruebas milagrosas encontradas en el último minuto. Lo que hay es un proceso lento y doloroso, donde el protagonista debe reconstruirse a sí mismo mientras intenta desmontar una maquinaria diseñada para impedirle ganar.

La historia arranca con Frank Galvin en su punto más bajo: un abogado alcohólico que sobrevive asistiendo a funerales para ofrecer sus servicios, sin credibilidad profesional, con la vida personal hecha pedazos. Cuando su amigo y exjefe (magnífico, como de costumbre, Jack Warden) le consigue un caso aparentemente fácil —una indemnización rápida por negligencia médica—, todo indica que será un trámite más. Dinero rápido, caso cerrado, copas al final del día... Pero cuando Galvin visita a la víctima, una joven en coma por un error anestésico durante un parto, algo se quiebra en él. No hay música dramática. No hay discurso interno. Solo una mirada, un plano fijo sobre una mujer entubada, sola, convertida en desecho humano. Y desde ahí, sin anuncios, empieza a cambiar el ritmo de la película. Galvin decide no aceptar el acuerdo millonario. Decide ir a juicio. No porque crea que puede ganar, sino porque cree que no podría vivir consigo mismo si no lo intentase.

A partir de ahí, la película se organiza como un proceso judicial en dos niveles: el externo, en el que se muestra el juicio, los testigos, la lucha contra el gran bufete que representa al hospital y a la Iglesia; y el interno, que sigue la reconstrucción del personaje, su lucha contra el cinismo, su necesidad de volver a creer en algo. Esta doble estructura permite a Lumet desarrollar una tensión que no depende del suspense, sino de la resistencia moral. Más que si ganará, los espectadores nos preguntamos si el abogado aguantará, si no se hundirá de nuevo.

La administración de la tensión es ejemplar. Cada obstáculo —la infiltrada que lo traiciona, la destrucción del testimonio clave, la parcialidad del juez, el desprecio de sus propios colegas— se muestra sin dramatismo. Todo está en contra, pero nada ocurre de forma aparatosa. La conspiración no es un atentado, es una rutina institucional. Y eso la hace más siniestra, porque es perfectamente legal.

La escena en que descubre que su informante, la mujer en quien había depositado cierta confianza emocional, trabaja para el despacho rival, no está rodada con gritos ni violencia. Está filmada con un plano fijo, un silencio largo, una humillación que no necesita subrayado. Esa economía emocional es una de las grandes virtudes de la película. Lo que está en juego no es solo el caso, es la fe... en la ley, en las personas, en uno mismo.

La progresión del relato es inversa a la habitual: Galvin no va creciendo hacia la gloria, sino hundiéndose hacia la dignidad. Cada paso lo acerca a la verdad, pero también al aislamiento. El juicio no es el escenario de un espectáculo, sino un campo de resistencia. Lumet lo filma con planos sobrios, sin adornos. Bancos de madera, luz natural, silencio. El espacio judicial no impone respeto, sino distancia.

Y cuando llega la escena final, con el testimonio inesperado del médico que se atreve a contar la verdad, no se presenta como un golpe de efecto. Es un susurro, una voz que se escucha a medias, una grieta mínima por la que entra algo de luz... Galvin no lo celebra. No levanta los brazos. Sabe que esa verdad puede no ser suficiente. Y, de hecho, lo que conmueve de la película es que no sabemos si ganará el caso. Solo sabemos que ha hecho lo que debía. Y eso basta.

La estructura del guion de Mamet, como un reloj suizo, se cierra con una llamada telefónica que queda sin respuesta. Galvin, solo, sentado, el teléfono sonando. La voz que le traicionó intentando volver. Pero él no contesta. Porque ya ha decidido quién quiere ser.

Protagonistas frente al poder

Frank Galvin es, probablemente, el protagonista más derrotado de todo el cine conspiranoico. Cuando lo conocemos no tiene despacho, ni clientes, ni fe en su oficio. Sobrevive cazando herencias, emborrachándose en funerales, durmiendo en su abrigo. La justicia, para él, es un recuerdo borroso. Y, sin embargo, precisamente por estar al margen de todo, conserva algo que los demás han perdido, la capacidad de decir no. Esa es su verdadera fuerza. No su talento jurídico, ni su retórica, ni su capacidad de investigación. Galvin no tiene grandes recursos. Tiene un instinto moral que sigue palpitando bajo capas de derrota. Y cuando se encuentra con el caso de la mujer en coma, algo se enciende. No es rabia. No es épica. Es una mínima llama de conciencia. Y desde ese instante, se convierte sin quererlo en el enemigo de un sistema que ya contaba con su silencio.

Porque todo el mundo espera que Galvin haga lo previsible: que cobre, firme y desaparezca. El acuerdo económico está sobre la mesa. Los culpables no serán nombrados. La familia recibirá dinero. El hospital quedará limpio. El juez se ahorrará complicaciones. Pero Galvin, el borracho, el desechado, rompe el pacto de silencio. Decide ir a juicio. Y en ese gesto íntimo, personal e incómodo, se convierte en un protagonista trágico y necesario.

Lo más poderoso de su figura es que no representa la esperanza, sino la resistencia. No cree que pueda ganar. No está convencido de nada. Solo sabe que no puede seguir traicionándose a sí mismo. Y esa convicción, esa tenacidad nacida de la ruina, lo convierte en un personaje más poderoso que cualquier héroe clásico. Porque actúa sin garantías, sin aliados ni apoyo, solo con su tozudez, su fe recuperada y su desprecio por lo que ha llegado a ser.

A su alrededor, el poder no tiene una sola cara, es una estructura... El juez que bloquea pruebas y favorece al hospital. El bufete rival, elegante y despiadado. La Iglesia, propietaria del hospital, que no aparece, pero lo vigila todo. El sistema legal, que protege a los suyos. Y una sociedad entera que prefiere el acuerdo al escándalo, la apariencia al conflicto. No hay conspiradores con gabardina sino instituciones funcionando como siempre. Y eso lo hace aún más aterrador.

Galvin no puede enfrentarse a ese poder con las mismas armas. No tiene medios. No tiene reputación. No tiene equipo. Solo tiene su voz temblorosa, su insistencia, y su negativa a rendirse. Cuando lo traicionan, no se venga. Cuando lo ridiculizan, no responde con furia. Solo sigue adelante. Porque entiende que, si cede esta vez, ya no quedará nada en él que valga la pena.

En este sentido, *Veredicto final* es la historia de un enfrentamiento entre la dignidad individual y el cinismo institucional. Galvin no es el ciudadano corriente que descubre una conspiración. Es el ciudadano vencido que se niega a colaborar con ella. Y esa negativa, en una cultura donde todo se negocia, es una forma de revolución.

La película no lo convierte en mártir. Tampoco en símbolo. Solo en alguien que, por una vez, elige hacer lo correcto. No para salvar a nadie, no para limpiar su nombre, solo porque alguien debe hacerlo. Y esa figura, tan rara en el cine actual, lo conecta directamente con el espíritu del cine conspiranoico de los 70: el individuo solo que se enfrenta a un sistema donde la verdad ya no tiene espacio.

Frank Galvin no gana porque tenga razón. Gana —si es que gana— porque se niega a aceptar el pacto implícito de la mentira. Y eso lo convierte en el último hombre decente.

El enemigo invisible (o no tanto)

En *Veredicto final*, el poder no se oculta, ni actúa desde las sombras. Se muestra con toda su elegancia, con toda su educación, con toda su normalidad. Y ahí es precisamente donde reside su peligrosidad, en su capacidad para encubrir bajo la apariencia de respeto institucional una trama de silencio, presión y manipulación.

El enemigo de Frank Galvin no es un antagonista único. No hay un Nixon, ni un general, ni un magnate sin escrúpulos. El verdadero enemigo es la convergencia de varios estamentos sociales que, al unirse, generan una fortaleza inexpugnable: la Iglesia católica, propietaria del hospital donde ocurrió la negligencia; el cuerpo médico, que protege a los suyos, aunque se hayan equivocado; el sistema judicial, que coloca al juez como pieza funcional del encubrimiento; y el gran bufete de abogados, que representa la perfección técnica al servicio del silencio.

La Iglesia, en particular, está omnipresente sin aparecer directamente. Es el rostro inmaterial de la autoridad intocable, la que no necesita alzar la voz para imponer su voluntad. El hecho de que el hospital sea suyo lo cambia todo: convierte un error médico en un escándalo eclesiástico. Y ahí se activa el instinto de protección de la institución. No importa la víctima. Importa que el prestigio no sufra, que no haya titulares, que el asunto se cierre con un cheque.

El bufete que representa al hospital es el rostro visible de ese poder. Edward Concannon —el abogado estrella, interpretado por un cínico y flemático James Mason— es el adversario perfecto: sereno, culto, implacable y absolutamente convencido de que su labor consiste en proteger a su cliente, no en buscar la verdad. Y lo hace sin villanía, con profesionalidad, con cortesía. Su frialdad no es maldad, es técnica. Y por eso es más peligrosa. Porque no necesita justificar sus acciones, las tiene completamente normalizadas.

El juez, por su parte, no es abiertamente corrupto. No recibe sobornos, pero actúa con una parcialidad tan evidente que acaba funcionando como otra herramienta del encubrimiento. Admite y rechaza pruebas con criterio desigual. Interrumpe a Galvin, tolera las tácticas de la defensa, no necesita conspirar; simplemente aplica la ley de forma estratégica. Y en ese uso del reglamento como barrera, el sistema se defiende a sí mismo.

Pero el enemigo más devastador es, quizá, la propia lógica institucional, la idea de que todo puede resolverse sin llegar al juicio, de que el dinero puede evitar la verdad, de que las víctimas deben aceptar su papel y no incomodar, de que la reputación está por encima del sufrimiento... Esa mentalidad —aceptada por médicos, abogados, clérigos y jueces— es la verdadera conspiración. Porque no se decide en una sala secreta. Es una cultura compartida.

En este contexto, Galvin no se enfrenta a un malvado, sino a una cadena de legitimaciones mutuas. Cada actor cree estar haciendo lo correcto dentro de su rol. Pero el resultado colectivo es monstruoso: una joven mujer convertida en cuerpo vegetal es tratada como una molestia legal, un caso que hay que cerrar con la mínima pérdida de imagen. Su humanidad desaparece. Su historia no se cuenta. Solo importa que el sistema siga funcionando.

Por eso el enemigo es tan difícil de derrotar. No se puede señalar con el dedo. No se le puede acusar de un crimen concreto. Porque no ha quebrado la ley, ha hecho que la ley sirva para encubrir. Y esa es la gran tesis conspiranoica del film: la impunidad no necesita transgredir el sistema cuando puede administrarlo.

Veredicto final no plantea una conspiración en el sentido clásico, sino una cultura de la ocultación convertida en norma profesional. Y contra eso, la verdad ya no es una cuestión jurídica. Es una cuestión ética. El protagonista no lucha por ganar un juicio, lucha porque alguien, al menos una vez, diga en voz alta lo que todos quieren callar. Porque el poder aquí no se esconde. Simplemente está donde siempre ha estado, detrás del prestigio, del lenguaje jurídico y de las buenas maneras. Y cuando todo el mundo aplaude ese poder, el que duda parece loco.

Lenguaje visual, puesta en escena y música,

Veredicto final es una clase magistral de sobriedad. En un tiempo donde el drama judicial tendía al espectáculo —movimientos de cámara ampulosos, música subrayada, discursos inflamados—, Lumet opta, precisamente, por lo contrario: una dirección contenida, casi ascética, que se pone al servicio del conflicto interior del protagonista. No embellece, no dramatiza ni distrae. Cada plano está donde debe estar, como si la propia imagen supiera que el espectador necesita espacio para respirar... y para juzgar.

La fotografía de Andrzej Bartkowiak refuerza este tono desde el primer plano: colores apagados, grises urbanos, interiores en tonos madera y mostaza, una luz que parece filtrarse por el polvo de un despacho olvidado. Boston, en invierno, se muestra como una ciudad que ha perdido el lustre. No hay romanticismo urbano, solo una sucesión de lugares funcionales, impersonales y fríos. Es un paisaje emocional, el reflejo externo del alma de Frank Galvin.

La cámara se mueve lo justo. Predominan los planos fijos, los encuadres largos, los silencios que no se cortan antes de tiempo. Lumet confía en sus actores, en los diálogos de Mamet, en la incomodidad del plano sostenido. No teme dejar espacio al silencio. Y en ese vacío —donde en otras películas habría un violín, un fundido o una frase lapidaria— *Veredicto final* encuentra su verdad: el horror cotidiano del sistema funcionando como siempre.

El espacio judicial está filmado como un escenario opresivo, no heroico. El juzgado no es un templo de justicia, sino una sala cansada, con eco, con madera gastada y luz institucional. Los personajes se encuadran entre paredes, pasillos o bancadas. La arquitectura pesa. Y eso no es casual, pues Lumet quiere mostrar que la forma es parte del fondo, que el juicio no es solo un proceso, sino un teatro donde todo está dispuesto para parecer justo... aunque no lo sea.

Los contrastes visuales son sutiles pero efectivos. El bufete de los abogados rivales se muestra pulcro, ordenado y bien iluminado. El despacho de Galvin es oscuro, desordenado, con papeles apilados y botellas vacías. Pero a medida que avanza la película, esa diferencia estética pierde significado. Porque lo limpio no es sinónimo de honesto. Y el espacio caótico, en este caso, es el único en donde aún se discute la verdad.

Uno de los mayores logros de Lumet es el modo en que filma a Paul Newman. El rostro del actor se convierte en el mapa moral del film: cada línea, cada ojera, cada mirada baja habla más que los diálogos. Lumet lo encuadra con respeto, pero sin idealización. Newman no luce, no seduce. Se expone, se deja mirar con todas sus grietas. Y eso convierte al personaje en algo más poderoso que un héroe, lo convierte en un hombre que, a pesar de todo, decide ponerse de pie.

La música de Johnny Mandel es casi imperceptible. Aparece en momentos muy concretos, con tonos mínimos, más atmosféricos que melódicos. No busca emocionar. Busca acompañar la incomodidad, el vacío, la desesperanza. Y por eso funciona tan bien, porque no dice qué sentir, permite que el espectador descubra su propia reacción.

La escena final —Galvin sentado en su despacho, el teléfono sonando, sin responder— es puro Lumet. No hay plano final glorioso, ni música ascendente, ni resolución catártica. Hay un hombre cansado, en silencio (homérico Newman), que ha hecho lo que debía. Y la cámara lo deja ahí. Sin aplausos ni veredicto moral. Porque ya no importa el juicio, solo el hecho de que, al menos una vez, alguien se negó a firmar el silencio.

Recepción y legado

Veredicto final fue recibida en 1982 con gran respeto, pero sin el estallido mediático de otras obras más espectaculares. No era una superproducción, ni tenía escenas memorables que entraran en los anales del cine popular. Y, sin embargo, fue reconocida desde el principio como una película extraordinaria, tanto por la crítica como por el gremio cinematográfico.

Fue nominada a cinco premios Oscar: Mejor Película, Mejor Director (Sidney Lumet), Mejor Actor (Paul Newman), Mejor Actor Secundario (James Mason) y Mejor Guion Adaptado (David Mamet). No ganó ninguno —1982 fue un año muy competitivo, con títulos como *Gandhi*, *E.T.* o *Tootsie*—, pero esas nominaciones sirvieron para consolidar su prestigio. En especial, la interpretación de Paul Newman fue señalada como una de las más profundas y contenidas de su carrera, muy alejada de sus papeles más seductores o carismáticos. Un hombre roto que se recompone sin redención, solo con dignidad. La escena inicial, en este sentido, es grandiosa en su sencillez.

La crítica destacó desde el primer momento la precisión del guion de Mamet, su economía verbal, su dureza moral. Algunos lo consideraron demasiado seco, incluso impasible. Pero con el tiempo, esa frialdad se ha leído como parte esencial de su propuesta: no hay épica, porque la realidad que retrata no la permite. Solo hay resistencia, como única forma de no rendirse al cinismo.

El legado de la película ha ido creciendo década tras década. Hoy es reconocida como una de las cumbres del cine judicial y figura en casi todas las listas del género junto a clásicos como *Doce hombres sin piedad* (*12 Angry Man*, 1957), también de Lumet, *Anatomía de un asesinato* (*Anatomy of a Murder*, 1959), de Otto Preminger, o *Matar a un ruiseñor* (*To Kill a Mokingbird*, 1962), de Robert Mulligan. Pero a diferencia de estas, *Veredicto final* no busca consuelo moral. Su impacto está en el desaliento.

En la constatación de que el sistema puede sobrevivir a sus errores sin corregirlos. Y que la única victoria posible es la personal.

El personaje de Frank Galvin también ha tenido un eco notable en la cultura cinematográfica posterior. Puede verse su huella en personajes como el abogado de *El dilema*, en el periodista de *Spotlight*, en el protagonista de *Michael Clayton*. Todos comparten esa misma condición: hombres agotados que deciden, contra todo pronóstico, hacer lo correcto. Y en todos ellos resuena el eco silencioso de Galvin, ese hombre que se juega su última ficha no por convicción política, sino porque no le queda otra forma de vivir consigo mismo.

En términos temáticos, *Veredicto final* representa la madurez del cine conspiranoico. Ya no hace falta hablar de espías, magnicidios o complots gubernamentales. Basta con mostrar cómo unas instituciones —la sanidad, la iglesia católica, la justicia— pueden operar juntas para silenciar a una víctima. Y cómo romper ese silencio, aunque sea solo por una vez, puede ser un acto de resistencia tan poderoso como cualquier denuncia política.

Su influencia también se siente en el estilo: el uso del silencio, la iluminación tenue, el plano sostenido, el *tempo* pausado... Han sido recuperados por películas que buscan una estética ética, no solo visual. Lumet, una vez más, fue pionero: dirigió sin adornos para que la verdad no tuviera que abrirse paso entre la retórica. Hoy, *Veredicto final* se estudia en escuelas de cine y de derecho. Porque no solo habla de justicia. Habla de la línea invisible entre sobrevivir y traicionarse. Y esa lección sigue vigente.

En tiempos donde todo parece negociable, donde la corrección política o el miedo al escándalo anestesian el discurso público, la figura de Frank Galvin es más necesaria que nunca. Porque no es un salvador. Ni un héroe. Es, simplemente, alguien que decide no rendirse a la mentira. Y eso —más que cualquier victoria legal— es lo que convierte a una película en un legado.

Claves simbólicas y subtexto

Veredicto final está llena de símbolos, aunque ninguno se imponga con didactismo. Todo está en capas, en atmósferas, en pausas. El primer gran símbolo, omnipresente durante todo el film, es el alcohol. No solo como signo de derrota personal, sino como símbolo de un país moralmente anestesiado. Frank Galvin bebe no solo para olvidar sus fracasos, sino para convivir con el cinismo. El alcoholismo del protagonista no es una enfermedad individual, es un síntoma social. En él se condensan la impotencia, la desmovilización, la pérdida de fe. Galvin representa al ciudadano consciente que, al no encontrar lugar donde ejercer su ética, optó por desaparecer entre tragos.

Pero ese mismo hombre será el que, contra toda lógica, decida levantarse. Y ahí aparece el segundo gran símbolo del film: el juicio como viacrucis. Galvin no busca ganar, ni siquiera justicia objetiva. Busca decir la verdad en voz alta. Y ese gesto, mínimo pero crucial, convierte el tribunal en una especie de confesionario laico, donde se dirime no solo la responsabilidad médica, sino la posibilidad de seguir creyendo en algo. El juicio no es solo un proceso legal, es también un escenario moral.

El subtexto también se filtra por la construcción de los espacios. La arquitectura del juzgado, tan rígida, simétrica y fría, evoca una institución diseñada más para preservar el orden que para buscar la verdad. Todo en ella habla de autoridad. Pero no de escucha. El juez, los procedimientos, las formas: todo está construido para que el sistema se mantenga estable, incluso si es injusto. Y esa estabilidad, que se vende como garantía, se revela como máscara.

La víctima (una mujer joven, hermosa, en coma) también funciona como símbolo. No tiene voz, ni historia, ni presencia activa. Es una figura silenciada, objetivada, convertida en obstáculo administrativo. Y ahí radica su potencia simbólica: representa a todos los que han sido silenciados por el sistema. Su cuerpo inmóvil es una acusación constante contra los médicos, contra la Iglesia, contra los abogados, contra el juez. Y también contra nosotros, espectadores, que a veces preferimos no saber.

La relación con la Iglesia es otra capa de lectura importante. El hospital pertenece a una institución religiosa que nunca aparece directamente, pero lo controla todo desde la sombra. No necesita pronunciarse. No necesita actuar. Basta su prestigio para que se imponga el miedo a la verdad. Es el poder en estado puro: invisible, incuestionable, inhumano.

No castiga. No amenaza. Solo exige que no se hable más del asunto. Y esa omisión es, en sí misma, una forma de violencia.

El bufete rival representa la estetización de la mentira... Pulcros, educados, perfectos, utilizan la ley como un instrumento para evitar que se conozca la verdad. No son villanos, son profesionales. Y esa normalización del encubrimiento como servicio jurídico es uno de los núcleos más duros del subtexto del film. Porque lo que se denuncia no es una excepción, sino una práctica cotidiana: la verdad puede ocultarse, siempre que se pague lo suficiente.

Y, por último, la figura de Galvin como símbolo del individuo que se niega a seguir anestesiado. Su decisión de no aceptar el acuerdo económico es un gesto profundamente político, aunque no tenga discurso. Es el rechazo a la lógica del pacto, del silencio, de la transacción. Galvin no actúa como mártir. No se presenta como ejemplo. Simplemente se harta. Y en ese hartazgo nace su redención. No por ganar ni perdonar, sino por resistir.

En definitiva, *Veredicto final* es una película sobre el derecho a no callar, incluso cuando nadie te escucha. Sobre la dignidad de decir "no" cuando todos te ofrecen un "sí" conveniente. Sobre la posibilidad —mínima, precaria, valiente— de actuar conforme a una ética personal, a pesar de que todo el sistema esté diseñado para neutralizarla.

Y en un tiempo donde el ruido lo ahoga todo, la imagen de un hombre en silencio, bebiendo café en vez de *whisky*, esperando la llamada de quien le traicionó, sin contestar, dice más que mil discursos. Porque hay veces en que la única forma de justicia posible es negarse a participar en la farsa.

EPÍLOGO
Va un candidato perdedor y asalta el Capitolio...

Lo decisivo del conjunto de películas analizadas en este libro es que, en su mayor parte, no eran marginales, no se trataba de producciones experimentales ni de cine *underground*. Eran estrenos de primera línea, respaldados por grandes estudios, con estrellas de renombre y éxito de taquilla. La sociedad estaba preparada para mirar a la pantalla y ver reflejada la sospecha de que su democracia estaba enferma. Había una sed de verdad, un deseo de que el cine pusiera palabras e imágenes a lo que muchos intuían, pero no sabían cómo expresar.

El público de los 70 no era ingenuo. Sabía que la realidad estaba marcada por la manipulación y la mentira, pero todavía confiaba en que denunciar esas verdades incómodas tenía sentido. Por eso aquellas películas conectaron con tanta fuerza. Eran, más que historias de espías o periodistas, rituales colectivos de catarsis. Entrar en una sala para ver *Los tres días del cóndor* no era solo pasar dos horas de entretenimiento, era reconocer que uno vivía en un mundo donde los poderosos podían asesinar impunemente y preguntarse qué papel jugaba cada ciudadano frente a esa maquinaria.

Se ha hablado mucho de la llamada "paranoia de los 70", pero quizá deberíamos reformular la idea: no era paranoia, sino lucidez. Era el resultado lógico de acumular decepciones, de comprobar que los ideales de libertad y justicia eran pisoteados una y otra vez. El cine, lejos de tranquilizar, agitaba aún más esa conciencia crítica. Y esa es precisamente la diferencia esencial con nuestro presente: en los 70, el malestar encontraba un cauce cultural, una expresión artística que convertía el miedo en relato compartido. Hoy, en cambio, el malestar se dispersa en redes sociales, en quejas aisladas, en bulos que refuerzan trincheras ideológicas pero rara vez producen obras capaces de generar un debate colectivo.

Los 70 fueron, por tanto, una década de madurez amarga. La ingenuidad había muerto, pero la esperanza de una ciudadanía activa todavía latía. En ese caldo de cultivo, el cine se erigió como una herramienta privilegiada de resistencia cultural. Y esa es la razón por la que resulta imprescindible regresar a él: porque nos recuerda que hubo un tiempo en que el público no aceptaba el entretenimiento anestésico como única dieta audiovisual, sino que demandaba ser confrontado con la verdad, aunque esta resultara incómoda.

El despertar de los 70 no fue un fenómeno aislado ni pasajero. Fue la consecuencia inevitable de vivir en una época en la que el poder se mostraba desnudo en toda su crudeza, y en la que todavía existía una fe —quizá ingenua, quizá obstinada— en que exponer la mentira podía tener consecuencias. Ese despertar es el que este libro pretende volver a iluminar, porque solo entendiendo aquel momento podremos comprender la apatía actual y, tal vez, buscar un camino de regreso a una cultura que vuelva a incomodarnos, en lugar de adormecernos.

El contraste con la actualidad

Si el cine conspiranoico de los años 70 fue hijo directo de la desconfianza hacia las instituciones, sorprende comprobar hasta qué punto ese espíritu crítico se ha evaporado en la mayor parte de la producción cinematográfica contemporánea. Resulta paradójico: el presente acumula situaciones tan inquietantes, o más, que las que alimentaron aquellas películas, y sin embargo rara vez se traducen en un cine que cuestione de frente al poder. La sospecha permanece, pero se expresa en otros lugares: en las redes sociales, en memes, en hilos de Twitter (o X), en *podcasts* independientes o en canales de YouTube que se pierden en el océano digital. El cine, mientras tanto, parece haberse refugiado en fórmulas de entretenimiento que buscan más la evasión que la confrontación.

Hoy, cuando las democracias occidentales atraviesan una crisis de legitimidad, cuando la desigualdad social crece sin freno, cuando la manipulación informativa es cotidiana y los líderes populistas han aprendido a explotar el descontento de las masas, cabría esperar un resurgir de ese cine incómodo, visionario y comprometido. Sin embargo, lo que encontramos en la cartelera son mayoritariamente *remakes*, secuelas y sagas interminables, estando tal vez en el *streaming* el refugio de estas obras más "incómodas". La cultura audiovisual dominante funciona como un gigantesco parque temático que recicla mitos y estéticas del pasado para servirlos como nostalgia rentable. El público acude en masa, satisfecho con una dieta de superhéroes, universos compartidos y franquicias que anestesian cualquier atisbo de reflexión.

El contraste con los 70 no podría ser más llamativo. Entonces, la crisis de confianza en las instituciones alimentaba un hambre de historias que desenmascararan conspiraciones y mostraran las entrañas podridas del poder. Ahora, en un tiempo en que los abusos son todavía más evidentes, ese apetito crítico parece haber desaparecido. Y lo que es peor, la cultura dominante no solo no alimenta la reflexión, sino que parece diseñada para impedirla.

Pensemos en un ejemplo reciente: el asalto al Capitolio del 6 de enero de 2021. Un hecho que podría haber salido directamente de un guion de Sidney Lumet o Alan J. Pakula: una turba de ciudadanos, convencidos de que las elecciones habían sido robadas, asaltan la sede de la democracia estadounidense alentados por un presidente derrotado y un puñado de magnates que se negaban a aceptar la realidad. Aquello no era una metáfora, era la realidad en estado puro, con todo el dramatismo que cualquier guionista soñaría. Sin embargo, ¿qué gran película ha surgido de ese episodio? ¿Qué cineasta ha convertido esa herida en relato colectivo? Más allá de documentales y recreaciones televisivas, el cine de ficción ha pasado de puntillas, como si prefiriera no incomodar demasiado.

En los 70, un suceso de esa magnitud habría generado más de un *thriller* político. Hoy, en cambio, el mercado parece más interesado en el último *reboot* de *Spiderman* o en expandir la saga de *Star Wars*. No se trata de despreciar el cine de evasión —que siempre ha existido y siempre tendrá un lugar necesario—, sino de constatar que ha ocupado todo el espacio, asfixiando cualquier intento de construir relatos críticos con el presente.

Parte de la explicación se encuentra en la transformación del propio ecosistema mediático. La televisión, que en los 70 todavía competía con el cine como gran espacio de socialización cultural, se ha fragmentado en cientos de plataformas. El espectador actual ya no necesita que una película le sacuda la conciencia, porque tiene a su alcance una avalancha constante de estímulos informativos, opinadores, tertulias y bulos. La saturación de noticias ha producido un efecto inesperado: la indiferencia. Allí donde antes una película podía condensar el malestar social y darle forma narrativa, ahora el malestar se disuelve en un ruido ensordecedor que anestesia en lugar de movilizar.

El fenómeno de las *fake news* es un buen ejemplo. En los años 70, el miedo a la manipulación mediática se exploraba en clave de advertencia: *Network* alertaba del poder corruptor de la televisión; *Todos los hombres del presidente* mostraba cómo el periodismo podía desenmascarar las mentiras del poder. Hoy, las *fake news* ya no son una amenaza, sino una realidad cotidiana. Y lo más perturbador, son difundidas por los propios líderes políticos sin pudor alguno. Presidentes, ministros, diputados y candidatos comparten bulos en sus redes sociales como estrategia deliberada para polarizar y fidelizar a sus votantes. La mentira ha dejado de ser un escándalo, se ha convertido en herramienta legítima de comunicación política.

El público, en lugar de rebelarse, consume esas noticias falsas con resignación o, peor aún, con complicidad. Los algoritmos refuerzan burbujas ideológicas que hacen que cada cual crea solo lo que quiere creer. La idea de una verdad común, de un consenso mínimo sobre los hechos, se ha erosionado hasta casi desaparecer. Y en ese contexto, ¿qué papel puede jugar el cine?, ¿cómo competir con un flujo constante de bulos que ya parecen películas de ciencia ficción por sí mismos?

En los 70, Hollywood estaba dispuesto a invertir en películas que cuestionaban directamente al sistema. Hoy, los grandes estudios son parte de conglomerados mediáticos y tecnológicos que dependen de no incomodar a los gobiernos ni a los anunciantes. El margen para la disidencia es cada vez más estrecho. Los directores que intentan levantar proyectos críticos encuentran dificultades de financiación, relegados a circuitos independientes con escasa visibilidad. Mientras tanto, la maquinaria industrial apuesta por productos seguros, globales y rentables: superhéroes, franquicias, universos compartidos.

El espectador, por su parte, ha cambiado también. Los 70 fueron una época de público adulto, dispuesto a sentarse en la butaca para enfrentarse a historias densas, complejas, a veces incómodas. Hoy, la segmentación del mercado ha hecho que buena parte de la producción se oriente a adolescentes y jóvenes adultos, un público que demanda velocidad, espectacularidad y consumo inmediato. No es casual que la duración de la atención se haya reducido drásticamente: pasamos de reflexionar durante horas sobre *Los tres días del cóndor* a hacer *scroll* compulsivo en TikTok o Instagram.

El contraste, por tanto, no es solo cinematográfico, sino cultural. Aquella sociedad que exigía a su cine una mirada crítica se ha transformado en una sociedad que tolera la mentira y normaliza el abuso de poder. El cine refleja esa transformación. Ya no actúa como espejo incómodo, sino como pantalla anestésica. Y esa pérdida no es menor. Significa que hemos renunciado a un lenguaje capaz de articular nuestras sospechas y convertirlas en memoria colectiva.

Lo que en los 70 llamábamos "paranoia" hoy es realidad cotidiana: espionaje masivo, vigilancia digital, manipulación algorítmica, vídeos creados por Inteligencia artificial, partidos que inventan bulos para desgastar al contrario... La diferencia es que entonces esa paranoia encontraba eco en la cultura popular, mientras que ahora se diluye en un entretenimiento que no quiere saber nada del presente. Hemos pasado del cine como arma de conciencia al cine como fármaco para la indiferencia.

El cumplimiento de las profecías

En los años 70, buena parte del cine conspiranoico se construyó alrededor de un temor: la intuición de que el poder político, mediático y corporativo operaba en la sombra, manipulando a los ciudadanos para mantener sus privilegios. Aquellas películas eran advertencias, fábulas contemporáneas que utilizaban la ficción para plantear preguntas incómodas: ¿quién controla la información que recibimos?, ¿qué intereses se esconden detrás de cada decisión política?, ¿hasta qué punto nuestras vidas están condicionadas por organismos invisibles que nunca comparecen ante las urnas?

Lo sorprendente —y lo inquietante— es comprobar hasta qué punto esas advertencias se han cumplido. Más de medio siglo después, muchas de las "profecías" lanzadas por films como *Network*, *Los tres días del cóndor* o *El último testigo* ya no pertenecen al terreno de la especulación paranoica, sino que forman parte de la normalidad política y social. Lo que antes se presentaba como exageración narrativa hoy es rutina informativa.

En *Network*, Sidney Lumet imaginó un mundo en el que las cadenas de televisión abandonaban cualquier escrúpulo para convertir la información en espectáculo. El personaje de Howard Beale, convertido en "el profeta airado de las ondas", era manipulado como producto rentable para aumentar la audiencia. La película planteaba un escenario distópico en el que la televisión ya no informaba ni educaba, sino que narcotizaba a los ciudadanos con dosis de indignación dosificada, diseñadas para mantenerlos enganchados a la pantalla.

Hoy basta con encender cualquier canal para comprobar hasta qué punto aquella fábula era premonitoria. Los informativos se han convertido en *talk shows*, los debates en combates de gladiadores donde importa más el grito que el argumento, y la frontera entre información y espectáculo se ha disuelto por completo. La irrupción de internet y las redes sociales no ha corregido el problema, lo ha multiplicado. Los algoritmos premian lo que indigna, lo que polariza, lo que confirma prejuicios. Nunca la televisión y sus herederos digitales habían tenido tanta capacidad para modelar la percepción del mundo.

El grito desesperado de Howard Beale —"¡Estoy más que harto y no pienso seguir soportándolo!"— se ha transformado en el ruido constante de miles de opinadores digitales que convierten la indignación en entretenimiento. Y, sin embargo, esa indignación rara vez se traduce en acción política o en cambios reales. La rabia se consume como un producto más, como una serie o un meme, y desaparece con la misma rapidez con la que surge.

Por su parte, si pensamos en *Los tres días del cóndor*... hoy, tras décadas de revelaciones, filtraciones y escándalos, la idea de un Estado que conspira ya no resulta descabellada. Las escuchas masivas de la NSA, destapadas por Edward Snowden, demostraron que millones de ciudadanos eran espiados sistemáticamente. Las guerras en Irak y Afganistán se justificaron con mentiras sobre armas de destrucción masiva que nunca aparecieron. La manipulación informativa ya no es una sospecha, sino un hecho reconocido incluso por los propios protagonistas. La complicidad se ha hecho cotidiana: conglomerados mediáticos que pertenecen a los mismos grupos empresariales que financian partidos políticos; canales de televisión convertidos en brazos propagandísticos de una ideología concreta; periódicos digitales creados con el único objetivo de intoxicar.

Quizá la película más luminosa en ese sentido fuese *Todos los hombres del presidente*, que narraba el trabajo de Woodward y Bernstein para destapar el Watergate. En aquel momento, la historia se presentaba como prueba de que el periodismo libre podía ser un contrapoder eficaz, capaz de derribar a un presidente corrupto. La democracia, aunque herida, parecía tener aún anticuerpos. Hoy esa esperanza resulta difícil de sostener. Donald Trump fue acusado de alentar el asalto al Capitolio y sin embargo millones de estadounidenses volvieron a votarle convencidos de que era el único que les representaba. En países de todo el mundo, líderes populistas han aprendido a gobernar con el escándalo permanente, sabiendo que la indignación se consume rápido y que la mentira no tiene coste político. El periodismo de investigación, dañado por la pérdida de credibilidad, ya no tiene la misma capacidad de marcar la agenda.

Si en los años 70 *Todos los hombres del presidente* era el símbolo de una prensa vigilante, hoy la realidad nos muestra un periodismo debilitado, acosado por la precariedad laboral, la concentración de medios en manos de grandes grupos y la desinformación que circula a velocidad viral.

De este modo, el elemento más inquietante del presente es que las tramas que en los 70 parecían conspiraciones inverosímiles hoy son realidades constatadas. El ciudadano contemporáneo vive en un estado de vigilancia constante: cámaras en cada esquina, teléfonos que registran cada movimiento, algoritmos que predicen comportamientos y consumos. Lo que antes era materia de *thrillers* hoy se acepta como precio inevitable de la modernidad.

Las "profecías" del cine conspiranoico se han cumplido con una precisión escalofriante. La televisión narcotiza, los gobiernos conspiran, las corporaciones deciden nuestro destino, el periodismo se tambalea y la ciudadanía ha caído en una peligrosa indiferencia. No se trata ya de advertencias, es la descripción de nuestra vida cotidiana.

La gran diferencia con los 70 no es la existencia de estas dinámicas —entonces ya estaban presentes—, sino la manera en que las percibimos. En aquel tiempo, la sospecha generaba alarma, rabia, movilización. Hoy, en cambio, la sospecha genera resignación. Hemos normalizado la mentira como parte del paisaje político, asumido la precariedad como destino inevitable, tolerado la desigualdad como consecuencia natural del sistema.

El ciudadano de los 70 acudía al cine para ver representados sus temores y salía con más preguntas que respuestas. El ciudadano actual, bombardeado por bulos, tertulias y titulares escandalosos, apenas levanta la vista de su pantalla. El cine ya no cumple la función de catalizador colectivo que tuvo entonces. La profecía se ha cumplido, pero su cumplimiento ha dejado de ser perturbador, se ha convertido en costumbre.

La indiferencia como peligro

Si los años 70 estuvieron marcados por la sospecha y la vigilancia crítica hacia los poderes públicos y privados, nuestro tiempo lo está por un fenómeno quizá aún más devastador: la indiferencia. La diferencia entre ambos climas sociales no es banal: en los 70, la ciudadanía sentía que algo se estaba pudriendo en los sótanos del poder y exigía, con mayor o menor éxito, explicaciones; hoy, esa misma podredumbre no solo sigue ahí, sino que se muestra a plena luz del día. La corrupción, la manipulación mediática, la desigualdad creciente o la proliferación de bulos ya no son secretos ocultos tras cortinas de humo, son hechos de dominio público. Y, sin embargo, la reacción social no es la ira ni la movilización, sino la apatía.

Podríamos llamarlo "cansancio democrático". Después de décadas de escándalos, filtraciones y promesas incumplidas, el ciudadano medio se ha acostumbrado a la idea de que el poder siempre miente, de que las instituciones están corrompidas y de que nada de lo que haga servirá para cambiarlo. Esa normalización de la mentira y del abuso es lo que convierte a la indiferencia en un peligro mortal para las sociedades contemporáneas. Porque mientras la sospecha puede generar resistencia, la indiferencia solo genera sumisión.

Un ejemplo paradigmático es el uso cotidiano de las citadas *fake news* por parte de líderes políticos. En los 70, que un presidente de Estados Unidos mintiera era motivo de escándalo, y Nixon terminó dimitiendo por ello. Hoy, un líder puede difundir un bulo en horario de máxima audiencia, ser desmentido al minuto siguiente y, aun así, no pagar ningún precio político. La mentira ya no destruye carreras, se convierte en estrategia.

La indiferencia se alimenta precisamente de esa saturación. El ciudadano contemporáneo está tan expuesto a noticias escandalosas que ha perdido la capacidad de distinguir entre lo importante y lo irrelevante. Cada día se suceden titulares de corrupción, abusos de poder o injusticias flagrantes, pero el efecto acumulativo es el contrario al esperado: en lugar de indignarnos más, terminamos inmunizados.

Desde el punto de vista de los poderosos, esa indiferencia ciudadana es la victoria definitiva. Ya no necesitan ocultar sus abusos, porque saben que, aunque sean descubiertos, la reacción será mínima. La corrupción se judicializa, se estira durante años y termina en absoluciones o condenas simbólicas que apenas alteran el sistema. Los escándalos mediáticos se suceden tan rápido que uno tapa al anterior. El ciudadano, abrumado, opta por desconectar de las noticias y refugiarse en el entretenimiento de la televisión a la carta.

Este es el terreno más fértil para la consolidación de regímenes autoritarios y populistas. Cuando la ciudadanía se acostumbra a la mentira y la desigualdad, deja de exigir cuentas a quienes les gobiernan. La democracia se vacía de contenido y se convierte en un ritual formal en el que votamos cada cierto tiempo, pero sin verdadera capacidad de influir en las decisiones que afectan a nuestras vidas. Que los grandes líderes, especialmente los de una ultraderecha sorprendentemente renacida en medio mundo, se hayan convertido en maestros en el manejo de las redes sociales, donde buena parte de la ciudadanía desahoga sus iras y quejas, demuestra lo conveniente de estas herramientas para caldear ánimos deshinchando actitudes al mismo tiempo.

Así que, dudemos de todo, quejémonos más, pero hagámoslo como más les duele.

Este libro salió de imprenta
el 16 de octubre de 2025.
Un mes antes, el 16 de septiembre,
Condor abandonaba
definitivamente la Compañía.